Mathematik im Kontext

Herausgeber:
Prof. Dr. David E. Rowe
Prof. Dr. Klaus Volkert

Georg Cantor. [von The MacTutor History of Mathematics archive, www-history.mcs.st-andrews.ac.uk/index.html]

Anne-Marie Décaillot

Cantor und die Franzosen

Mathematik, Philosophie und das Unendliche

Autorin
Anne-Marie Décaillot
Université Paris V
UFR de Mathématiques et
Informatique
rue de l'Ecole de Médecine 12
75270 Paris Cédex 06
Frankreich

Übersetzer
Prof. Dr. Klaus Volkert
Universität Wuppertal
Didaktik der Mathematik
Gaußstr. 20
42119 Wuppertal
Deutschland
klaus.volkert@math.uni-wuppertal.de

Übersetzung der französischen Ausgabe: *Cantor et al France. Correspondance du Mathématicien Allemand avec les Français à la Fin du XIXe Sciècle* von Anne-Marie Décaillot. Éditions Kimé, Paris, 2008. Copyright © 2008

ISBN 978-3-642-14868-2   e-ISBN 978-3-642-14869-9
DOI 10.1007/978-3-642-14869-9
Springer Heidelberg Dordrecht London New York

Die Deutsche Nationalbibliothek verzeichnet diese Publikation in der Deutschen Nationalbibliografie; detaillierte bibliografische Daten sind im Internet über http://dnb.d-nb.de abrufbar.

Mathematics Subject Classification (2010): 01A55, 01A70

© Springer-Verlag Berlin Heidelberg 2011
Dieses Werk ist urheberrechtlich geschützt. Die dadurch begründeten Rechte, insbesondere die der Übersetzung, des Nachdrucks, des Vortrags, der Entnahme von Abbildungen und Tabellen, der Funksendung, der Mikroverfilmung oder der Vervielfältigung auf anderen Wegen und der Speicherung in Datenverarbeitungsanlagen, bleiben, auch bei nur auszugsweiser Verwertung, vorbehalten. Eine Vervielfältigung dieses Werkes oder von Teilen dieses Werkes ist auch im Einzelfall nur in den Grenzen der gesetzlichen Bestimmungen des Urheberrechtsgesetzes der Bundesrepublik Deutschland vom 9. September 1965 in der jeweils geltenden Fassung zulässig. Sie ist grundsätzlich vergütungspflichtig. Zuwiderhandlungen unterliegen den Strafbestimmungen des Urheberrechtsgesetzes.
Die Wiedergabe von Gebrauchsnamen, Handelsnamen, Warenbezeichnungen usw. in diesem Werk berechtigt auch ohne besondere Kennzeichnung nicht zu der Annahme, dass solche Namen im Sinne der Warenzeichen- und Markenschutz-Gesetzgebung als frei zu betrachten wären und daher von jedermann benutzt werden dürften.

Einbandentwurf: deblik, Berlin

Gedruckt auf säurefreiem Papier

Springer ist Teil der Fachverlagsgruppe Springer Science+Business Media (www.springer.com)

Dem Andenken von Pierre Dugac gewidmet

Danksagung

Ich danke Karine Chemla und Bernard Bru, ohne deren Aufmerksamkeit und Unterstützung diese Arbeit niemals zustande gekommen wäre. Die Germanisten Hélène Roussel und Stefan Schütze haben mich ermutigt, sie haben mir ihre Kompetenzen uneingeschränkt zur Verfügung gestellt. Dafür sei ihnen herzlich gedankt. Die Unterstützung von Dominique Seret und von Jean-Pierre Kahane sowie die Gastfreundlichkeit von Pierre Monnet in Göttingen ermöglichen es, diese Arbeit unter ungewöhnlich günstigen Bedingungen durchzuführen; auch ihnen gilt mein Dank.

Ich danke weiterhin Don Zagier für seine Erläuterungen zu mehreren Punkten der Zahlentheorie, die in diesem Buch angesprochen werden, sowie Dominique Bernardi, Paul Gérardin, Paulo Ribenboim und Jörg Richstein für ihre bereitwillige Hilfe.

Robert Bonfils S. J., Laure Delannoy, Robert Edighoffer, José Ferreiros, Anne Lagny, Thierry Martin, Laurent Mazliak, Joël Sakarovitch, Jean-Luc Verley, Norbert Waszek und Fred Bicocchi sei ebenfalls gedankt für ihre Antworten auf Fragen, die sich im Laufe dieser Arbeit gestellt haben.

Mein Dank gilt ferner Helmut Rohlfing, dem Direktor der Niedersächsischen Staats- und Universitätsbibliothek (Handschriftenabteilung) in Göttingen, und den Mitarbeitern dieser Institution, welche mich bei meinen dortigen Archivarbeiten liebenswürdig unterstützt haben, sowie Claudine Billoux und Olivier Azzola, welche mir Zugang zum Archiv der *Ecole Polytechnique* gewährt haben; ohne die Hilfe der Genannten hätte die vorliegende Arbeit nicht entstehen können.

Schließlich gilt mein Dank dem CNRS für die großzügige Aufnahme, die mir die Forschungen ermöglichte, deren Ergebnis hier vorgelegt wird.

Der Übersetzer dankt der Autorin für die hervorragende Zusammenarbeit, Jean-Pierre Friedelmeyer (Osenbach) für zahlreiche Auskünfte und Lucien Rasmus Volkert (Esch-sur-Alzette) für seine Mithilfe.

Einleitung

Der Name des deutschen Mathematikers Georg Cantor (1845–1918) wird üblicherweise mit seinen Arbeiten zur Mengenlehre in Verbindung gebracht, die die Grundlagen der Mathematik in der zweiten Hälfte des 19. Jhs. nachhaltig verändert haben. Man weiß, dass ihn seine Studien von Zürich an die Friedrich-Wilhelm-Universität in Berlin (die heutige Humboldt-Universität) führten und dass sich seine akademische Karriere ausschließlich an der Universität Halle abspielte. Ab 1869 war Cantor dort neben dem Ordinarius Eduard Heine als Privatdozent tätig. Unter Heines Einfluss begann Cantor Probleme zu untersuchen, die sich auf reelle Funktionen bezogen; diese Untersuchungen veranlassten ihn, den Begriff des mathematischen Unendlichen und die Definition der reellen Zahlen zu vertiefen. Wohl bekannt ist, dass eine Version der „Mengenlehre" im Briefwechsel zwischen Georg Cantor und dem mit ihm befreundeten Richard Dedekind entstand.

Im vorliegenden Buch werden andere wenig bekannte und untersuchte Aspekte behandelt. Diese erlauben es, die außergewöhnliche Persönlichkeit, die Georg Cantor gewesen ist. unter einem neuen Blickwinkel zu verstehen und die verschiedenen Formen seiner Tätigkeit in unerwarteter Weise aufzuhellen. Diese neuen Elemente, deren Wichtigkeit nachzuweisen sein wird, zu identifizieren, wird uns möglich durch die Korrespondenz, welche Cantor mit französischen Briefpartnern am Ende des 19. Jhs. unterhielt.

So können wir auch die spezifisch internationale Aktivität herausarbeiten, die Cantor in der gespannten Atmosphäre entwickelte, welche die deutsch-französischen Beziehungen nach dem Konflikt von 1870–1871 charakterisierte. Wichtig in diesem Zusammenhang sind besonders die Vorbereitungen des ersten internationalen Mathematikerkongresses, welcher 1897 in Zürich stattfand. Ein zentrales Anliegen des Briefwechsels, welcher sich zwischen Cantor und seinen französischen Briefpartnern entwickelte, war es, dauerhafte internationale Beziehungen zwischen Mathematikern herzustellen. Diese waren sowohl eine wissenschaftliche Notwendigkeit als auch eine Antwort auf die Zwistigkeiten, welche auf den Krieg von 1870–1871 folgten, und die zahlreichen nationalistischen Umtriebe, welche seither die beiden Gegnerstaaten in Unruhe versetzten. Die Cantorsche Korrespondenz erlaubt es uns, hinter die Kulissen der internationalen deutsch-französischen Organisation zu blicken, in deren Rahmen man damals versuchte, grenzüberschreitende Beziehungen zu schaffen. Der Aufbau eines wissenschaftlichen Internationalismus war in Frankreich kein Anliegen der etablierten akademischen Milieus, sondern jenes von Personen, die der Welt der wissenschaftlichen Verbände nahe standen. In diesem Zusammenhang scheinen die Briefwechsel, welche sich zwischen dem deutschen Mathematiker und zwei Mitgliedern der *Association française pour l'avancement des sciences* (französischen Vereinigung für die Förderung der Naturwissenschaften [AFAS]), Emile Lemoine und Charles-Ange Laisant, ergaben, bestimmend gewesen zu sein. Dennoch wusste Cantor auch die Unterstützung, welche Henri Poincaré seinem Anliegen widerfahren ließ, zu schätzen; er bemühte sich auch um die Unterstützung von Camille Jordan. Beides belegen die Briefe, welche er mit den beiden genannten Akademiemitgliedern wechselte.

Ein weiteres Persönlichkeitsmerkmal Cantors, das in der hier untersuchten Korrespondenz zum Ausdruck kommt, ist dessen Interesse an religiösen Fragen. Cantor meinte, dass das durch seine Arbeiten von der Last Jahrhunderte alter Widersprüche befreite mathematische Unendliche Beachtung seitens der religiösen Bewegungen seiner Zeit verdienen könnte. Besondere Aufmerksamkeit widmete er der Rehabilitation des Thomismus im Schoße der katholischen Kirche durch Papst Leo XIII. Ein Anliegen dieser Erneuerung war es, den Fortschritt der Wissenschaften zu beachten, was in Frankreich Reaktionen und Auseinandersetzungen im Rahmen des konfessionellen universitären Unterrichts provozierte. In dieser Debatte wurde der freie Willen dem naturwissenschaftlichen Determinismus gegenüber gestellt, was Georg Cantor, den Verteidiger der Freiheit, nicht gleichgültig lassen konnte. Im Verlauf der sich entwickelnden Diskussionen zeigt sich der Lutheraner Cantor sensibel für die originellen Verbindungen, die sich hier zwischen Wissenschaft und Glauben ergeben können. Hiervon zeugen die Briefwechsel, die Cantor mit dem Rektor der katholischen Fakultät von Paris, Monseigneur d'Hulst, und mit zwei Gründern der katholischen Fakultät in Lyon, Claude-Alphonse Valson und Elie Blanc, aufbaute.

Überraschender ist vielleicht das Interesse, das Cantor für die in Frankreich gegen Ende des XIX. Jhs. besonders aktiven okkultistischen Bewegungen entwickelte. Diese Bewegungen, die sich als Rosenkreuzer ausgaben, hatten eine wissenschaftliche Komponente aufzuweisen; die Interpretation der wissenschaftlichen Fortschritte ist ein Kernstück der esoterischen Erneuerung, welche die okkultistische Bewegung in Frankreich vorantrieb. Cantor verfolgte aufmerksam deren Schriften und Entwicklung. Er unterhielt mit einer ihrer bekanntesten Persönlichkeiten, Gérard Encausse, bekannt unter dem Pseudonym „Papus", einen Briefwechsel, der seine umfassende Kenntnis der Rosenkreuzerbewegung und ihrer französischen Wiedererstehung belegt.

Cantors Briefe erlauben es auch, einen wenig bekannten Aspekt seines wissenschaftlichen Schaffens zu verstehen: Es geht dabei um die Zahlentheorie. Cantor beschäftigte sich intensiv mit der Goldbach-Vermutung. Abgesehen von einigen Diskussionen mit deutschen Kollegen, wird die Tiefe seiner Untersuchungen nur dann deutlich, wenn man die Korrespondenz Cantors mit französischen Mathematikern heranzieht. In diesem Austausch geht es um einen Beitrag Cantors, der 1894 dem Kongress der AFAS in Frankreich auf Initiative von Charles-Ange Laisant

Einleitung

vorgelegt wurde. Dieser Aspekt von Cantors Schaffen fehlt in den *Gesammelten Werken* Cantors, welche 1932 von Emil Zermelo zusammengestellt wurden.

Die Briefe, die Cantor an seine französischen Partner geschrieben hat, geben uns auch einige biographische Aufschlüsse über ihren Verfasser. Dieser stammte von einem dänischen Großvater jüdischen Glaubens ab, sowie von einem lutherischen Vater und einer katholischen Mutter. Die Briefe zeigen auch seine Zuneigung zur Musik. Aber ihr Gehalt geht weit über die genannten Aspekte hinaus. Da geht es zuerst einmal um Wissenschaft, weil wir sehen, dass Cantor aufmerksam die Rezeption seiner wichtigsten mathematischen Texte in Frankreich verfolgte. Sodann geht es um Philosophie und Theologie; die Briefe sind durchzogen von Reflexionen, welche die Tiefe der Cantorschen Ideen in diesen Gebieten belegen. Diese Tiefe zeigt sich im Briefwechsel mit Persönlichkeiten wie Charles Hermite und Paul Tannery. Hier wird das Vertrauen, das Cantor seinen Briefpartnern entgegenbrachte, rückhaltlos deutlich.

Schließlich erlaubt es das Studium des französischen Briefwechsels von Cantor, die Aufmerksamkeit auf zwei wichtige historische Fragen zu lenken. Zum einen geht es darum, aussagekräftige Aufschlüsse über die deutsch-französischen Beziehungen in den letzten Jahrzehnten des 19. Jhs. zu bekommen. Zum andern lässt der Briefwechsel einige nur wenig bekannte Aspekte der Persönlichkeit und der Aktivitäten des deutschen Mathematikers deutlich werden. Wir hoffen, diese beiden Einsichten dem Leser vermitteln zu können.

Inhalt

1	**Die Quellen**	1
	Die Briefbücher in Göttingen	1
	Andere Quellen	3
	Die französischen Briefpartner	3
	Cantors Schreibweise	5
	Ein Außenseiter in der preußischen Universitätslandschaft	6
2	**Cantors Kämpfe**	9
	Die Übersetzungen von 1883	10
	Erste Kontakte	10
	Eine kollektive Anstrengung der Übersetzung	12
	Erste französische Reaktionen auf die Arbeiten Cantors	16
	Die „Entente cordiale scientifique" oder die Konstruktion von internationalen Beziehungen	21
	Das Engagement in Verbänden im Dienste des wissenschaftlichen Internationalismus	24
	Der Kongress in Zürich	30
	Die schwierige Anerkennung der Mengenlehre	32
	Eine Katastrophe, der Bruch mit Mittag-Leffler	33
	Die Publikationen von 1895–1897: erste Anzeichen des Wandels	36
	Nach der Klärung: Fortschritte und Kontroversen	40
3	**Von den katholischen Intellektuellen zu den Okkultisten – Eine erstaunliche Vielfalt an Beziehungen**	45
	Die katholischen Universitäten	45
	Die okkultistischen „Brüder" in Frankreich	52
4	**Auf der Suche nach einer Harmonie von Wissenschaft und Glaube (Theologie, Philosophie und Mathematik)**	59
	Bezüge zur Scholastik	60
	Die Universität Halle, ein Ort intensiver Debatten	69
	Pietismus, Aufklärung und Erweckung	69
	Das Erbe von Kant und Hegel	71

Die wissenschaftlichen Gemeinschaften auf der Suche
nach Bezugssystemen 74
    Vom Positivismus … 74
    … zum wissenschaftlichen Materialismus 76
Determinismus und Freiheit: Cantors Position 78
Idealismus und Realismus bei Cantor 83
Das Wesen der Mathematik liegt in ihrer Freiheit 89

5 Cantor und die Goldbach-Vermutung 97
    Cantor und die Zahlentheorie 98
        Die Goldbach-Vermutung 99
    Erste Kontakte 104
        Die Korrespondenz mit Lipschitz (1885) 104
        Die ersten Kontakte mit Frankreich (1894) 105
    Cantors induktive Methode 108
        Cantors erste Vermutung 108
        Die Rolle des „L'Intermédiaire des mathématiciens" 109
        Die Diskussion 112
        Die allgemeine Cantor-Vermutung 114
        Erste Betrachtung der Cantorschen Vermutungen 116
    Analytische Methoden 118
        Die Dichte der Primzahlen 118
    Die Untersuchungen von Sylvester 119
        Nach Cantor 122
    Eine Synthese: die Untersuchungen von Hardy und Littlewood 123
        Interpretationen der Cantor-Vermutung 126
        Die Ausnahmen von diesen Vermutungen 127
    Anstatt einer Schlusses 129

6 Das ist schön, was innerlich schön ist 131

7 Die Korrespondenz 135

Anhänge 193

Bibliographie 205

Personenverzeichnis 227

Kapitel 1
Die Quellen

Die Briefbücher in Göttingen

Die wichtigste von uns ausgewertete dokumentarische Quelle sind Cantors Briefbücher, die in der Handschriftenabteilung der Niedersächsischen Staats- und Universitätsbibliothek zu Göttingen aufbewahrt werden. Nach Cantors Tod fanden sich in seinem Nachlass 20 Hefte mit Entwürfen von Briefen, welche der Mathematiker für deutsche und ausländische Briefpartner bestimmt hatte. Allerdings haben nur drei dieser Briefbücher den Zweiten Weltkrieg überstanden. Die erhaltenen Bände decken die Zeiträume Oktober 1884 bis Juni 1888 ab (Cod. Ms. Cantor 16), September 1890 bis Oktober 1895 (Cod. Ms. Cantor 17) und Oktober 1895 bis März 1896 (Cod. Ms. Cantor 19) ab.[1]

Die Schwierigkeiten, die sich aus dem bruchstückhaften Charakter dieser Quellen ergeben, dürfen keineswegs unterschätzt werden; jede Interpretation ihrer Inhalte muss mit Vorsicht erfolgen. Trotz des beschränkten Zeitraumes, welcher abgedeckt wird (nur neun aufeinander folgende Jahre), liefern die Briefentwürfe Cantors dennoch Aufschlüsse über die wissenschaftlichen Beziehungen zwischen Deutschland und Frankreich in den letzten Jahrzehnten des 19. Jhs.

Herbert Meschkowski, einer der deutschen Biographen von Cantor, hat die Anzahl der uns erhaltenen Briefe und Postkarten von Cantor, auf etwa 700 geschätzt (viele andere sind verloren gegangen).[2] Ein wichtiger Teil dieser Korrespondenz ist uns nur durch die Entwürfe ihres Schreibers bekannt, welche dieser einem deutschen Brauch folgend in drei erhaltenen Briefbüchern sammelte. Die 323 darin enthaltenen Briefentwürfe an unterschiedlichste Briefpartner bilden einen wertvollen Fundus für die Geschichte der Wissenschaften.

---

[1] Es gibt zahlreiche historische und biographische Untersuchungen zu Georg Cantor. Wir nennen hier [Meschkowski 1967], [Dauben 1979], [Meschkowski 1983], [Purkert, Ilgauds 1991]. Diese Werke werten den Nachlass von Cantor aus, aber auch denjenigen von Hilbert [Cod. Ms. D. Hilbert 54] und von F. Klein [Cod. Ms. F. Klein 8], welche beide ebenfalls in Göttingen aufbewahrt werden. Weitere Quellen finden sich im Archiv von G. Mittag-Leffler, das sich am Mittag-Leffler-Institut (Djursholm, Schweden) befindet, sowie im Nachlass von H. A. Schwarz (Archiv der Akademie der Wissenschaften, Berlin).

[2] [Meschkowski, Nilson 1991].

Diese Quelle zeigt uns Cantor als unermüdlichen Briefschreiber, welcher in Briefkontakt stand mit einer großen Anzahl von angesehenen Wissenschaftlern. So findet man unter Cantors Briefpartnern die deutschen Mathematiker Karl Weierstraß, Felix Klein, Richard Dedekind[3] und David Hilbert, den schwedischen Wissenschaftler Gösta Mittag-Leffler und die französischen Akademiemitglieder Charles Hermite, Camille Jordan und Henri Poincaré. Aber auch viele weniger bekannte Persönlichkeiten konnten von einem Austausch mit dem Mathematiker profitieren.

Die Cantorschen Briefbücher machen deutlich, wie vielfältig die Beziehungen waren, die ihr Autor mit deutschen aber auch ausländischen Partnern unterhielt; sie zeigen auch die Dauerhaftigkeit, welche einige dieser Beziehungen charakterisierte. Ein mehr als siebenjähriger Briefwechsel Cantors mit der Engländerin Constance Pott, einer eifrigen Anhänger der Theorie, welche Francis Bacon als Autor der Shakespearesehen Tragödien sieht, macht dies deutlich. Der Großteil der Briefe, welche Cantor mit Frau Pott austauschte, war in der Tat dieser in Deutschland weit verbreiteten Theorie gewidmet, die in Cantor einen treuen Anhänger gefunden hatte.[4] Ein anderes Beispiel liefert der Austausch von Cantor mit dem Berliner Gymnasiallehrer Franz Goldscheider, der sich intensiv mit der damals neuen „Mengelehre" beschäftigte. Cantors Briefe an Goldschneider sind wahre Meisterwerke der Popularisierung seiner Untersuchungen in diesem Gebiet. Festzuhalten bleibt auch, dass der Lutheraner Cantor eine dauerhafte Korrespondenz mit zahlreichen Persönlichkeiten des religiösen Lebens, insbesondere des katholischen, unterhielt. Beispiele hierfür sind der deutsche Philosoph Constantin Gutberlet[5], und der österreichische Jesuit und Theologe Johann Baptist Franzelin; Cantor schrieb sogar einen Brief an Papst Leo XIII (es ist nicht bekannt, ob der Papst geantwortet hat).[6] Mit dem jungen österreichischen Philosophen Bruno Kerry, der die Entwicklung der Cantorschen Ideen über das Unendliche mit Interesse verfolgte, entspann sich eine wahrhaft wissenschaftliche Diskussion, welche erst durch Kerrys Tod 1889 beendet wurde.[7]

Die Auswertung der drei Briefbücher von Cantor ergibt, dass darin 33 seiner Briefentwürfe für französische Partner bestimmt waren. Insgesamt gibt es 323 Entwürfe, so dass rund ein Zehntel derselben an französische Partner gerichtet waren. Hinzu kommt noch eine einzige Abschrift nämlich der Antwort von Jules Barthélemy Saint-Hilaire. Einige dieser Briefe wurden ganz oder auszugsweise in Biographien von Cantor veröffentlicht. Jedoch enthält selbst die umfassendste Auswahl von Briefen Cantors, welche 1991 von Herbert Meschkowski und Winfried Nilson vorgelegt wurde, nur sieben der Briefe, die an französische Partner gerichtet waren. Unser Anliegen ist es, diese Lücke zu schließen.

---

[3] Der Briefwechsel von Cantor und Dedekind wurde 1937 separat veröffentlicht [Cantor, Dedekind 1937].

[4] Vgl. hierzu [Purkert, Ilgauds 1987].

[5] Gutberlet gründete 1888 das neoscholastisch ausgerichtete *Philosophische Jahrbuch der Görres-Gesellschaft*.

[6] Vgl. hierzu [Dauben 1979], [Tapp 2005].

[7] Zur Biographie von Benno Kerry [1858–1889] vgl. man [Peckhaus 1994].

Andere Quellen

Unsere Quellenbasis haben wir ergänzt durch das Studium zweier weiterer Sammlungen: zum einen die Korrespondenz von Paul Tannery, die in seinen *Mémoires scientifiques* veröffentlicht wurde, und zum anderen die Korrespondenz von Camille Jordan, welche sich im Archiv der *Ecole Polytechnique* befindet.[8] Die beiden genannten Sammlungen ermöglichten es uns, Zugang zu den Briefen zu finden, welche diese beiden Briefpartner von Cantor erhalten und aufbewahrt haben. In ihnen befinden sich drei zusätzliche Briefe, zu denen es in den Briefbüchern in Göttingen keine Entwürfe gibt. Zusammen mit diesen drei Briefen ergibt sich die Gesamtzahl von 37 Briefen, auf welche sich unsere Arbeit stützt.

Diese Archive sowie die Edition des Briefwechsels von Henri Poincaré durch Pierre Dugac[9] erlaubten es uns, von manchen der an Paul Tannery, Henri Poincaré oder Camille Jordan gerichteten Briefe Cantors zwei Versionen miteinander zu vergleichen: Die eine Version ist der in den Briefbüchern enthaltene Entwurf, die andere ist der Brief, den der jeweilige Briefpartner tatsächlich erhalten hat. In diesen Fällen haben wir die Version vorgezogen, die der Briefpartner Cantors tatsächlich empfangen hat, wobei wir die Abweichungen im Vergleich zum uns zugänglichen Entwurf in den Anmerkungen angegeben haben. So wird es möglich, die Entwicklung der Überlegungen und der Ausdrucksweise von Cantor zu verfolgen.

Schließlich muss betont werden, dass der Austausch Cantors mit seinen französischen Briefpartnern nicht untersucht werden kann, ohne auf dessen Beziehungen zu anderen Persönlichkeiten einzugehen. So zeigen Cantors Briefe an den schwedischen Mathematiker Gösta Mittag-Leffler die wichtige Rolle, welche jener bei der Verbreitung der Cantorschen Werke in französischer Sprache spielte. Der Vergleich der Themen, die Cantor in seiner Korrespondenz anspricht, mit den Thesen, die er in seinen mathematischen und philosophischen Texten vertritt, erlaubt es uns, sein Denken besser zu umreißen.

Die französischen Briefpartner

Obwohl Cantor Briefwechsel mit französischen Wissenschaftlern allererster Klasse unterhielt, muss man doch sehen, dass er auch engagiert Briefe an Wissenschaftler schrieb, die weniger Spuren in der Geschichte hinterlassen haben, sowie an Menschen des politischen und religiösen Lebens.

Das von uns untersuchte Corpus zeigt 14 französische Briefpartner. Die umfangreichste Korrespondenz unterhielt Cantor mit den Mathematikern Charles Hermite, Henri Poincaré, Camille Jordan, mit dem Historiker Paul Tannery sowie mit zwei

---

[8] Die an Paul Tannery gerichteten Briefe wurden in [Tannery 1934–1943, Bd. 13] publiziert. Bezüglich des Briefwechsels von Camille Jordan kann man das Findbuch im Archiv der *Ecole Polytechnique* konsultieren [cote VI-2-a_2-Camille Jordan].

[9] [Dugac 1984a], [Dugac 1986].

Absolventen der *Ecole Polytechnique*, welche sich an den Vorbereitungen des ersten internationalen Mathematikerkongresses 1897 beteiligten: Charles-Ange Laisant und Emile Lemoine. Jeweils ein Brief ist an die anderen Briefpartner gerichtet: den Mathematiker Jules Tannery, die katholischen Intellektuellen Claude-Alphonse Valson, Elie Blanc und Monseigneur d'Hulst, an einen Okkultisten, welcher unter dem Pseudonym Papus bekannt ist, und an den Wissenschaftler Charles Henry. Weiter findet man einen Brief an den Senator Jules Barthélémy Saint-Hilaire zusammen mit dessen Antwort und den Entwurf eines Briefes an den Begründer der *Revue de Metaphysique et de Morale*, Xavier Léon.[10]

In den Jahren 1886–1888 dominieren im Briefwechsel Cantors die katholischen Persönlichkeiten, ein erster Austausch mit dem Philosophen und Wissenschaftshistoriker Paul Tannery kommt zustande. Das Jahr 1891 ist fast ausschließlich den Kontakten mit der Welt des Okkultismus gewidmet. Das Studium dieser Beziehungen zeigt das Interesse, das Cantor der Erneuerungsbewegung entgegenbrachte, welche von angesehenen katholischen Intellektuellen initiiert wurde. Parallel dazu fühlte er sich von der „okkulten Wissenschaft" angezogen. Hierauf werden wir im Kap. 3 eingehen.

Ab 1893 korrespondiert Cantor sowohl mit bekannten Namen der französischen Wissenschaft als auch mit Mitgliedern der *Association française pour l'avancement des sciences* (AFAS). Einige Universitätsangehörige haben sich im Jahre 1893 an der französischen Übersetzung der ersten Arbeiten von Cantor für die schwedische Zeitschrift *Acta mathematica* beteiligt. Zu den Beziehungen, welche Cantor in diesem entscheidenden Zeitraum mit französischen Partnern unterhielt, verfügen wir nur über indirekte Belege. Hierzu zählt die Korrespondenz von Mittag-Leffler mit französischen Intellektuellen. Dagegen besitzen wir aus dem Jahr 1893 Briefe aus der Feder des deutschen Mathematikers. Diese belegen, dass es damals – wie wir bereits hervorgehoben haben – darum ging, internationale Beziehungen zwischen Mathematikern herzustellen und den ersten internationalen Kongress der Mathematiker vorzubereiten. Mit dieser Perspektive zögerte Cantor nicht, der Versammlung der *Association française pour l'avancement des sciences* in Caen einen Beitrag zu präsentieren. In den Jahren 1895–1896 tauchen neue Fragen bezüglich der Übersetzung von Cantors neuesten Arbeiten zur Mengenlehre und zu deren Verbreitung in Frankreich auf. Die Korrespondenz zeigt uns, welche Unterstützung seitens der französischen akademischen Welt Cantors nutzen konnte. Diese Themen werden in Kap. 2 behandelt.

---

[10] Vgl. hierzu Anhang 1. Die Briefe verteilen sich wie folgt auf die wichtigsten Briefpartner: Charles Hermite (7 Briefe), Henri Poincaré (4 Briefe), Paul Tannery (6 Briefe), Charles-Ange Laisant (5 Briefe), Emile Lemoine (4 Briefe), Camille Jordan (2 Briefe).

Es bleibt anzumerken, dass von den drei Briefen an Charles-Ange Laisant, welche im März 1896 entstanden, nur einer abgeschickt wurde. Wie Cantor selbst anmerkt, wurde der Brief vom 4. Oktober 1891 an Charles Henry nicht abgesandt (Brief 8). Eine für Charles Hermite bestimmte Mitteilung ist durchgestrichen, die Abfassung wurde abgebrochen, ohne dass bekannt wäre, ob die Mitteilung versandt wurde oder nicht. Schließlich besteht der Briefentwurf an Xavier Léon [Brief 25, Januar 1896] nur aus dem Namen des Adressaten, ein Begleittext fehlt gänzlich.

Die französische Korrespondenz Cantors macht auch dessen spezifischen Nebeninteressen deutlich, auf die er immer wieder zu sprechen kommt. So finden wir philosophische und theologische Optionen, die er freimütig äußert. Diese werden in Kap. 4 betrachtet. Die originellen mathematischen Aspekte, die in den Briefen angesprochen werden und die die Zahlentheorie, insbesondere die Goldbach-Vermutung, betreffen, werden im Kap. 5 behandelt.

Cantors Schreibweise

Cantors Schreibweise erfordert einige Kommentare. Die Entwürfe in den Briefbüchern weisen zahlreiche Streichungen und Überschreibungen auf, was auf eine intensive Arbeit am Text hindeutet. Obwohl dadurch das Entziffern erschwert wird, wird der Leser durch die Schönheit des Cantorschen Stils entschädigt: seine Sprache ist beeindruckend, durch lange Perioden rhythmisiert, klassisch und präzise, manchmal sogar ein wenig poetisch. Die Sensibilität des Autors, seine oft beißende Ironie und seine vielfältige Bildung finden ihren Ausdruck in zahlreichen lateinischen und griechischen Zitaten aber auch in Anspielungen in französischer, englischer oder italienischer Sprache, von denen seine Briefe voll sind.

Diese Korrespondenz erlaubt es in besonderer Weise, den Menschen Cantor zu verstehen. Das liegt an den biographischen Informationen, welche sie uns in privilegierter Weise liefert. So finden wir darin genauere Angaben zu seinen Vorfahren und zu seinen verwandtschaftlichen Beziehungen zu einigen Mitgliedern der Musikwelt. Insbesondere waren seine beiden Großeltern mütterlicherseits Violinvirtuosen in Sankt Petersburg, sein Großvater war Kapellmeister des kaiserlich russischen Orchesters.[11] Dieser Abstammung schrieb der Mathematiker seine „sehr leichte Künstlernatur" zu[12], der seine Heirat mit der Musikerin Vally Guttmann schmeichelte.

Die Briefe von Cantor lassen an vielen Stellen die Kämpfe, die er austocht, und die wissenschaftliche Opposition, auf die er stieß, erkennen; sie zeigen aber auch seine Freunde und Vertrauten. Die französischen Briefe beeindrucken besonders durch den freimütigen Ton, den Cantor in ihnen anschlägt, was ihre Besonderheit ausmacht. Wird gelegentlich der Partner um Stillschweigen gebeten („ich schreibe Ihnen das im Vertrauen"), so dient das dazu, Cantor eine offene Äußerung seiner Ansichten zu ermöglichen. So gewinnt man den Eindruck, dass Cantor in dem Zeitraum, der durch die Briefe abgedeckt wird, mit einer Reihe von Franzosen einen vertraulichen Austausch unterhielt, denen er offen und ehrlich seine Ansichten anvertraute. Insbesondere sieht man, wie sich die bemerkenswert freundschaftlichen Beziehungen zu Charles Hermite, Charles-Ange Laisant und Emile Lemoine entwickelt haben. Unterstrichen wurde deren freundschaftlicher Charakter durch den

---

[11] Brief 22 [Charles Hermite, 26. Dezember 1895], 26 [Paul Tannery, 6. Januar 1896], 33 [Charles-Ange Laisant, 1. März 1896]; 35 und 36 [Emile Lemoine, 4. und 17. März 1896].
[12] Brief 36 [17. März 1896].

Austausch von Portraitfotos – Geschenke, welche gegenseitige Wertschätzung ausdrückten und Ergebnisse einer sich entwickelten Kunst waren.

Ein Außenseiter in der preußischen Universitätslandschaft

Diese Vertraulichkeit erlaubte es Cantors, ohne Umschweife seine Wertschätzung für die mathematische Schule von Berlin und die Umgebung seines früheren Lehrers, Karl Weierstraß, auszudrücken. Sorgfältig beantwortet er mit der gleichen Aufrichtigkeit für seine französischen Partner wichtige Fragen bezüglich seiner persönlichen Situation im deutschen Universitätssystem. Ein Scherz von Lemoine provoziert die Antwort: „Ich bin nun einmal doch ein Sonderling"[13] und den klärenden Zusatz „Ich gehöre nicht zu den Koryphäen der Wissenschaft."[14] Auf die Nachfrage von Charles Hermite bezüglich der mangelnden Beachtung, die Cantor in seinem Vaterland erfuhr, antwortete Cantor in zweierlei Weise.[15]

Zum einen führte er die Auffassung von Wissenschaft an, die er in Deutschland vertritt. Cantor versteht sich als ein Verteidiger der „freien Mathematik". Diese Position stand nach Cantors Ansicht im Widerspruch zu derjenigen der „Berliner Machthaber", welche die „akademische oder beschränkte Mathematik" („mathématiques académiques ou entravées")[16] vertraten. Die erkenntnistheoretische Haltung, welche sich hier abzeichnet, entspricht einer für die Arbeiten Cantors wichtigen Orientierung, welche damals unter den deutschen Mathematikern eine Minderheitsposition gewesen ist. Wir kommen hierauf in Kap. 4 zurück.

Die zweite Antwort ist soziologischer und politischer Natur: Da in Sankt Petersburg geboren, sieht sich Cantor nicht als Deutscher von Geburt ([ich bin] „meiner Geburt nach kein Deutscher")[17] Somit wäre Cantor das Opfer des Ostrazismus, welcher mit wichtigen Strömungen im deutschen Universitätssystem zusammenhing, die bei Ernennungen zu erheblichen Gehaltsunterschieden und zu fragwürdigen Karrieren führten. Cantor zögert nicht, ein Großteil seiner Kollegen in Frage zu stellen. Die französische Korrespondenz Cantors spiegelt – und das ist eine ihrer Besonderheiten – klar und deutlich die Spannungen wieder, welche im Schoße der akademischen Gemeinschaft in Deutschland herrschten. Um diese besser verstehen zu können, ist es erforderlich, die Situation der preußischen Universitäten genauer zu betrachten.

Zwischen 1860 und 1900 wachsen die deutschen Universitäten schnell. In diesem Zeitraum verzehnfacht sich allein die Anzahl der Studierenden der Naturwissenschaften. Obwohl auch die Anzahl der Lehrenden beachtlich steigt, ist dies den-

---

[13] Brief 35 [Lemoine, 4. März 1896].
[14] Brief 36 [Lemoine, 17. März 1896].
[15] Brief 22 [26. Dezember 1895].
[16] Im Original [Brief 33 Laisant, 1. März 1896] französisch.
[17] Brief 22 an Hermite. Eine ähnliche Bemerkung findet sich in Brief 27 [7. Januar 1896, an Poincaré].

noch mit einer massiven Selektion in Karriereangelegenheiten verbunden. Diese Selektion ist Kennzeichen eines Mangels an Ordinaten im Vergleich zur Anzahl der Privatdozenten und Extraordinarien. Dieses Defizit wird in der genannten Periode deutlich. Einher gehen hiermit sehr starke Unterschiede in der Bezahlung. Während in Preußen nach einer Untersuchung von Christophe Charle[18] das Durchschnittsgehalt eines Ordinarius bei 4.800 Mark lag, erreichte dieses in Berlin in den Jahren nach 1896 6.000 Mark.

Die 1809–1810 von Wilhelm von Humboldt[19] gegründete Berliner Universität sollte ein Zentrum der preußischen Kultur sein; ihre organisatorischen Prinzipien setzten sich bewusst von denen der französischen *Grandes Ecoles* ab, welche den Beginn des 19. Jhs. dominierten. Christophe Charle weist auf die ausgeprägte Nähe der Berliner Professoren zu den in Deutschland führenden sozialen Schichten (Aristokratie, akademische Familien, Beamten) in den Jahren 1860–1900 hin. Diese selbst in den Naturwissenschaften spürbare Nähe begünstigte den intellektuellen Konformismus und das Mandarinentum Die Angehörigen der Berliner Universität erschienen als eine in sich geschlossene Kaste, als ein Produkt von kooptierten Eliten der Vergangenheit, welche für eine aristokratische Logik besser zugänglich war als für die sozialen Entwicklungen der Zeit.

Die Unterschiedlichkeit der Karrieren und der Bezahlung waren beherrschendes Thema und die Quelle zahlreicher Auseinandersetzungen unter den deutschen Akademikern. Die extreme Ungerechtigkeit des Systems tendierte dazu, neue Disziplinen und die jungen Generationen zu marginalisieren. So wurden wachsende Spannungen und Bewegungen vor allem unter den Nichtordinarien provoziert. Diese Spannungen, denen Cantor nicht entging, fanden ihren natürlichen Ausdruck in seiner Korrespondenz. Er wird nicht müde zu klagen, insbesondere über seine bescheidene Situation; in einem Brief an Lemoine bestätigt er, dass sein Gehalt 4.800 Mark beträgt.[20]

Die gerade geschilderten Rahmenbedingungen der Wissenschaften in Deutschland veranlassten Cantor, Unterstützung außerhalb dieses Landes zu suchen. Aus diesem Grunde knüpfte er vor dem Krieg von 1870 schon Kontakte mit Franzosen. Das nachfolgende Kapitel untersucht die Grundlagen dieser Beziehungen.

---

[18] [Charle, 1994]. Die Vergleiche von Charle machen deutlich, dass die Universitätskarrieren in Deutschland in jenem Zeitraum viel stärker von Unterschieden geprägt waren als in Frankreich.

[19] Die Gründung der Berliner *Friedrich-Wilhelm Universität* ist ein Resultat der Reformbestrebungen von Wilhelm von Humboldt (1767–1835) im Bereich des Bildungswesens. Humboldt war jedoch nicht an der Leitung der Universität, die heute den Namen ihres Gründers trägt (*Humboldt-Universität*), beteiligt. Wilhelm von Humboldt machte eine diplomatische Karriere als Gesandter Preußens in Wien und in London. 1819 war er Minister in Berlin.

[20] Brief 36 [17. März 1896].

Kapitel 2
Cantors Kämpfe

Die Bemühungen von Georg Cantor, dauerhafte Beziehungen zwischen Mathematikern unterschiedlicher Nationen zu schaffen, bilden ein wesentliches Element in seiner Korrespondenz mit Ausländern. Im Übrigen hängen diese Bemühungen mit delikaten Fragen zusammen, welche die Verbreitung von Cantors eigenen Arbeiten in der wissenschaftlichen Gemeinschaft betrafen. Im Nachfolgenden wird es um diese beiden Aspekte gehen.

Zuerst arbeiten wir den internationalen Kontext heraus, der Cantor dazu veranlasste, Kontakte mit den akademischen Kreisen Frankreichs zu knüpfen. Diese ursprünglich indirekten Kontakte verdankte Cantor den Aktivitäten von Gösta Mittag-Leffler; sie mündeten ab 1883 in die französischen Übersetzungen der wichtigsten Arbeiten des deutschen Mathematikers.

1888 und dann ab 1893 treten gelegentlich direkte Kontakte auf, die sich 1895 und 1896 verdichten. Von da an wird es eine wesentliche Beschäftigung Cantors, sich für die Errichtung von internationalen wissenschaftlichen Beziehungen einzusetzen. Wir werden die Anstrengungen verfolgen, welche Cantor unternahm, um den ersten internationalen Mathematikerkongress 1897 zustande zu bringen. Cantors Korrespondenz zeigt, dass die aktivsten Organisatoren dieser Veranstaltung nicht die bekannten französischen Universitätsprofessoren waren, mit denen er wissenschaftliche Beziehungen unterhielt. Vielmehr handelte es sich um Aktivisten aus der Bewegung für die Förderung der Wissenschaften. Wir schildern die besonderen Bedingungen, welche diese Bewegung nach der militärischen Niederlage von 1870–1871 vorfand.

Die Jahre 1895–1896 wurden von den Problemen beherrscht, welche die Publikation der letzten Arbeiten des deutschen Mathematikers in Frankreich hervorrief. Sein Briefwechsel erlaubt es uns, die wachsende Unterstützung seitens der akademischen Welt Frankreichs, die Cantor hierbei erfuhr, einzuschätzen.

Die Übersetzungen von 1883[1]

Erste Kontakte

Die ersten brieflichen Kontakte Cantors mit französischen Kollegen, von denen wir Kenntnis besitzen, gehen auf das Jahr 1888 zurück. Aus diesem Jahr besitzen wir zwei Briefe Cantors an den Philosophen und Wissenschaftshistoriker Paul Tannery. Allerdings ist klar, dass Beziehungen schon früher bestanden haben. Charles Hermite (Abb. 2.1) lernte Georg Cantor 1877 in Göttingen bei den prunkvollen Feierlichkeiten zum 100. Geburtstag von Gauß kennen. Hieraus ergab sich allerdings keine dauerhafte Beziehung zwischen den beiden Mathematikern. Briefe, welche zwischen französischen Mathematikern gewechselt wurden, belegen andere direkte Kontakte im Jahr 1888. So wird in einem Brief von Poincaré an Paul Appell ein Brief von Cantor an ersteren erwähnt. Dabei ging es um die Verhaftung von Charles Appell, eines Bruders von Paul, in Straßburg. Ohne Zweifel bot Cantor seine Vermittlung bei den deutschen Behörden an. Ein direkter Beleg für diesen ersten Briefwechsel von Cantor mit Poincaré ist bislang nicht aufgefunden worden.[2]

Seit seinem Studium hatte Cantor einen Bezug zur französischen Wissenschaft, welcher durch das Werk von Gustav Lejeune-Dirichlet vermittelt wurde. Cantor hat die Zeitschriften gelesen, in denen die Arbeiten der französischen Mathematiker erschienen.[3] Abgesehen von Hermite, dem er seine Publikationen zukommen ließ, hatte Cantor, wie er selbst einräumt, bis 1883 keine Beziehungen zu Mathematikern

Abb. 2.1 Charles Hermite. [aus Alten, H.-W. et al.: 4000 Jahre Algebra. Geschichte. Kulturen. Menschen. Springer-Verlag Berlin Heidelberg 2003]

---

[1] Im Wesentlichen stützen sich unsere Ausführungen in diesem Abschnitt auf Pierre Dugac [1926–2000], insbesondere auf [Dugac 1984b] und [Dugac 2003].

[2] [Poincaré 1986, S. 73]. Charles Appell wurde am 9. Juli 1888 von deutschen Militärs zu einem Jahr Gefängnis und neun Jahren Festungshaft verurteilt, weil er den Franzosen „militärische Geheimnisse" verraten habe [Appell 1923].

[3] So schätzte er zum Beispiel Hermites Beweis für die Transzendenz der Zahl e [Hermite 1873] sowie dessen Verwendung durch den deutschen Professor Ferdinand Lindemann [1852–1939], ein Schüler von Felix Klein, der damit die Transzendenz der Kreiszahl π bewies. [Lindemann 1882]

in Frankreich. In diesem Jahr ergaben sich solche durch die Vermittlung von Gösta Mittag-Leffler[4]. Anlass hierfür war die Übersetzung der ersten Arbeiten Cantors ins Französische. Anlässlich einer Reise des deutschen Mathematikers nach Paris (1884) ergaben sich erste direkte Kontakte zu französischen Wissenschaftlern. Um die späteren Beziehungen Cantors nach Frankreich, welche dessen Briefwechsel belegt, besser zu verstehen, ist es unerlässlich, diese beiden Kontexte etwas näher zu betrachten.

In den 1870iger Jahren schnitt die französische Wissenschaft im internationalen Vergleich wenig überzeugend ab. Viele Wissenschaftler, wie etwa Charles Hermite und Gaston Darboux, drückten ihre Beunruhigung hierüber aus. Eine Ursache für das Zurückbleiben, welches die französische Mathematik damals bedrohte, schien deren Isolation zu sein. Darboux behauptete, dass die Mehrzahl der Akademiemitglieder sich nicht um Arbeiten kümmerten, die im Ausland publiziert wurden. In seinen Worten handelt es sich um eminente Wissenschaftler, die der Wissenschaft von vor 20 oder 30 Jahren treu geblieben sind. Diese vervollkommnen sie mit großem Erfolg und entwickeln sie weiter; alle modernen Gebiete aber sind in ihren Augen nur zweitrangig.[5]

Ein entschiedener Anlauf auf dem Gebiet des Publizierens versuchte diese Situation zu verbessern. Seit seiner Gründung im Jahre 1869[6] widmete das *Bulletin des sciences mathématiques et astronomiques* einen beachtlichen Teil seiner Rubriken der Berichterstattung über ausländische, insbesondere deutsche Arbeiten. Die 1864 gegründeten *Annales de l'Ecole normale supérieure* brachten Übersetzungen einiger wichtiger Arbeiten aus dem Ausland. Die Verweise auf deutsche Publikationen nahm in den Arbeiten der französischen Normaliens deutlich zu. Èmile Picard publizierte in den *Annales* 1879 eine Übersetzung der Abhandlung von Karl Weierstraß zu uniformen analytischen Funktionen[7], welche 1876 in den Abhandlungen der Berliner Akademie der Wissenschaften erschienen war. Weierstraß sah persönlich diese Übersetzung durch. Auf diese Weise trugen die *Annales* dazu bei, den Zeitraum zwischen der Publikation einer ausländischen Arbeit in Frankreich und deren ursprünglichen Publikation im Ausland zu verkürzen.

---

[4] Gösta Mittag-Leffler [1846–1927] hat an der Universität Uppsala promoviert. 1873 führte er seine Studien in Paris fort; auf Anraten von Hermite vervollkommnete er seine Kenntnisse in Berlin bei Weierstraß. Nach einer Habilitation über elliptische Funktionen wurde Mittag-Leffler Professor in Helsinki, dann in Stockholm. Dort gründete er die Zeitschrift *Acta Mathematica*, die er rasch auf internationales Niveau führte. Zu seinen Kollegen zählte die Mathematikerin Sonja Kowalewskaja.

[5] Brief von Gaston Darboux an Jules Hoüel, 5. März 1870 (Archiv der Akademie der Wissenschaften Paris, Dossier [Gaston Darboux, correspondance]).

Jules Hoüel [1823–1886] und Gaston Darboux waren Studenten an der *Ecole Normale Supérieure* gewesen. Hoüel hatte seit 1859 einen Mathematiklehrstuhl an der Universität Bordeaux inne, während Darboux nach einer Zeit als Gymnasiallehrer am *Lycée Louis le Grand* seit 1873 an der Sorbonne unterrichtete. Darboux wurde in die Akademie gewählt; er war Dekan der *Faculté des Sciences* in Paris.

[6] Die Redakteure des von der *Ecole Pratique des Hautes Etudes* ins Leben gerufenen *Bulletin des Sciences mathématiques et astronomiques* waren Gaston Darboux und Jules Hoüel.

[7] [Weierstraß 1879].

Eine kollektive Anstrengung der Übersetzung

In diesem Kontext erschienen 1883 die französischen Übersetzungen der ersten Forschungen Cantors, welche auf das Jahr 1871 zurückgingen. Diese waren auch zuvor nicht vollkommen unbekannt geblieben in Frankreich. In diesem Bereich diente Gösta Mittag-Leffler (Abb. 2.2) als Vermittler an Charles Hermite. Es scheint, als habe ersterer[8] in seinem Brief vom 6. April 1881 an letzteren erstmals die Untersuchungen des deutschen Mathematikers über uniforme Funktionen mit einer abzählbaren Menge (einer Menge also, die gleichmächtig der Menge der natürlichen Zahlen ist) von wesentlichen Singularitäten erwähnt: „mein Freund Cantor in Halle hat gezeigt, dass andere Unendlichkeiten sehr wohl möglich sind." Das Interesse Hermites war sofort geweckt; mehrfach stellte er seinem schwedischen Kollegen Fragen zu den Unendlichkeiten neuer Art, welche Cantor in seiner Theorie der reellen Funktionen betrachtet hatte.

Der Einfluss dieser Arbeiten wird deutlich in einer Note Mittag-Lefflers vom April 1882 an die Pariser Akademie der Wissenschaften sowie in einer Abhandlung von Henri Poincaré.[9] Beide verwenden erstmals die Cantorschen Begriffsbildungen; Mittag-Leffler meinte, dass es in Deutschland neben Weierstraß nur wenige Mathematiker gäbe, welche die Arbeiten Cantors verstehen könnten. Dagegen könnten sie in Frankreich auf Interesse treffen. Mittag-Leffler war überzeugt davon, dass Hermite und seine Schüler (Henri Poincaré, Paul Appell und Émile Picard) für die Ideen des deutschen Mathematikers empfänglich seien. In diesem Sinne antwortete er Ende 1882 Charles Hermite bezüglich der letzten Untersuchungen von Cantor:

> Ich wage zu behaupten, dass diese etwas Großartiges sind; allerdings ist die Materie so trocken wir nur möglich. Cantor zeigt, dass es in der Natur der Sache liegt, neue Zahlen mit ∞ (das Unendliche) als Einheit einzuführen. Ich sehe extrem tiefe Anwendungen in der Funktionentheorie.[10]

Abb. 2.2 Gösta Mittag-Leffler. [von The MacTutor History of Mathematics archive, www-history.mcs.st-andrews.ac.uk/index.html]

---

[8] [Dugac 1984b, Note 135 S. 249].

[9] [Mittag-Leffler 1882] und [Poincaré 1882a].

[10] Brief von Mittag-Leffler an Hermite, 29. Dezember 1882 [Dugac 1984b, S. 270].

Die Arbeiten von Mittag-Leffler und von Poincaré machten in der Tat folgenden Sachverhalt deutlich: Besitzen bestimmte Funktionen unendlich viele Singularitäten, so kann deren Mächtigkeit abzählbar sein. Sie können aber auch als „Haufen" oder als Haufen von Haufen auftreten ..., was in der Cantorschen Ausdrucksweise Unendlichkeiten höherer Ordnung ergibt.[11]

Trotz der Spannungen, welche der noch nicht lange vergangene Deutsch-Französische Krieg nach sich zog, verlangte das Zeitalter nach internationalem Austausch und internationaler Zusammenarbeit. 1882 publiziert die schwedische Zeitschrift *Acta Mathematica* eine Abhandlung von Poincaré über Fuchssche Funktionen.[12] Mittag-Leffler, der Herausgeber dieser Zeitschrift, wünschte, dasselbe für deutsche Arbeiten zu leisten. Seine Zeitschrift wurde zu einem privilegierten Ort für die Kommunikation zwischen deutschen und französischen Forschern, ohne dass dabei die patriotischen Gefühle der unterschiedlichen Akteure verletzt worden wären.

Im Januar 1883 schlug die Redaktion vor, in den Acta die französische Übersetzung derjenigen Arbeiten Cantors zu publizieren, welche in den Mathematischen Annalen und im Journal für die reine und angewandte Mathematik erschienen waren. Cantor nahm dieses Angebot bald an:

> Wenn ich nicht wüsste, dass es ausser den deutschen auch noch andere Mathematiker in der Welt giebt, würde ich seit zwölf Jahren ganz und gar nichts über Mathematik publicirt haben.[13]

Das Bekenntnis zur Internationalität, das Cantor hier ablegt, sollte er nicht bereuen. Wir zeigen im Weiteren dessen Wichtigkeit für den Zeitraum bis zum ersten internationalen Mathematikerkongress Ende des Jahrhunderts auf.

Die Übersetzung der Arbeiten des deutschen Mathematikers wurde der Verantwortung von Charles Hermite unterstellt. In den ersten Monaten des Jahres 1883 wählte Hermite einen jungen „lothringischen Landsmann", den Abbé Joseph Dargent, aus. Dieser akzeptierte die Aufgabe; er widmete seine Deutsch- und Mathematikkenntnisse ganz der Übersetzung, welche ihm pro Seite einen Franken als Honorar einbrachte. Die philosophische Tendenz der Artikel Cantors bildete dabei kein Hindernis für den Übersetzer, „der Kant kannte."[14] Der in Metz geborene Joseph Dargent war zu dieser Zeit Student der Theologie am Seminar Saint-Sulpice.[15]

---

[11] Bezüglich der wichtigsten Begriffe der Mengenlehre verweisen wird den Leser auf Anhang 3. Wir begnügen uns hier hervorzuheben, dass die Note von Mittag-Leffler aus dem Jahre 1882 Cantors Klassifikation der Unendlichkeiten bei der Untersuchung von Singularitäten analytischer Funktionen verwendet. Poincaré dagegen gibt eine Fuchssche Funktion an, deren Singularitäten eine Menge zweiter Kategorie bilden.

[12] [Poincaré 1882b].

[13] Brief von Cantor an Mittag-Leffler, 14. Januar 1883 [Cantor 1991, S. 110].

[14] Briefe vom 26. Januar und vom 24. Februar 1883 [Dugac 1984b, S. 192–193, 199 und 275].

[15] Im Oktober 1883 trat Joseph Dargent [1860–1941] als Novize in den Jesuitenorden ein. Dort verfolgte er seine Studien: ein Jahr Juvenat (literarische Studien), ein Jahr Philosophie und zwei Jahre Theologie – ein bei den Jesuiten durchaus üblicher Werdegang. Anschließend unterrichtete er Literatur in Lille und Philosophie in Amiens. Ordonniert wurde Dargent 1893. Dann wurde er Anstaltsgeistlicher der Studenten am *Institut catholique* in Lille, Professor der Philosophie in Dijon, der griechischen Literatur in Lille und schließlich Repetitor der in Ausbildung befindlichen

Genügen die Kenntnisse des jungen Dargent, um die Übersetzungen Cantors sicher zu stellen? In dieser Hinsicht beruhigte Hermite explizit den Herausgeber der *Acta Mathematica*: Sowohl Appell als auch Poincaré, Picard und Hermite selbst werden die Übersetzungen lesen. So hat Mittag-Leffler vor Drucklegung der Übersetzungen immer die Garantie eines der genannten Mathematiker. Cantor seinerseits beherrscht die französische Sprache hinreichend gut, um selbst die vorgeschlagenen Übersetzungen überprüfen zu können.[16]

Die wichtigsten Partien aus den Artikeln Cantors, welche zwischen 1871 und 1878 erschienen sind, ergänzt um die zwischen 1879 und 1883 publizierten Teile I bis IV der Abhandlung „Über unendliche lineare Punktmannigfaltigkeiten" wurden solcherart in Französische übersetzt und im zweiten Band der *Acta* gedruckt.[17] In der fraglichen Artikelserie formuliert Cantor die wichtigsten Begriffe der Mengenlehre und die Kontinuumshypothese; er gelangt sowohl zu einer allgemeinen Theorie als auch zu einer Klassifikation der unendlichen Teilmengen der Punkte der reellen Geraden (vgl. Anhang 3).

Der fünfte Teil der letztgenannten Abhandlung enthält Überlegungen und Definitionen zu den ersten transfiniten Zahlen; er wurde im Deutschen separat publiziert und von seinem Verfasser als ein Essay über die Theorie des Unendlichen aufgefasst.[18] Cantor scheint die Schwierigkeiten, auf welche das Nebeneinander von mathematischen und philosophischen Betrachtungen, die dieses sein Werk (im Deutschen „Grundlagen" genannt) charakterisiert, stoßen sollte, geahnt zu haben. In einem Brief an seinen schwedischen Freund vom Januar 1883[19] bemühte er sich, die neuen mathematischen Erkenntnisse, welche in dem Teil enthalten sind, herauszuarbeiten: die detaillierte Definition der reellen Zahlen (im Paragraphen 9) und die neue Auffassung des mathematischen Kontinuums (im Paragraphen 10). Hatte Felix Klein Zweifel am mathematischen Inhalt einer dieser Arbeiten geäußert?

Jesuiten. Dargent legte die letzten Gelübde 1897 ab. Das Ende seiner Laufbahn widmete er mehr geistlichen Aufgaben im Dienste von Priestern [Mendizábal 1972, no. 21–840] und Archiv der Jesuiten, 15, rue Marcheron, 92170 Vanves.

[16] Bezüglich dieser Übersetzungen schreibt Poincaré am 19. November 1883 an Gustav Eneström: „Ich ziehe es vor, Mannigfaltigkeit mit *multiplicité* zu übersetzen, weil diese beiden Wörter dieselbe etymologische Bedeutung haben." [Poincaré 1986, S. 143]. Dennoch hat Poincaré – Mittag-Leffler zu Folge – letztlich dann vorgeschlagen, die deutschen Begriffe „Mannigfaltigkeit" und „Menge" durch *ensemble* zu übersetzen [Dugac 1986, S. 155].

Cantor seinerseits gab folgende Version der Übersetzung des Begriffs „Menge" ins Französische und Italienische: „Auch deshalb habe ich das Wort *Menge* (wenn sie finit oder transfinit ist) im Französischen mit *ensemble*, im Italienischen mit *insieme* übersetzt." Brief an David Hilbert, 2. Oktober 1897, Archiv Universität Göttingen, Nachlass Hilbert [Cod. Ms. Hilbert 54].

[17] Die Übersetzungen der Artikel [Cantor 1871a, 1872, 1874, 1878] findet sich in [Cantor 1883 c, d, e, f], diejenigen von [Cantor 1879, 1880, 1882, 1883a Teil IV] bilden [Cantor 1883g].

[18] [Cantor 1883a, Teil V] wurde separat in [Cantor 1883b] unter dem Titel „Grundlagen einer allgemeinen Mannigfaltigkeitslehre. Ein mathematisch-philosophischer Versuch in der Lehre des Unendlichen" publiziert.

[19] Brief vom 5. Januar 1883 [Cantor 1991, S. 109].

Cantor versicherte ihm nämlich, dass diese von Anfang bis Ende „durch und durch mathematisch" seien, „wenn auch wenig Formeln darin vorkommen" und viele philosophisch wichtige Fragen diskutiert werden.[20]

Dennoch schlug Mittag-Leffler vor, nur die mathematischen Resultate des fünften Teils zu publizieren:

> Ihre Arbeit wird viel leichter in der mathematischen Welt Anerkennung finden, wenn sie jetzt auch ohne die philosophischen und historischen Auslegungen erscheint. Besonders verstehen die französischen und italienischen Mathematiker gar nichts von Philosophie und diese sind diejenigen, welche sonst für das Mathematische in ihrer Arbeit das grösste Verständnis haben werden.[21]

Cantor akzeptierte problemlos den Vorschlag, dass der Text seiner „Grundlagen" überarbeitet werden sollte, insbesondere sollten einige Paragraphen entfallen. Der französischen Übersetzung dieser Abhandlung, welche 1883 im zweiten Band der *Acta Mathematica* unter dem Titel „Fondements d'une théorie générale des ensembles" (Grundlagen einer allgemeinen Theorie der Mengen) erschien, fehlten die philosophischen und historischen Erläuterungen, welche der Autor dem deutschen Original beigegeben hatte.[22] Darüber hinaus finden sich in der Übersetzung Veränderungen in der Anordnung der beibehaltenen Paragraphen, welche deren Verständnis erschweren. Hiervon zeugt die Kritik, die Jules Tannery im *Bulletin* von Darboux[23] äußerte. Wir werden hierauf weiter unten zurückkommen. Am Anfang der französischen Übersetzung findet sich der Paragraph 1 der „Grundlagen", welcher die Definitionen der uneigentlichen und eigentlichen Unendlichkeiten sowie die der Mächtigkeit einer Menge enthält. Es folgen die Paragraphen 11, 12 und 13 der deutschen Version. Diese behandeln die Klassen transfiniter Zahlen, ohne dass deren Konstruktion in klarer Weise erklärt würde. Der zweite Paragraph der „Grundlagen", in dem es um die Definition unendlicher Ordinalzahlen auf der Basis des Begriffs wohl geordneter Mengen geht, erscheint nach den genannten Betrachtungen.[24] Wurde diese Anordnung von Cantor aus freien Stücken gewählt? Wurde sie ihm von Mittag-Leffler unter dem Einfluss französischer Mathematiker nahe gelegt? Es gibt keine Anhaltspunkte, welche eine Entscheidung zwischen den beiden Hypothesen erlauben würden. Jedenfalls gehen die „Grundlagen" sowohl im deutschen Original als auch in der französischen Übersetzung über die topologische Untersuchung von geometrischen Punktmengen hinaus. Diese waren Gegenstand der vorangegangenen Publikationen Cantors; sie münden in den begrifflichen Rahmen einer allgemeinen Theorie der Mengen.

---

[20] Brief vom 7. februar 1883 [Cantor 1991, S. 113].
[21] Brief von Mittag-Leffler an Cantor, 11. März 1883 [Cantor 1991, S. 118].
[22] [Cantor 1883h]. Hierzu vgl. man [Mascré 2000].
[23] [Tannery Jules 1884].
[24] Diese Begriffe werden im Anhang 3 definiert.

Erste französische Reaktionen auf die Arbeiten Cantors

In einem Brief vom 5. März 1883 an Gösta Mittag-Leffler schreibt Charles Hermite über die 1883 publizierte Übersetzung „Une contribution à la théorie des Ensembles"[25] des Artikels „Ein Beitrag zur Mannigfaltigkeitslehre" von 1878:

> Diese Übersetzung wurde von Herrn Poincaré mit aller Sorgfalt durchgesehen; wir haben uns ausführlich darüber unterhalten. Sie sehen, wie wir dachten, die problematischen Begriffe übertragen zu sollen. Herr Poincaré ist der Meinung, dass sich alle französischen Leser den sowohl philosophischen als auch mathematischen Untersuchungen Cantors vollständig verweigern werden, weil darin die Willkür eine zu große Rolle spielt. Ich denke nicht, dass er sich darin täuscht.[26]

Die zwischen Poincaré, Hermite und Mittag-Leffler ausgetauschten Briefe erlauben es, die Erwartungen, welche die an der Publikation der Cantorschen Arbeiten beteiligten französischen Mathematiker bezüglich deren Rezeption hegten, einzuschätzen. Dabei spielte der Rhythmus, in dem die Übersetzungen erschienen, eine Rolle. Wir bemerken, dass diese Leute im März 1883 keineswegs günstig gegenüber den Neuerungen Cantors eingestellt waren; die ersten „Verweigerer", von denen Hermite sprach, scheinen die Übersetzer und Korrekturleser der Abhandlungen des deutschen Mathematikers selbst gewesen zu sein.

Hermite gesteht, dass sowohl Appell als auch Picard ablehnend den Konzepten gegenüber stehen, welche Cantor in seiner Abhandlung über trigonometrische Reihen[27] entwickelt hatte, und dass Picard die „Grundlagen" lese, ohne aufzuhören, deren Autor zu verwünschen.[28] Gaston Darboux, der mit den Übersetzungen nichts zu tun hatte, gibt die allgemeine Meinung wieder, wenn er in einem Brief an Jules Hoüel vom 14. März 1883[29] gesteht, dass er Cantor mehr denn je misstraue. Diese Vorbehalte hinderten das *Bulletin des sciences mathématiques et astronomiques* nicht daran, im nächsten Jahr einen Bericht von Jules Tannery[30] über das Werk Cantors zu veröffentlichen. Wir werden darauf zurückkommen.

Poincaré war von der Wichtigkeit der Forschungen Cantors überzeugt. In einem Brief an Mittag-Leffler vom 16. März 1883 kritisierte er aber heftig die Konzeption der „Grundlagen":

> Mir scheint, dass das, was die Lektüre der Übersetzung dieser schönen Abhandlung für den mit der deutschen Kultur nicht vertrauten französischen Leser so mühsam macht, weniger der philosophische Teil ist, den man ja übergehen kann, als der Mangel an konkreteren Beispielen. So haben die Zahlen der zweiten und vor allem der dritten Klasse ein wenig den Charakter einer Form ohne Materie, was den französischen Geist abstößt.[31]

---

[25] [Cantor 1878] übersetzt als [Cantor 1883f].

[26] [Dugac 1984b S. 156]. Im Anschluss an diese Bemerkung Hermites bat Mittag-Leffler Cantor um Überarbeitung des Textes der „Grundlagen" [Cantor 1883b], insbesondere um Beschränkung auf die Darlegung der mathematischen Teile unter Ausschluss der philosophischen.

[27] [Cantor 1872].

[28] Brief von Hermite an Mittag-Leffler, 29. April 1883 [Dugac 1984b, S. 212].

[29] Archiv der Akademie der Wissenschaften Paris, Dossier [Gaston Darboux (correspondance)].

[30] [Tannery Jules 1884].

[31] [Dugac 1976b, S. 156].

Markiert diese Auffangstellung einen Rückzug im Vergleich zu den früher eingenommenen Positionen, die wir gesehen haben? Obwohl die Öffnung der wissenschaftlichen Gemeinschaft Frankreichs für internationale Arbeiten nach der Niederlage von 1870 als eine Notwendigkeit erschien, erhoben sich keine zehn Jahre später Stimmen, welche zur Vorsicht gegenüber dieser Öffnung mahnten. Wir müssen uns hier kurz den Kontext ansehen, in dem diese Debatte notwendig wurde.

Die Gegenüberstellung eines „französischen Geistes" und einer „deutschen Kultur" ist nicht zufällig. In der sehr konservativen Zeitschrift *Revue des Deux Mondes* hat 1879 der Kritiker Ferdinand Brunetière die Linguistik und die Philologie heftig angegriffen, weil diese seiner Ansicht nach bei der Beurteilung literarischer Werke die Rolle der Geisteswissenschaften usurpiert hätten. Das Übel kam aus Deutschland; Brunetière stigmatisiert den Trend zur Nachahmung, welcher den französischen Geist dazu veranlasse, die deutschen Eigenschaften annehmen zu wollen, mit dem Risiko, die eigenen Qualitäten zu verlieren.[32] 1882 entwickelte der *Conseil* der *Faculté des sciences* (Rat der naturwissenschaftlichen Fakultät) der Sorbonne eine analoge Argumentation: Die Wissenschaft weist gewisse nationale Charakteristika auf, die es vor ausländischen Einflüssen zu bewahren gilt.[33]

Hermite greift die Gegenüberstellung von „französischem Geist" und „deutschem Geist" anlässlich einer kritischen Würdigung einer Abhandlung von Mittag-Leffler[34] auf. Er äußert Vorbehalte gegen diese „bezüglich der Begrifflichkeit selbst, welche von Herrn Cantor stammt."[35] Geht man, wie das der schwedische Mathematiker tut, von ganz neuen abstrakten Begriffen aus, um zu den Realitäten der Analysis zu gelangen, so heißt das nach Hermite, sich der deutschen Tendenz zu unterwerfen. Der französische Geist empfindet ein unausweichliches Bedürfnis, anders herum vorzugehen: „Die Abstraktion, welche die Deutschen ansprechend finden, stört uns."[36]

Die Widerstände, auf die Mittag-Leffler traf, veranlassten ihn dazu, die Cantorschen Forschungen zu verteidigen. Er unterstrich deren zugegebenermaßen abstrakten Charakter und gab zu, dass sie eher philosophisch seien, was den Mathematikern im Allgemeinen missfiel. Dennoch war der Herausgeber der *Acta* der Meinung, „dass seine Ideen nützlicher sein werden, als man heute anzunehmen geneigt ist."[37] Diese eindeutige Haltung sollte sich, wie wir sehen werden, zwei Jahre später ändern, als Mittag-Leffler zum dem Entschluss gelangte, eine neue Abhandlung des deutschen Mathematikers abzulehnen.

Nach Vollendung der anspruchsvollen Übersetzungsarbeit an den Abhandlungen Cantors erreichte die Entrüstung Hermites ihren Höhepunkt. Damit drückte er nicht nur seine Meinung sondern auch die seiner Kollegen aus.

---

[32] [Brunetière 1879]. Ferdinand Bruentière [1849–1906] war Literaturkritiker, Historiker und Essayist. Sein Einsatz für die *Revue des Deux Mondes* führte dazu, dass er diese Zeitschrift ab 1893 leitete. Im selben Jahr wurde Brunetière in die *Académie française* gewählt wurde.

[33] [Paul 1972].

[34] [Mitag-Leffler 1884]

[35] Brief von Hermite an Mittag-Leffler, 12. August 1884 [Dugac 1985, S. 91].

[36] Brief von Hermite an Mittag-Leffler, 6. Oktober 1884 [Dugac 1985, S. 94].

[37] Brief an Paul Appell, 2. April 1883 [Dugac 1984b, S. 279].

Der Eindruck, den die Abhandlungen von Herrn Cantor bei uns hinterlassen, ist deprimierend, ihr Studium scheint uns eine wahre Qual. Obwohl wir ihm Anerkennung zollen und sehen, dass er der Forschung ein neues Feld eröffnet hat, ist von uns niemand bereit, ihm dabei zu folgen. Es ist uns unmöglich, unter den verständlichen Theoremen eines zu finden, dem ein tatsächliches Interesse zukommt. Die Zuordnung zwischen den Punkten einer Strecke und einer Fläche lässt uns absolut indifferent. Wir glauben, dass diese konsequenzenlose Bemerkung aus derart willkürlichen Überlegungen resultiert, dass der Autor besser daran getan hätte, sie für sich zu behalten und abzuwarten.[38]

Da jedoch Cantor seitens der Königlichen Gesellschaft zu Göttingen Anerkennung erfuhr, milderte Hermite sein Urteil ab, indem er feststellte, dass „manche Leser beim Lesen und Studieren seiner [Cantors] Schriften ein Interesse und ein Vergnügen empfinden, welches wir nicht kannten." Man muss festhalten, dass seine Entrüstung Hermite niemals dazu veranlasste, die Übersetzungsarbeit zu unterbrechen oder deren Veröffentlichung in den *Acta* zu unterbinden.

Wusste Cantor von den Vorbehalten, welche sich anlässlich der Übersetzungen seiner Werke ins Französische regten? Er fragte sich, vielleicht etwas beunruhigt, nach der Haltung von Poincaré und von Picard: Stehen diese den in den „Grundlagen" enthaltenen Ideen positiv gegenüber?[39] Der Einfluss, den der deutsche Mathematiker Leopold Kronecker in Frankreich ausübte, schien Cantor fürchterlich. Kronecker, der den wissenschaftlichen Ideen Cantors schroff ablehnend gegenüber stand, hatte diesem in der Tat „mit einem äußerst freundlichem Lächeln" mitgeteilt, dass er eine umfangreiche Korrespondenz mit Hermite unterhalten habe, in der er diesen davon zu überzeugen suchte, dass die letzte Arbeit seines Landsmannes nichts als „Humbug" sei.[40]

Im Frühjahr 1884 unternahm Cantor eine Reise nach Paris, zweifellos um herauszufinden, welchen Einfluss seinen Arbeiten dort tatsächlich hatten. Hierzu wollte er Hermite, aber auch Poincaré und Appell treffen. Obwohl alle einen freundlichen Eindruck auf ihn machten, war Cantor doch bezüglich des mathematischen Ertrages seiner Reise etwas enttäuscht, weil nur Poincaré seinen Publikationen in den *Acta* und deren Anwendungen auf die Funktionentheorie ein wirkliches Interesse entgegen brachte.[41] Im Übrigen verwandte Poincaré in der Folge die Terminologie und die Theorie Cantors über die Mächtigkeiten von Mengen in mehreren Arbeiten zwischen 1883 und 1890, so zum Bespiel bei seinen Untersuchungen zum Dirirchlet-Problem.[42]

In einem Brief an Mittag-Leffler vom 20.–28. Oktober 1884[43] teilte Cantor seine endgültigen Eindrücke über die französischen Wissenschaftler mit. Er sagte von sich, dass er zwischen Bewunderung für die natürliche und einfache Darstellung in ihren Werken – im Unterschied zu den Deutschen, welche ihre Arbeiten in einer

---

[38] Brief von Hermite an Mittag-Leffler, 13. April 1883 [Dugac 1984b, S. 209–210].
[39] Brief Cantor an Mittag-Leffler, 13. April 1883 [Cantor 1991, S. 125].
[40] Brief von Cantor an Mittag-Leffler, 9. September 1883 [Cantor 1991, S. 127].
[41] Brief an Klein, 10. Mai 1884 [Cantor 1991, S. 190].
[42] [Poincaré 1890]. Vgl. hierzu [Dugac 2003, S. 211].
[43] [Cantor 1991, S. 208–217].

„mystischen Dunkelheit" verbergen – und dem Gefühl der Schwierigkeit, welche er bei dem Versuch empfand, die Franzosen für seine eigenen Forschungen zu gewinnen, schwanke. Letztere hätten in der Tat den Unterschied zwischen dem „Indefiniten", welches in den „Grundlagen" das potentiell oder uneigentliche Unendliche genannt wird und auf welchem die Differential- und Integralrechnung beruht, und dem „wirklichen Unendlichen" oder Transfiniten nicht wirklich verstanden, obwohl diese Differenz seit Aristoteles bekannt sei (vgl. Anhang 2).

Die Reaktionen der Brüder Paul[44] und Jules[45] Tannery zeigen ziemlich deutlich die Blockaden, welche die französischen Wissenschaftler bei der Lektüre der Arbeiten Cantors empfanden. Obwohl die Einschätzungen der Gebrüder Tannery unbestreitbar von Scharfsinn zeugen, schließen sie sich dennoch dem allgemeinen Urteil an, welches die mutigsten Neuerungen des deutschen Mathematikers ins Reich der Philosophie verweist. Die Analyse der Cantorschen Arbeiten, soweit sie auf Französisch erschienen waren, welche Jules Tannery 1884 für das *Bulletin* von Darboux[46] verfasste, nennt nur jene Begriffe Cantors wichtig, welche in der Theorie der Funktionen Verwendung finden. Das gilt für den topologische Begriff der Ableitung E', welche aus den Häufungspunkten einer Teilmenge E der reellen Geraden besteht. Diese mündet in die Einführung der transfiniten Zahl ω, welche die Unendlichkeit der abgeleiteten Mengen charakterisiert.[47] Das Symbol ω und die anderen

---

[44] Paul Tannery [1843–1904] trat 1861 in die *Ecole Polytechnique* ein. Seine Karriere spielte sich in der Tabakindustrie ab, insbesondere in Bordeaux und in Le Havre. Paul Tannery ist einer der seltenen Fälle eines Wissenschaftlers, der parallel zu seiner Tätigkeit in der Industrie wichtige Leistungen in der Wissenschaftsgeschichte und in der Philosophie vollbrachte. Er arbeitete beim *Bulletin des sciences mathématiques et astronomiques* und an den *Mémoires de la Société des Sciences Physiques et Naturelles de Bordeaux* mit. In seiner Eigenschaft als Leiter der Tabakmanufaktur in Pantin sorgt er zusammen mit Charles Henry ab 1891 für die Wiederherausgabe der Werke von Pierre de Fermat. 1903 verweigerte der zuständige Minister seine Berufung auf den Lehrstuhl für Wissenschaftsgeschichte des *Collège de France*, obwohl ihn die zuständigen Gremien auf den ersten Platz der Liste gesetzt hatten. Es scheint, als seien die religiösen Überzeugungen von Paul Tannery, der ein gläubiger Katholik war, in dieser Angelegenheit von Nachteil gewesen.

[45] Jules Tannéry [1848–1910], der jüngere Bruder von Paul, trat 1866 in die *Ecole Normale Supérieure* ein. 1869 bestand er die *Agrégation* in Mathematik und unterrichtete anschließend an verschiedenen Gymnasien in der Provinz. 1874 promovierte er und lehrte dann in der Vorbereitungsklasse des Lycée Saint-Louis in Paris. 1881 wurde er *Maître de conférence* an der *Ecole normale supérieure*, ab 1884 fungierte er als *Directeur des études scientifiques* dieser Institution. Seine Mitarbeit am *Bulletin des sciences mathématiques et astronomiques* ist Bestandteil seiner wissenschaftlichen Betätigung. Seine Überlegungen betrafen die Grundlagen der Analysis, in ihnen fand eine beachtliche Entwicklung bezüglich der Mengenlehre statt. Der Einfluss, den Jules Tannery auf seine Schüler ausübte, wird von Émile Borel [Borel 1911] und von Émile Picard [Picard 1926] hervorgehoben.

[46] [Tannery Jules 1884].

[47] Diese zeitlich erste Definition der transfiniten Zahl ω erscheint in [Cantor 1880]. Das Symbol ω wie auch die anderen transfiniten „Zahlen" werden Zahlen genannt und haben denselben Grad an Bestimmtheit wie die natürlichen Zahlen, vgl. Brief von Cantor an Mittag-Leffler vom 25. Oktober 1882 [Cantor 1991, S. 90–92].

transfiniten Zahlen haben dann einen präzisen Sinn, weshalb „es schwierig scheint, gegen ihre Einführung Einwände zu erheben."[48]

Andererseits äußerte Jules Tannery einige Vorbehalte bezüglich der Entwicklung einer allgemeinen Theorie der Mengen, welche sich nicht mehr auf die Punktmengen der reellen Geraden bezieht, sondern auf geordnete Mengen von allgemeiner Natur. Diese deutete er an, indem er auf dem philosophischen und metaphysischen Charakter der „genialen Spekulationen" Cantors insistierte. Die transfiniten Zahlen treten als „Anzahlen" auf, welche sich auf wohlgeordnete Mengen beziehen. Auf dieser Konzeption versucht „Herr Cantor eine arithmetische Theorie zu begründen."[49] Tannery hatte auch Zweifel bezüglich der Entdeckung Cantors einer Bijektion zwischen der reellen Geraden R und dem n-dimensionalen Raum R^n; für Tannery hatte diese Aussage philosophischen Charakter, „da man, wie es scheint, aus ihr vom analytischen Standpunkt aus nichts ableiten kann."[50] Man erkennt hier Hermites Urteil wieder, von dem wir weiter oben schon gesprochen haben.

Nach der Veröffentlichung der Übersetzungen in den *Acta Mathematica* im Jahr 1883, formulierte Paul Tannery eine Antwort auf die großen Fragen, welche die Theorie der linearen Punktmengen aufwarf.[51] Für die mathematisch gebildeten Leser des *Bulletin de la Société mathématique de France* (1884) ist die Kontinuumshypothese relevant; für die philosophisch interessierten Leser der *Revue philosohique de France* (1885) geht es um den Begriff des Kontinuums, welcher von allen Bezügen auf phänomenale Begriffe wie Raum und Zeit und damit vom Paradoxon des Zenon befreit wurde.[52] Cantor konnte sich nur freuen über die Wichtigkeit, die die Schriften Paul Tannerys der Mengenlehre zuerkannten, selbst wenn der deutsche Mathematiker in den Texten des Franzosen ein gewisses Unverständnis nachweisen konnte bezüglich der mathematischen Tragweite seiner Arbeit (wir kommen darauf zurück). Weiterhin hob Cantor hervor, dass die unvollständige Induktion, welche Tannery 1884 verwandte, um die Kontinuumshypothese zu untersuchen, ungenügend sei.[53]

Dennoch blieb Tannery einer der aufmerksamsten unter denjenigen französischen Wissenschaftler, welche die Arbeiten Cantors verfolgten. So ist es nicht

---

[48] [Tannery Jules 1884 S. 168].

[49] [Tannery Jules 1884, S. 170]. In [Cantor 1883a Teil V, § 2] verwendet Cantor eine weitere Definition der transfiniten Zahl ω, nämlich als Ordinalzahl, welche der gemäß ihrer gewöhnlichen Ordnung „wohl geordneten" Menge der natürlichen Zahlen zugeordnet ist.

[50] [Tannery Jules 1884, S. 168].

[51] [Tannery Paul 1884, 1885].

[52] Bzgl. der Definitionen dieser Begriffe verweisen wir den Leser auf den Anhang 3. Die Idee, das mathematische Kontinuum ohne Bezug auf die Anschauung von Raum und Zeit zu definieren, findet sich auch bei anderen Denkern des 19. Jhs., beispielsweise bei Antoine Augustin Cournot. Man vgl. hierzu [Cournot 1861].

[53] Brief von Cantor an Mittag-Leffler, 28. September 1884 [Cantor 1991, S. 205]. Der Beweis der Kontinuumshypothese, welcher Paul Tannery in seinem Artikel von 1884 gab, wurde von Cantor in einem Brief an Giulio Vivanti vom 6. Oktober 1886 [Cantor 1991, S. 269–270] auseinander genommen.

erstaunlich, dass die Direktion der *Grande encyclopédie*[54] ihm die Aufgabe übertrug, die Artikel „Cantor" und „Menge" für dieses Werk zu verfassen, was zu einem Briefwechsel zwischen Tannery und dem deutschen Mathematiker im Jahre 1888 führte. Insbesondere der Artikel „Cantor", der 1890 im neunten Band dieses Werkes (S. 128) erschien, macht deutlich, wie schwierig es war, die Zukunft eines Werkes vorauszusagen, „welches übrigens mehr Interesse vom philosophischen Standpunkt aus aufweist als Nützlichkeit für die zukünftige Entwicklung der Mathematik." Auch hier wird wieder der Einfluss von Hermites Urteilen deutlich.

Cantor musste auf das Argument eingehen, das die entscheidenden Neuerungen der Mengenlehre als philosophische erklärte. Ohne die philosophischen Konsequenzen seiner Forschungen zu marginalisieren, wird der Autor doch dazu geführt, den mathematischen Charakter seiner Arbeiten in einer neuen Abhandlung, welche er 1885 Mittag-Leffler vorschlug, zu betonen. Wir werden sehen, dass er damit eine Weigerung seitens des Redakteurs der *Acta Mathematica* provozierte. Hierauf folgte unmittelbar der Bruch zwischen den beiden Mathematikern. Wir werden die Argumente, welche beide Seiten bei dieser Gelegenheit vorbrachten, analysieren. Dabei kennen wir die Argumente Cantors durch dessen minutiösen Bericht, den er zehn Jahre später in seinem Briefwechsel mit Poincaré gab.

Die „Entente cordiale scientifique" oder die Konstruktion von internationalen Beziehungen

Ein Ziel in Cantors Kämpfen war es, dauerhafte Beziehungen zwischen den Mathematikern in Gestalt von internationalen Kongressen herzustellen. Die Probleme, die sich im Zuge von deren Organisation ergaben, werden in etwa zehn Briefen von Cantor an französische Briefpartner in den Jahren 1895 und 1896 angesprochen. Die Schwierigkeiten, welche sich ergaben, werden nicht nur in der Korrespondenz mit den Mathematikern mit einem großen Namen, wie Henri Poincaré und Camille Jordan, angesprochen, sondern auch in derjenigen mit Charles-Ange Laisant und Émile Lemoine.[55]

---

[54] Es handelt sich um die *Grande Encyclopédie*, „vernunftgemäße Sammlung der Erkenntnisse aus den Wissenschaften, der Literatur und den Künsten", welche unter der Leitung von Marcelin Berthelot in 31 Bänden zwischen 1885 und 1902 veröffentlicht wurde.

[55] Charles-Ange Laisant [1841–1920] trat 1859 in die *Ecole Polytechnique* ein. Nachdem er eine militärische Laufbahn begonnen hatte, in deren Verlauf er an der Verteidigung von Paris bei der Belagerung 1870 beteiligt gewesen war, wandte er sich ab 1876 der Politik zu. Nacheinander wurde Laisant als Abgeordneter der Départements Loire inférieure und Seine [1885] sowie des XVIII. Arrondissement von Paris gewählt; er saß in der *Chambre* als Mitglied der radikalen Gruppe der *Union Républicaine*. Zu Beginn der dritten Republik spielte Laisant eine wichtige Rolle. Er stimmte für die Amnestie der verurteilten Kommunarden, widersetzte sich der Tonkin-Expedition und intervenierte mehrfach bei der Reform des Militärdienstes.

Im Bereich der Wissenschaft gründete er – nach einer Dissertation in Mathematik [1877], welche den Quaternionen des irischen Mathematikers Hamilton gewidmet war – mit Lemoine

Im Laufe des Jahres 1888 kam Cantor die Idee eines Treffens zwischen französischen und deutschen Mathematikern. Eine Andeutung findet sich in einem Brief vom 27. Juli 1888[56]. Dort hebt er die vorbildliche Freundschaft zwischen dem Franzosen Charles Hermite und dem Deutschen Karl Borchardt hervor, die für die wissenschaftliche Gemeinschaft sehr vorteilhaft sei. In einem Brief von Cantor an Walter von Dyck (August 1890) schlägt er einen internationalen Mathematikerkongress[57] vor; diese Idee greift er wieder in einem Brief an Émile Lemoine vom 18. November 1893 auf. Der Text dieses Briefes ist verloren gegangen[58], Teile davon sind aber durch eine rückblickende Note bekannt, welche Lemoine einige Jahre später für die Zeitschrift *L'Intermédiaire des mathématiciens* redigierte:

> Herr Cantor hebt in einem Brief, den er mir kürzlich geschrieben hat [1893], das Interesse hervor, das seiner Meinung nach daran besteht, die Beziehungen zwischen Mathematikern verschiedener Länder zu vervielfältigen. Insbesondere betont er die Wichtigkeit von internationalen Kongressen, welche in einem Rhythmus von drei oder vier Jahren abwechselnd an den wichtigsten Stätten der Wissenschaften in der zivilisierten Welt stattfinden sollen. Er entwickelt einen allgemeinen Plan zu ihrer Organisation und merkt an, dass die Mathematik als einzige Wissenschaft – Geistes- und Technikwissenschaften sowie Künste eingeschlossen – noch keine derartigen Versammlungen kenne.[59]

Olli Letho hat 1998 die Geschichte der Internationalen Mathematiker-Union (IMU) untersucht. Dabei bestätigt er Cantors Rolle:

> Georg Cantor hat die Notwendigkeit einer internationalen Zusammenarbeit im Bereich der Mathematik, welche die Bibliographie überschreitet, sehr früh gesehen.[60]

In Deutschland fanden diese Ideen die Unterstützung von Felix Klein, der übrigens Kontakte zur Universität Chicago entwickelte und der in dieser Stadt 1893 an einem Kongress teilnahm.

---

zusammen die Zeitschrift *L'intermédiaire des mathématiciens* [1894] und mit Henri Fehr die in Genf erscheinende Zeitschrift *L'enseignement mathématique* [1899]. Er redigierte die mathematischen Artikel der *Grande Encyclopédie*, jener vernunftgemäßen Sammlung der Erkenntnisse aus den Wissenschaften, der Literatur und den Künsten, welche unter der Leitung von Marcelin Berthelot veröffentlicht wurde. Das Eintreten Laisants für die Freimaurerei ist allgemein bekannt. Ab 1869 gehörte er den Logen von Brest, Nantes und Paris an; seit 1889 galt er als ausgetreten, definitiv ausgeschlossen wurde er 1892 als Anhänger von Georges Boulanger [Boulangismus] (Quelle: Bibliothèque Nationale [Res. FM² 10]).

Émile Lemoine [1840–1912] trat 1860 in die *Ecole Polytechnique* ein. Er verließ diese als Ingenieur, der für die Gasversorgung von Paris verantwortlich war. Mathematisch hat er über die Geometrie des Dreiecks und die „Geometrographie" gearbeitet; letztere beschäftigt sich mit der minimalen Anzahl von geometrischen Operationen, welche zur Konstruktion einer Figur notwendig sind [Lemoine 1902].

[56] Brief von Cantor „an einen unbekannten Pariser Kollegen", zitiert bei [Kennedy 1980, S. 69].
[57] Zitiert bei [Lehto 1998, S. 3–4].
[58] Vgl. hierzu Brief 10 [Hermite, 22. Januar 1894] und den Brief von Cantor an Vassiliev, 4. Juli 1894 [Cantor 1991, S. 352–353] sowie auch [Purkert und Illgauds 1987, S. 127].
[59] *L'Intermédiaire des mathématiciens*, 4 [1897], S. 197–198.
[60] [Letho 1998, S. 3]. Der Mathematiker Olli Letho, Professor an der Universität Helsinki, war viele Jahre lang Sekretär der IMU gewesen.

Einer Schwierigkeit, welche der Organisation internationaler Kongresse im Wege stand, ließ sich indes nicht ausweichen. Sollte die Initiative nicht an der deutsch-französischen Rivalität scheitern, so musste eine derartige Zusammenkunft von Persönlichkeiten vorgeschlagen werden, deren Renommee in der mathematischen Welt außer Zweifel stand. Verbände wie die *Assoziation Française pour l'avancement des sciences*, die Deutsche Mathematiker-Vereinigung (DMV), aber auch die *American Mathematical Society* (1894) und die *Société mathématique de France* sowie die *Société philomatique de Paris* (1895) schlossen sich der Bewegung an. Das Engagement, das Cantor im Rahmen der DMV entwickelte, verband sich – wie wir sehen werden – mit dem Internationalismus von Laisant und Lemoine.

Cantor bemerkte 1883, dass den Mathematikern in ihrem Empfinden für die Notwendigkeit der Gründung internationaler Organe zur Förderung wissenschaftlicher Kontakte die Mediziner, die Hygieniker, die Physiologen und die Geographen bereits zuvor gekommen seien. In der Tat waren die letzten Jahre des 19. Jhs. dem Internationalismus förderlich. So kann man festhalten, dass sich nach der Auflösung der ersten Internationalen im Jahr 1876 in Paris 1889 die *zweite Internationale* konstituierte.[61]

Wir sehen, dass Cantor in seinem französischen Briefwechsel sein ganzes diplomatisches Geschick aufbot, damit sein Projekt von Erfolg gekrönt werde. Er zögerte nicht herauszustellen, dass er aufgrund seines Geburtsortes Sankt Petersburg nicht als „Deutscher von Geburt" angesehen werde, ein Argument, das geeignet war, seine Briefpartner davon zu überzeugen, dass er keinerlei „nationalen Bedenken" liege.[62]

Es lässt sich in der Tat nicht leugnen, dass in der Zeit nach dem Krieg von 1870 sowohl das neuerdings in einem Kaiserreich geeinte Deutschland als auch Frankreich häufig nationalistischen Strömungen ausgesetzt waren. In diesem Zusammenhang heben die Historiker hervor, dass sich die Bedeutung des Begriffes „Nationalismus" während des 19. Jhs. verändert hat.[63] Während Nationalismus während der revolutionären Periode eine Art von patriotischem Bewusstsein bezeichnete, beschreibt er gegen Ende des Jahrhunderts eine mit einer politisch konservativen Einstellung verbundene chauvinistische und fremdenfeindliche Haltung. Wie wir sehen werden, lässt sich in Frankreich diese Entwicklung mit dem Scheitern des Boulangismus in Verbindung bringen. Cantor wurden diese Gegebenheiten sehr deutlich vor Augen geführt – sowohl durch die Auseinandersetzungen, welche er mit deutschen Wissenschaftlern hatte, die nur schwer von der Notwendigkeit internationaler Kongresse zu überzeugen waren, als auch durch die Argumente, welche ihm gegenüber von seinen französischen Briefpartnern geäußert wurden.

Die Stadt, in welcher der erste internationale Kongress stattfinden sollte, konnte angesichts der alten Gegnerschaft weder Berlin noch Paris sein. Also kamen Brüssel oder – von Cantor bevorzugt – Zürich in Frage. Die nachfolgende Versammlung, erster Kongress genannt, konnte in Paris anlässlich der Weltausstellung 1900

---

[61] [Willard 1971, S. 64–74].
[62] Brief 27 [Poincaré, 7. Januar 1896].
[63] Vgl. beispielsweise [Digeon 1959], [Hobsbawn 1990].

stattfinden, was sowohl für die deutsche als auch für die französische Seite akzeptabel war.⁶⁴

In einer Nachricht an Felix Klein schreibt Cantor über die Vorbereitung dieser Kongresse:

> Ein solches Entgegenkommen den französischen Collegen gegenüber kann meines Erachtens der *Entente cordiale scientifique* und damit der Wissenschaft selbst nur dienlich sein.⁶⁵

Das Engagement in Verbänden im Dienste des wissenschaftlichen Internationalismus

Soweit es uns die in den Briefbüchern erhaltene Korrespondenz zu beurteilen erlaubt, waren diejenigen, welche auf französischer Seite am stärksten in das internationale Projekt eingebunden waren, nicht die großen Namen der französischen Wissenschaft sondern Émile Lemoine und Charles-Ange Laisant (Abb. 2.3 und 2.4). Deren Engagement hing mit ihrer aktiven Mitgliedschaft in wissenschaftlichen Verbänden und Vereinigungen zusammen, welche in Frankreich kurz nach dem Krieg von 1870 entstanden. Unter den Entwürfen Cantors finden sich neun, die an einen der beiden oben Genannten gerichtet sind. Bemerkenswert ist die Ausdauer, mit der Cantor, Lemoine und Laisant gemeinsam für einen wissenschaftlichen Internationalismus kämpften. „Also von nun an sind wir *Drei = Eins* in allem was die von uns ins Leben gerufene Sache betrifft", kann Cantor 1896 an Lemoine schreiben.⁶⁶ Die vertrauensvollen und freundschaftlichen Beziehungen, welche zwischen Cator, Lemoine und Laisant entstanden, zeugen von der Kraft ihres gemeinsamen Anliegens: die Weiterentwicklung der Wissenschaft jenseits von nationalen Sonderinteressen

Abb. 2.3 Charles-Ange Laisant

---

⁶⁴ Brief 27 [Poincaré, 7. Januar 1896].

⁶⁵ Brief von Cantor an Klein, 16. September 1895, Archiv Universität Göttingen, Nachlass Cantor [Cod. Ms. 17].

⁶⁶ Brief 36 [17. März 1896]. Cantor spielt hier raffiniert auf die Freimauersymbolik „tres in uno" an (vgl. hierzu die Kommentare zum Brief 33).

Abb. 2.4 Émile Lemoine

und ideologischen Differenzen. Um die Tragweite dieser Beziehungen besser verstehen zu können, ist es notwendig, die Geisteshaltung der französischen Wissenschaftler nach dem Sturz des Zweiten Kaiserreichs kurz zu betrachten.

Üblicherweise wurde in Frankreich die Niederlage von 1870–1871 nachträglich folgendermaßen erklärt: Preußen verdankt den Sieg seiner wissenschaftlichen Elite und seinem Vorsprung im Bereich der Wissenschaften. Folglich ging es darum, Deutschland auf wissenschaftlichem Gebiet wieder einzuholen. So entstand in Frankreich eine Bewegung zur Förderung der Wissenschaften, welche sich später mit den Zielen der Dritten Republik verband. Das Jahr 1872 sah deshalb die Gründung der *Société mathématique de France* (SMF) und der *Association Française pour l'Avancement des Sciences* (AFAS) nach dem Vorbild *British Association for Advancement of Science* (BAAS).[67] Die AFAS wurde mit Nachdruck von einer Gruppe von Wissenschaftlern in Gang gebracht, unter anderen von dem Biologen Louis Pasteur, dem Physiologen Claude Bernard, dem Chemiker Adolphe Wurtz und dem Anthropologen Armand de Quatrefages de Bréau. In der AFAS fanden sich neben den Vertretern der Universitäten auch Repräsentanten der Industrie und der Banken, Absolventen der *Ecole polytechnique*, Zivilingenieure, zahlreiche Militärs und wissenschaftliche Amateure. Sie alle engagierten sich für diese Bewegung zur Wiedererrichtung Frankreichs. Laisant und Lemoine übernahmen Ämter sowohl in der SMF als auch in der AFAS und wurden so zu aktiven Mitgliedern beider Bewegungen. Festzuhalten bleibt ferner, dass wir in den Reihen der AFAS den elsässischen Wissenschaftler Charles Henry finden, dem wir in der okkultistischen Bewegung wieder begegnen werden.

Lehrreich ist die Entwicklung, welche die öffentliche Meinung Frankreichs bezüglich der nationalen Frage nahm. Bis etwa 1885 ist die republikanische Bewegung Träger der Idee, mit Deutschland wissenschaftlich gleichzuziehen. Die durch den Boulangismus ausgelöste Krise und die tief greifenden Schwierigkeiten, welche hieraus resultierten, markieren jedoch einen Umschwung in der öffentlichen Meinung Frankreichs.[68] Nun wird die Idee der Revanche von der

---

[67] [Gispert éd. 2002].
[68] [Digeon 1959, S. 332].

Der Boulangismus
Die französische Republik wird in der Zeit zwischen 1870 und 1885 als opportunistisch bezeichnet; in diesem Zeitraum wurde sie von gemäßigten Republikanern geführt. Gegen Ende dieses Zeitraums sah sich die Republik mit einer ökonomischen, sozialen und politischen Krise konfrontiert, wie sie Frankreich seit Ende des *Second Empire* nicht mehr gesehen hatte. Nach dem Zusammenbruch der katholischen Bank *Union Générale* [1882] zog eine schwere landwirtschaftliche Krise weite Kreise bis hin zur Finanzwelt. Nach der Wahl von 1885 wurde die Mehrheit der Opportunisten brüchig; um weiter regieren zu können, musste diese sich mit radikalen Kreisen verbinden. Die Instabilität der Ministerien nahm zu und trug zur Entwicklung einer antiparlamentarischen Bewegung bei, welche die Gegner des Regimes vereinte.

Die Republik litt ferner unter sozialen Unruhen, so zum Beispiel der große Streik der Bergleute von Decazeville. Zu diesem Zeitpunkt bildete sich in der *Chambre* erstmals eine parlamentarische Gruppe von Sozialisten, die sich mit den streikenden Bergleuten anlässlich einer ungeheuren Pressekampagne solidarisierte. In der Zeitung „Le cri du peuple" [Stimme des Volkes] [11. Februar 1886] schrieb Jules Guesde diesen Auseinandersetzungen eine historische Dimension zu: „Gestern hielten die Klassen Einzug in das *Palais Bourbon* getrennt von einander durch die Toten, die man sich gegenseitig an den Kopf warf … Spartakus steht nicht mehr vor den Toren. Er ist in Rom angekommen." Das *Palais Bourbon* in Paris war bis 1940 Sitz der französischen Legislative, der *Chambre des Députés*, welcher heute der *Assemblée nationale* entspricht.

Der Boulangismus war eine Bewegung, die sich zwischen 1885 und 1889 entwickelte; sie trachtete, alle Unzufriedenen zu vereinen. Auf der Linken war man mit einer Republik unzufrieden, welche sich in sozialen Fragen konservativ verhielt; auf der Rechten sah man das Nationalgefühl und der Wunsch nach Revanche gegenüber Deutschland, ja sogar den zunehmenden Antisemitismus der extremen Rechten bestätigt. Alle diese Tendenzen mündeten in die Kritik an der parlamentarischen Republik.

Die boulangistische Bewegung verdankt ihren Namen dem General Georges Boulanger [1837–1891]. Anfänglich von Georges Clemenceau unterstützt, wurde er Kriegsminister in dem Kabinett, das Freycinet am 7. Januar 1886 bildete; er behielt diese Funktion auch im Kabinett von Goblet [ab Dezember 1886]. Boulanger wurde durch seine Reformen sehr populär. Er verbesserte die Situation der Mitglieder seiner Armee, für die er Kleidung und Nahrung sowie moderne Waffen (das Lebel-Gewehr) beschaffte. Er weigerte sich, auf die Streikenden von Decazeville schießen zu lassen, verkürzte den Militärdienst und führte die Wehrpflicht für die Kleriker wieder ein und vertrieb die Orléanisten aus der Armee. Diese Maßnahmen förderten das linke Image von Boulanger.

Der Erfolg des Boulangismus beruhte auf zwei populären Leidenschaften: Vaterland (Hoffnung auf die Revanche gegenüber Deutschland) und Zuversicht in eine soziale Politik; letztere wurde von den Radikalen und den Sozialisten getragen, welche aus der utopistischen Bewegung von Auguste Blanqui hervorgingen.

Mit zunehmendem Erfolg verbreitete sich der Boulangismus in Frankreich, wobei sich seine kämpferischen Auftritte und Reden immer mehr verstärkten. „Endlich können wir der traurigen Defensivpolitik entsagen; Frankreich wird hinfort eine hochgradig offensive Politik verfolgen." [Rede von Boulanger in Libourne, September 1886]. Anschließend entwarf der Redner die Idee einer „Generalrevanche."

Nach einer Versammlung, die der engagierte Nationalist und Dichter Paul Déroulède im „Cirque d'Hiver" zu Paris organisiert hatte, wurde der Refrain „Wir brauchen Boulanger, Boulanger, Boulanger" von 10.000 Personen auf den Boulevards aufgenommen.

Unter institutionellen Aspekten zeigte der Boulangismus in der Tat eine starke Zweideutigkeit. Die Republikaner erhofften sich eine „Revision" der 1875 in provisorischer Weise eingeführten Institutionen, um zu einer „definitiven und souveränen" Republik zu kommen. Dagegen hofften die Monarchisten und Kaisertreuen, von einer Verfassungsänderung profitieren zu können, um die Republik abzuschaffen.

Boulangers Aufstieg war nur von kurzer Dauer. Als Kriegsminister versuchte er, einen Spionagedienst in den vom Reich annektierten Gebieten zu organisieren, ohne die Leitung der Streitkräfte davon zu unterrichten. Auf deutscher Seite kam es in dieser Affäre zum Eklat [April 1887]. Da bei-

Die „Entente cordiale scientifique" oder die Konstruktion von internationalen Beziehungen   27

politischen Rechten aufgegriffen in der Form nationalistischer und anti-deutscher Vorstellungen, während Teile der Linken internationalistische und pazifistische Ideen entwickeln.

Die Entwicklung, welche die Position Laisant genommen hat, bestätigt diese Bewegung. Nach Jahren, in denen er im Radikalismus engagiert gewesen war, schloss er sich der boulangistischen Bewegung an, um nach dem Panamaskandal 1893 auf jegliches parlamentarische Mandat zu verzichten. Von da an löst sich sein Patriotismus in einem aktiven Internationalismus auf. Diesen sehen wir am Werk in der Einladung Cantors, welche die mathematische Sektion der *Association* anlässlich des Kongresses in Caen 1894 ausspracht. Laisant ist zu dieser Zeit Präsident der mathematischen Sektion der *Association*; der Beitrag Cantors beim Kongress in Caen ist der einzige eines deutschen Mathematikers zwischen 1872 und 1914. Die Einladung Cantors ist nicht ohne Bedeutung: Die Franzosen wussten sehr wohl um die marginale Position, welche ihm die universitären Institutionen Deutschlands einräumten, um sein Eintreten für die Deutsche Mathematiker-Vereinigung – worauf wir noch zurückkommen – sowie um sein internationales Engagement in Angelegenheiten

---

de Seiten der Ansicht waren, dass ein Konflikt zum gegebenen Zeitpunkt unpassend sei, blieb die Affäre ohne Folgen. Dennoch wurde Boulanger, dessen kämpferische Bekundungen Unruhe stifteten, anlässlich des Sturzes der Regierung Goblet [Mai 1887] aus dem Kriegsministerium entfernt.

1888 wurde Boulanger als Offizier pensioniert; er präsentierte sich nun bei mehreren Wahlen mit einem simplen Programm: Einsetzung einer verfassungsgebenden Versammlung. Dank geheimer Zugeständnisse hauptsächlich an die Monarchisten, Nationalisten und Bonapartisten konnte er zunehmend Erfolge bei den Wahlen verbuchen. Seine Ankunft in der *Chambre* wurde von einer großen Menschenmenge verfolgt. Die Wahlerfolge des General Boulanger nahmen von nun an den Charakter von Volksabstimmungen an.

Am 27. Januar 1889 kandidierte Boulanger in Paris; er besiegte seinen Konkurrenten mit Abstand. Gestützt auf ein System, das mehrere Kandidaturen zuließ, kandierte er an vielen Stellen und wurde auch gewählt. Anlässlich einer Siegesfeier mit 50.000 Teilnehmern schlugen ihm einige seiner Anhänger, darunter Alfred Naquet, vor, mit einem Marsch zum *Elysée* einen Staatsstreich zu unternehmen, was Boulanger aber verweigerte.

Gegen Boulanger wurde ein Haftbefehl wegen Bedrohung der Sicherheit des Staates erlassen. Die Regierung untersagte die Häufung von Kandidaturen. Boulanger bekam es mit der Angst zu tun und floh im April 1889 nach Belgien. Bei der Wahl vom 22. September 1889 erlitten die Boulangisten eine herbe Niederlage (44 Sitze gegen 166 für die Monarchisten und 366 für die Republikaner).

Am 30. September beging General Boulanger in Belgien Selbstmord auf dem Grab seiner Geliebten, die zwei Monate zuvor gestorben war.

Die vom Boulangismus ausgelöste Krise veränderte das politische Leben Frankreichs. Breite Kreise des Volkes wandten sich von den gemäßigten Republikanern ab und stimmten für die sozialistische Bewegung, welche in den nachfolgenden Jahren anwuchs. Sie begünstigte auch die Radikalisierung des Nationalismus, welcher hinfort das Vorrecht der autoritären Rechte wurde.

Einige wichtige Vertreter des Boulangismus:

Auf der Rechten: Maurice Barrès (nationalistischer Republikaner)

Radikale: Alfred Naquet (Abgeordneter und Senator des Departement *Vaucluse*)

Sozialistische Anhänger von Blanqui: Ernest Granger (früher Mitglied der Pariser Kommune, Chefredakteur der Zeitung „Le cri du peuple" und Abgordneter des Department Seine)

Abgeordnete der „Groupe ouvrier" (Arbeitergruppe): Charles-Ange Laisant (Wissenschaftler, Abgeordneter des Departement Loire-Inférieure, dann Seine).

der Wissenschaft. Neben internationalen Fragen ist die Publikation von Cantors Beitrag beim Kongress von Caen Gegenstand eines intensiven Briefwechsels zwischen Laisant, Lemoine und dem deutschen Mathematiker. Wissenschaftlich gesehen ging es in Cantors Beitrag und in dem sich hieran entwickelten brieflichen Austausch um seine Arbeiten zur Goldbach-Vermutung in der Zahlentheorie; dies wird in Kap. 5 unten analysiert. Hervorzuheben ist, dass die Zahlentheorie ein bevorzugtes Studienobjekt bei der AFAS war; dort führten Amateure im Verein mit gestandenen Mathematikern „merkwürdige Beobachtungen" an, wobei sie sich empirischer Methoden aber auch korrekter mathematischer Beweise bedienten, um Eigenschaften von Zahlen zu begründen.[69]

Cantor seinerseits stand seit mehreren Jahren einer Vereinigung für Mathematiker in Deutschland positiv gegenüber. In Deutschland gab es seit 1822 die Gesellschaft deutscher Naturforscher und Ärzte, die eine mathematische Sektion besaß. Dennoch traten Probleme, welche mit der Entwicklung der Mathematik verbunden waren, nur marginal in dieser Organisation auf. Alfred Clebsch und Felix Klein betonten 1867 zusammen mit Emil Lampe die Notwendigkeit, eine Vereinigung nur für Mathematiker zu gründen. Ein erstes konkretes Resultat ihrer Aktion war die Gründung der Mathematischen Annalen; alle weiteren Bemühungen um eine Mathematiker-Vereinigung in Deutschland wurden abrupt 1872 durch den Tod von Clebsch unterbrochen. Es bedurfte der Arbeit von Cantor aber auch anderer Mathematiker wie Felix Klein, David Hilbert und Hermann Minkowski, bis die Deutsche Mathematiker-Vereinigung (DMV) im September 1890 gegründet werden konnte.[70] Der außergewöhnliche Beitrag Cantors zu dieser Gründung wurde anerkannt, indem er zum Präsidenten der DMV bis 1893 gewählt wurde. Man darf annehmen, dass das Fehlen von bedrückenden hierarchischen Strukturen innerhalb der Vereinigung für Cantor, der unter dem Druck der akademischen Mandarine zu leiden hatte, attraktiv war. Ein weiteres starkes Motiv für Cantor, der den Wunsch verspürte, die Ziele, Methoden und Hauptergebnisse seiner Theorie einem breiten Publikum zu präsentieren, war vielleicht die Möglichkeit, innerhalb der Vereinigung Verbindungen zur Generation der jungen Gymnasiallehrer aufzubauen, welche für die neue Mengenlehre offen waren.

Die Bedeutung, die Cantor der Mathematiker-Vereinigung beimaß, lässt sich aus der Qualität des Beitrags erschließen, den Cantor bei ihrer ersten Versammlung 1891 in Halle lieferte. Unter einem bescheidenen Titel („Über eine elementare Frage der Mannigfaltigkeitslehre")[71] stellte Cantor den Teilnehmern einen ganz neuen Beweis für ein Problem vor, das er 1874 behandelt hatte.[72] Es geht dabei um die Überabzählbarkeit der reellen Zahlen, das heißt um die Unmöglichkeit, eine Bijektion

---

[69] Vgl. hierzu [Décaillot 1998, 2002, 2007].
[70] Bezüglich der Arbeit von Cantor und der anderen genannten Mathematiker, aber auch von Heinrich Weber, Walter von Dyck und Karl Runge, bei der Gründung der DMV verweisen wir den Leser auf das Werk [Purkert & Ilgauds 1987, S. 121–128].
[71] [Cantor 1891].
[72] [Cantor 1874]. Cantor beweist 1874, dass die Menge der reellen Zahlen überabzählbar ist; dazu verwendet er eine Methode, welche in ähnlicher Form von Weierstraß zum Beweis des Satzes von

zwischen der Menge der natürlichen und derjenigen der reellen Zahlen herzustellen. Die Originalität des Beweises von Cantor besteht darin, dass er erstmals öffentlich eine konstruktive Methode verwandte, welche man heute „Cantorsche Diagonalmethode" nennt. Weiterhin bewies er den Satz, seither „Satz von Cantor" genannt, dass es zu jeder gegebenen Menge E eine Menge mit größerer Mächtigkeit gibt, nämlich die Menge der Teilmengen von E.[73]

Cantor erhielt 1894 eine positive Stellungnahme der Deutschen Mathematiker-Vereinigung zur Organisation eines internationalen Kongresses (diese wurde 1895 erneuert).[74] Es war unbedingt notwendig, dass sich die Franzosen an diesem Unternehmen beteiligten. Anlässlich des Kongresses der AFAS in Caen 1894 setzten deren Sektionen für Mathematik, Astronomie, Geodäsie und Mechanik das „Studium der Möglichkeiten, welche geeignet sind, den Gedankenaustausch zwischen den Mathematikern verschiedener Nationen zu erleichtern und die somit zum Fortschritt der Mathematik und der Vervollkommnung der Methoden beitragen können"[75] auf ihre Tagesordnung. Den Informationen zu Folge, welche Laisant bei diesem Kongress gab, war Professor Georg Cantor der Urheber dieser Frage, was die Briefe, welche Cantor mit seinen französischen Briefpartnern austauschte, bestätigen. Die von der AFAS übernommene Initiative Cantors bekam so eine neue Dimension. Laisant gab einen Überblick zu Briefen, die in dieser Angelegenheit von europäischen Mathematikern wie Charles Hermite und Henri Poincaré (Frankreich), Alexander Vassilievitch Vassiliev (Russland)[76], Guiseppe Peano (Italien), Paul Mansion (Belgien), Emil Lampe (Deutschland) und dem deutschen Mathematikhistoriker Moritz Cantor verfasst worden waren. Die betroffenen Sektionen der AFAS bekundeten „ihre vollständige Zustimmung zum Projekt eines internationalen Mathematiker-Kongresses" und erklärten „ihre Bereitschaft, alle Maßnahmen, welche in dieser Angelegenheit ergriffen wurden oder ergriffen werden müssen, mit allen verfügbaren Mitteln zu unterstützen."[77]

Neben persönlichem Austausch und individuellen Kontakten zwischen den Teilnehmern war es das Ziel des geplanten Kongresses, einen allgemeinen Überblick zu den Fortschritten zu geben, welche in den einzelnen Ländern und Teilgebieten der Mathematik erreicht worden waren. Dieses beschreibt die Zeitschrift *L'intermédiaire des mathématiciens* folgendermaßen:

Bolzano-Weierstraß herangezogen worden war. Letzterer besagt, dass jede beschränkte Teilmenge der reellen Zahlen einen Häufungspunkt besitzt.

[73] Bezeichnet man mit $P(E)$ die Menge der Teilmengen einer Menge E, so beruht der Satz von Cantor auf der Ungleichung $card\ (P(E)) > card\ (E)$. Diese Ungleichung erhält man, indem man beweist: Ist m die Mächtigkeit von E (dabei darf diese endlich oder unendlich sein), so ist die Mächtigkeit von $P(E)$ gleich 2^m, also streng größer als m. (Bzgl. der Grundbegriffe der Mengenlehre verweisen wir den Leser auf Anhang 3).

[74] Cantor beschreibt diese Stellungnahmen detailliert im Brief 30 [Poincaré, 22. Januar 1896].

[75] [AFAS 1895, 1. Teil, S. 106].

[76] Im Brief vom 4. Juli 1894 [Cantor 1991, S. 352–353] trug Cantor Vassiliev die Idee eines internationalen Kongresses vor und der russische Mathematiker unterstützte diese Initiative. Brief 33 [Laisant, 1. März 1896] beschreibt dieses Übereinkommen.

[77] [AFAS 1895, 1. Teil, S. 106].

> [Die Kongresse] haben zum ausschließlichen Ziel, eine Art von Inventar zu den Fortschritten in der Mathematik zu erstellen, welche zwischen zwei aufeinander folgenden Kongressen erzielt worden sind. Um dieses Ziel erreichen zu können, ist es wichtig, dass diese Organisation einen streng internationalen Charakter bewahrt und dass sie von möglichst vielen gelehrten Sozietäten unterstützt wird, die sich für die Mathematik interessieren.[78]

Cantors Briefwechsel mit den französischen Kollegen erlaubt es uns, die Aufgabe, welche er zukünftigen internationalen Kongressen zudachte, einzuschätzen. Über diese Frage hat er sich mit Poincaré ausgetauscht, von dessen Seite er Zustimmung zu einem organisierten Vorgehen bekam, das „zur Weiterentwicklung der Mathematik und sogar, in einem gewissen Sinne, zum Wohle der Menschheit und der verschiedenen Nationen beitragen wird."[79] Diese Übereinstimmung wurde anlässlich einer Reise von Poincaré nach Halle im Sommer 1895 besiegelt durch ein freundliches:

> Auf Wiedersehen in Zürich im Herbst 1897 beim *constituirenden* internationalen Mathematikercongress.[80]

Der Wunsch nach Gründung einer internationalen Organisation, welche unter anderem regelmäßig alle drei oder fünf Jahre Kongresse ausrichtet, wird von Cantor erneut in einem Brief vom 22. Januar 1896, der an Poincaré gerichtet ist, ausgesprochen.[81] Cantor, dessen Unruhe allmählich immer größer wurde, hat die Antwort des französischen Mathematikers hierauf nie bekommen.[82] Durch Vermittlung von Lemoine erhielt Cantor dennoch Kenntnis davon, dass Poincaré nach wie vor sein Anliegen „ganz und gar" unterstütze. Ähnlich erging es ihm mit Gabriel Koenigs, dem Präsidenten der SMF, dem Cantor sogar einen richtigen Arbeitsplan in Sachen zukünftige Kongresse übermittelt hatte – *„alles dieses unter dem Gesichtspuncte der Courtoisie und internationaler Collegialität."*[83] Der Wunsch, wirklich zu einer dauerhaften, mit einem Statut versehenen internationalen Organisation zu gelangen, wurde von Cantor nochmals in einem Brief an Laisant vom 19. März 1896 ausgedrückt.[84]

Der Kongress in Zürich

1895 gelang Cantor ein wichtiger Schritt: Die Vorbereitung des Mathematikerkongresses wurde zu einer internationalen Angelegenheit. Ein erster von Heinrich Weber in Straßburg und Felix Klein in Göttingen unterschriebener Aufruf zeigt, dass

---

[78] *L'intermédiaire des mathématiciens* 1 [1894], Frage 212, S. 113.
[79] Brief 27 [Poincaré, 7. Januar 1896].
[80] So die Erinnerung von Cantor, die er im Brief 21 [Poincaré, 15. Dezember 1895] preisgab.
[81] Brief 30.
[82] Vgl. beispielsweise die Briefe 33 [Laisant, 1. März 1896] und 35 [Lemoine, 4. März 1896].
[83] Brief 36 [Lemoine, 17. März 1896].
[84] Brief 37.

Die „Entente cordiale scientifique" oder die Konstruktion von internationalen Beziehungen 31

sich das Publikum, das sich von der Idee eines Kongresses angesprochen fühlte, verbreitet hatte: Es wird vorgeschlagen, dass dessen Organisation dem Schweizer Carl Friedrich Geiser, Professor am Polytechnikum in Zürich, anvertraut werde. Unterstützt von DMV und SMF konstituierte sich im Laufe des Jahres 1896 in Zürich ein Organisationskomitee.[85] Im Januar 1897 kündigte ein Einladungsschreiben an, dass im Jahr 1898 in Zürich ein Kongress abgehalten werde würde. Man stellt fest, dass dieser Brief nicht die Unterschrift von Cantor trägt.[86] Cantor hat auch keinen Vortrag beim Kongress in Zürich gehalten, der unter der Präsidentschaft von Geiser stattfand. Diese Zurückhaltung wird in einem Brief vom 1. März 1896 an Laisant gerechtfertigt, in dem der Widerstand einiger Wissenschaftler in Deutschland gegen die Idee eines internationalen Kongresses angesprochen wird:

> Diese ganze Gesellschaft ist *ohnmächtig*, wenn sie sich uns nicht anschliesst. Thut sie dies aber (und *sie wird es thun*), so wollen wir ihr *sehr gern einen besonderen Platz* [durchgestrichen: Ehrenplatz] *in unserem Tempel einräumen!*[87]

Jenseits der Kämpfe zwischen verschiedenen Schulen bleibt das Hauptanliegen von Cantor die Zusammenführung der Mathematiker. Unter den in Zürich gehaltenen Vorträgen zeugen diejenigen des Deutschen Adolf Hurwitz und des Franzosen Jacques Hadamard vom Einfluss Cantors und dessen Beitrag zur Entwicklung der Theorie der analytischen Funktionen.[88]

In der *Revue générale des sciences pures et appliquées* sah sich Émile Borel veranlasst, einige Beschlüsse des Züricher Kongresses bezüglich des für 1900 in Paris geplanten Kongresses herauszustellen, wobei er insbesondere die schwache französische Beteiligung beklagte.[89] Andererseits betonte Charles-Ange Laisant im *L'Intermédiaire des mathématiciens* den „wahrhaften Triumpf", welcher der

---

[85] Unter dem Vorsitz von Geiser umfasste dieses Komitee neben Felix Klein und Henri Poincaré Ferdinand Rudio, Adolf Hurwitz, Jérôme Franel, alle drei Professoren am Polytechnikum in Zürich, und Heinrich Weber; ergänzt wurde es durch zwei Sekretäre (Rebstein für Deutschland und Dumas für Frankreich) [Kennedy 1980, S. 69].

[86] Das Einladungsschreiben trägt die Unterschriften von C. F. Geiser (Schweiz), L. Cremona (Italien), A. Greenhill (Großbritannien), G. W. Hill (USA), A. Hurwitz, F. Klein, H. Minkowski, H. Weber (Deutschland), A. Markow (Russland), F. Mertens (Österreich), G. Mittag-Leffler (Schweden), H. Poincaré (Frankreich) und F. Rudio (Schweiz) [Rudio 1898, S. 7–8], [Letho 1998, S. 7–11].

[87] Brief 33.

[88] [Hurwitz 1898] und [Hadamard 1898]. Die Zeitschrift *L'Intermédiaire des mathématiciens* [4 (1897), S. 223] publizierte die Resolutionen, welche beim Züricher Kongress 1897 angenommen worden waren. Wir kommen im Kap. 5 auf die Rolle dieser Zeitschrift zurück, die von Laisant und Lemoine 1894 gegründet wurde.

[89] [Borel 1897]. Zur französischen Delegation gehörten Émile Picard, Charles-Ange Laisant, Émile Borel, der General Camille de Polignac, Bruder des *Polytechnicien* Alphonse de Polignac, und der Gymnasiallehrer namens Eugène Cahen. Cahen, *Docteur ès sciences*, war Student an der *Ecole Normale Supérieure* gewesen (Abschlussjahrgang 1898); seine Arbeiten betrafen die Zahlentheorie. Die Abwesenheit von Jacques Hadamard wurde durch dessen Beitrag wettgemacht. In den Briefen an Adolf Hurwitz entschuldigt Poincaré seine Abwesenheit mit dem Tod seiner Mutter [Poincaré 1986, S. 217]. Allerdings wurde der Kongress mit der Verlesung von Poincarés Beitrag eröffnet. Die Abwesenheit von Paul Appell könnte mit der Verurteilung seines Bruders Charles zu

Kongress von Zürich war – ein Triumph, der dem guten internationalen Verständnis zu verdanken war, welches alle Teilnehmer beflügelte.[90]

Beschlossen wurde, internationale Mathematiker-Kongresse im Abstand von drei bis fünf Jahren zu organisieren. Die von Cantor, Laisant, Oltramare und Vassiliev in Zürich geleistete Arbeit zielte darauf ab, den Perioden zwischen den Kongressen einen kontinuierlichen Charakter zu verleihen, insbesondere durch die Einrichtung von permanenten Kommissionen, welche zwischen den Kongressen „bestimmte Fragen von internationalem Charakter" untersuchen sollten. Insbesondere die Berichte zur Bibliographie und zur Terminologie der Mathematik erforderten eine Kooperation aller Mathematiker.[91] Eines der bemerkenswertesten Resultate des Züricher Kongresses war diese Vorform einer permanenten Organisation; diesen Gedanken hatte Cantor in einem Brief an Poincaré vom 22. Januar 1896 bereits klar formuliert.[92]

Die Idee, dass die Interessen der Wissenschaft die Landesgrenzen überschreiten, sollte den politischen Spannungen, welche gegen Ende des Jahrhunderts aufkamen, trotzen, insbesondere auch den anti-deutschen Kampagnen in Frankreich im Anschluss an die Dreyfus-Affaire.[93]

Die schwierige Anerkennung der Mengenlehre

Neben den Vorbereitungen für den internationalen Mathematikerkongress belegt der Briefwechsel Cantors mit französischen Universitätsangehörigen die Schwierigkeiten, mit welchen die Anerkennung und die Verbreitung der Mengelehre Ende des 19. Jhs. zu kämpfen hatte. Diese führten insbesondere 1885 zum Bruch Cantors mit Mittag-Leffler, ein Bruch, den Cantor zehn Jahre später ausführlich in einem Brief an Poincaré rechtfertigte. In den Briefen, welche er an Camille Jordan und an Jules Tannery sandte, behandelte der deutsche Mathematiker Fragen der Übersetzung und der Publikation seiner Arbeiten aus den Jahren 1895 bis 1897 in französischer Sprache. Wir erkennen, dass die Widerstände gegen die Ideen Cantors einerseits andauerten, andererseits zeigt sich auch, dass innerhalb der Meinungen der wissenschaftlichen Gemeinschaft eine Entwicklung zu ihren Gunsten stattfand.

---

10 Jahren Haft wegen Hochverrats durch die deutschen Behörden in Straßburg 1888 zusammenhängen (vgl. den Anfang von Kap. 2).
[90] [Laisant 1897b, S. 245–247].
[91] Der Kongress von Zürich nahm hier ein Projekt der SMF von 1885 auf, wobei es darum ging, ein bibliographisches Repertorium der Mathematik zu erstellen [Rollet, Nabonnand 2002].
[92] Brief 30. Vgl. hierzu [Rudio 1898, S. 49–53].
[93] Capitaine Dreyfus wurde im Oktober 1894 festgenommen. Der Vorschlag, eine internationale Mathematikervereinigung zu gründen, wurde beim Kongress in Rom 1908 wieder aufgegriffen. In Folge des ersten Weltkriegs wurde das Ziel aber erst 1920 beim Kongress in Strasbourg mit der Gründung der Internationalen Mathematiker-Vereinigung erreicht [Letho 1998].

Eine Katastrophe, der Bruch mit Mittag-Leffler

Als 1895–1896 das Schwedische Parlament dazu tendierte, die Subventionen, welche der Zeitschrift *Acta Mathematica* zu Gute kamen, zu streichen, war deren Existenz bedroht. Die wissenschaftliche Gemeinschaft beschloss, mit einem Unterstützerbrief zu Gunsten des Herausgebers der Zeitschrift, Mittag-Leffler, zu reagieren. In einer in den Briefbüchern erhaltenen Antwort an Poincaré (vom 22. Januar 1896) weigerte sich Cantor, dieser Initiative beizutreten.[94] Die Gründe für diese Weigerung hängen mit dem wissenschaftlichen Bruch zusammen, der zehn Jahre zuvor, 1885, zwischen Cantor und Mittag-Leffler eingetreten war. Den Bruch – eine „Katastrophe", wie Cantor eingesteht – rechtfertigte direkt die Ablehnung eines neuen Manuskripts von Cantor über Ordnungstypen, welches dieser zwischen Ende 1884 und Anfang 1885 eingereicht hatte, durch den Redakteur der *Acta*. Dieses Manuskript trug den Titel „Prinzipien einer Theorie der Ordnungstypen. Erste Mittheilung."[95]

Cantor wollte mit diesem Manuskript die Verständnisschwierigkeiten beseitigen, die sich im Anschluss an die Publikation der französischen Übersetzungen (1883) seiner ersten Arbeiten, insbesondere der „Grundlagen", gezeigt hatten. Aus dieser Publikation ergaben sich einige Missverständnisse, welche Jules Tannery in seiner Besprechung für das *Bulletin* von Darboux herausarbeitete.[96] Indem er auf dem philosophischen und metaphysischen Charakter der Cantorschen Neuerungen beharrte, machte Jules Tannery, wie wir gesehen haben, seine Vorbehalte bezüglich der Entwicklung einer allgemeinen Mengenlehre deutlich.

Auf Tannery antwortend bedauerte Cantor in der Einleitung zu seinem von Mittag-Leffler abgelehnten Manuskript[97] die Trennung, welche sich in der Geschichte zwischen Metaphysik und Mathematik, den „feindlichen Brüdern", ergeben hatte. Obwohl er den philosophischen und sogar metaphysischen Aspekt in seinen Arbeiten nicht bestritt, befürchtete er doch, dass die Argumente Tannerys den mathematischen Leser von der Lektüre seiner Arbeit abschrecken würden; er legte Wert darauf, dass seine Arbeiten auf einem mathematischen Gehalt beruhten. Um die Zweifel bezüglich des mathematischen Gehalts seiner Entdeckungen zu beseitigen und in den Augen der Franzosen glaubwürdig zu bleiben, erläuterte dieses neue Manuskript den Begriff der transfiniten Zahl und die ihr zugrunde liegende Arithmetik sowie den Begriff des Ordnungstyps:

> Doch sind auch diejenigen Gedankendinge, welche ich transfinite oder überendliche Zahlen nenne, nur besondere Arten von Ordnungstypen; sie sind nämlich die Typen wohlgeordneter Mengen.[98]

---

[94] Brief 30. Vgl. hierzu [Dugac 1984a].
[95] Vgl. [Cantor 1970] in [Grattan-Guiness 1970].
[96] [Tannery Jules 1884].
[97] [Cantor 1970, § 1 S. 83–84].
[98] [Cantor 1970, § 2 S. 84]. Bezüglich der Begriffe wohlgeordnete Menge und Ordnungstyp, die Cantor schon in den Grundlagen eingeführt hat [Cantor 1883a, Teil V §§ 2–3], vgl. man Anhang 3.

Die ausführliche Schilderung der Weigerung Mittag-Lefflers gegenüber Cantor und des Bruchs zwischen den beiden Männern, der hieraus resultierte, die Cantor in dem für Poincaré bestimmten Brief von 1896 gibt, macht eine Facette der Cantorschen Persönlichkeit deutlich, der nach den Worten Lemoines ein wahrer „Tiger" gewesen ist. Es mag überraschen, dass Cantor Poincaré in dieser Affaire ins Vertrauen zieht, da letzterer in der Regel in seiner Korrespondenz alles Persönliche aussparte und folglich auch nicht auf Cantors Ansinnen reagierte.

Mittag-Lefflers Position in dieser Debatte ist uns bekannt durch die Antwort, welche er am 9. März 1885 Cantor zukommen ließ. Darin empfiehlt er Cantor, seine Arbeiten erst dann zu publizieren, wenn er bezüglich der Theorie der Ordnungstypen positive Resultate erzielt habe, etwa den Beweis der Kontinuumshypothese. Dann hätte diese Theorie großen Erfolg bei den Mathematikern; in ihrer vorliegenden Form hingegen laufe sie Gefahr, auf Grund der neuartigen Terminologie des Autors und der in ihr enthaltenen philosophischen Betrachtungen abgelehnt zu werden:

> Aber wenn Ihre Theorien einmal auf diese Weise in Misscredit kommen, wird es sehr lange dauern bis sie wieder die Aufmerksamkeit der mathematischen Welt an sich ziehen. Ja es kann wohl sein dass man Ihnen und Ihre Theorien nie in unserer Lebenszeit Gerechtigkeit zu Theil kommen lässt. So werden die Theorien wieder einmal nach 100 Jahren oder mehr von Jemanden entdeckte und dann findet man wohl nachträglich aus, dass Sie doch schon das alles hatten und dann thut man Ihnen zuletzt Gerechtigkeit, aber auf diese Weise werden Sie keinen bedeutenden Einfluss auf die Entwicklung unserer Wissenschaft ausgeübt haben.[99]

Der Herausgeber der *Acta* schließt sich hier dem Rat von Charles Hermite an, welcher meinte, dass der deutsche Mathematiker besser daran täte, seine Resultate für sich zu behalten und abzuwarten. Man kann sich die Wirkung dieser Argumentation auf den empfindlichen Cantor vorstellen, selbst wenn er in seiner Antwort an Poincaré versucht, deren Wichtigkeit herunterzuspielen. Der Verteidiger der „freien Mathematik" kann weder die Vorbehalte, die gegen seine Arbeiten vorgebracht werden, noch die Idee, diese seien ihrer Zeit hundert oder mehr Jahre voraus, akzeptieren. Die Begriffe, welche Mittag-Leffler in seiner Ablehnung verwendet, scheinen Cantor eine klare Aussage über die rückständige Haltung zu machen, welche ersterer in Bezug auf den theoretischen Rahmen vertrat, in dem sich die Mathematik entwickeln sollte. Diese Frage hielt Cantor für wesentlich. Für ihn stand außer Zweifel, dass dieser Rahmen derjenige der allgemeinen Mengenlehre sein sollte, welcher er eine universelle, weit über das für die Theorie der Funktionen nützliche Studium der linearen Punktmengen hinausgehende Bedeutung zuschrieb.

Die Ablehnung Mittag-Lefflers veranlasste Cantor, ab 1885 auf Distanz zu den mathematischen Fachzeitschriften zu gehen. Der Briefwechsel, den Cantor in diesem Jahr mit Gustav Eneström, der Mittag-Leffler in der Redaktion der *Acta Mathematica* assistierte, und mit Paul Tannery führte, zeigt uns, dass der deutsche Mathematiker im November eine neue „mehr philosophische denn mathematische" Abhandlung über Mengenlehre fertig stellte. Man kann davon ausgehen, dass diese

---

[99] Brief von Mittag-Leffler an Cantor, 9. März 1885 [Cantor 1991, S. 241].

unter dem Titel „Typentheorie oder Theorie der Ordnungstypen" Konzepte wieder aufnahm, welche in der von Mittag-Leffler abgelehnten Arbeit entwickelt worden waren. Diese Abhandlung weckte sofort das Interesse von Felix Klein in Göttingen, der die Mathematischen Annalen herausgab; sein Angebot, die Abhandlung zu publizieren, fand allerdings nicht die Zustimmung von Cantor:

> Herr Klein hat ihm vorgeschlagen, die Abhandlung in den *Mathematischen Annalen* zu publizieren, aber er [Cantor] hat mir gesagt, dass er es lieber sähe, wenn sie in irgendeiner französischen philosophischen Zeitschrift erschiene.[100]

Im Auftrag Cantors bat Eneström Paul Tannery, die französische Übersetzung der Abhandlung (ungefähr 3 Druckbögen im Quartformat) durchzusehen. Einen Teil derselben hatte Cantor schon fertig gestellt. Paul Tannery antwortete umgehend:

> Bezüglich der Arbeit, um welche Herr Georg Cantor zu seiner Abhandlung bittet, kann ich Ihnen mitteilen, dass ich bereit bin, diese unter den gegebenen Bedingungen selbst zu erledigen, entweder alleine oder mit Hilfe meines Bruders, welcher sich ebenfalls ausführlich mit der Mengenlehre beschäftigt hat. Herr Cantor kann also vollständiges Vertrauen haben.[101]

Das Projekt wurde jedoch nicht ausgeführt; man kann davon ausgehen, dass die Abhandlung von Cantor in den Artikel eingeflossen ist, welcher 1886 in der Zeitschrift für Philosophie und philosophische Kritik erschienen ist. Ein Jahrzehnt lang vertraute der deutsche Mathematiker seinen Publikationen entweder dieser philosophischen Zeitschrift an[102] oder Zeitschriften, welche von Vereinigungen herausgegeben wurden, wie dem Jahresbericht der Deutschen Mathematiker-Vereinigung oder den *Comptes rendus* der französischen *Assoziation pour l'avancement des sciences*. Zweifellos nutzte er dieses Jahrzehnt um eine neue, mathematisch solide und klare Darstellung seiner Theorie der Ordnungstypen zu erarbeiten und so das „noch so dunkle [Gebiet] der Zahlen der zweiten Zahlklasse"[103] zu vertiefen. Wir werden weiter unten sehen, dass dieses Jahrzehnt auch dem Studium der Goldbach-Vermutung in der Zahlentheorie gewidmet gewesen ist. Suchte Cantor nach überzeugenden Anwendungen der Mengenlehre? Wie auch immer, man muss bis 1895–1897 warten, ehe Cantor wieder Beziehungen zu den Mathematischen Annalen anknüpfte, wo er die „Beiträge zur Begründung der transfiniten Mengenlehre erscheinen ließ."[104]

Wir dürfen festhalten, dass die Ablehnung Mittag-Lefflers von 1885 die für Cantor günstigen Reaktionen von Eneström, Klein und den Gebrüdern Tannery provozierte. Darin wiederum zeigen sich Ansätze einer Veränderung in der Haltung der akademischen Welt insbesondere in Frankreich, welche zehn Jahre später die Verbreitung und Anerkennung der fundamentalen Ideen aus den „Beiträgen" ermöglichte.

---

[100] Brief von Eneström an Tannery, 30. November 1885 [Tannery Paul 1934–1943, Bd. 13, S. 336].
[101] Brief von Tannery an Eneström, 8. Dezember 1885 [Tannery Paul 1934–1943, Bd. 13, S. 340].
[102] [Cantor 1886, 1887–1888].
[103] (Brief an Goldscheider, 11. Oktober 1886 [Cantor 1891, S. 263]).
[104] [Cantor 1895a–1897].

Die Publikationen von 1895–1897: erste Anzeichen des Wandels

Cantor bemühte sich immer wieder darum, Verbindungen zu Franzosen aufzubauen; das Ausmaß dieser Bemühungen lässt sich an Hand der Korrespondenz mit Paul Tannery abschätzen. Dieser Briefwechsel ermöglicht es uns, die Rezeption der Ideen des deutschen Mathematikers in Frankreich und seinen persönlichen Einsatz für deren Verbreitung daselbst zu verfolgen. Die Beziehungen zu Paul Tannery in Frankreich sind in ihrer Dauer vergleichbar mit denjenigen zu Felix Klein in Deutschland, der zwischen 1883 und 1884 das monumentale Werk „Über unendliche lineare Punctmannichfaltigkeiten" in den Mathematischen Annalen abgedruckt hatte; ein Jahrzehnt später publizierte Klein die neue Arbeit Cantors über die Grundlagen der Theorie der transfiniten Mengen, von der wir bereits gesprochen haben.[105] Aus ähnlichen Motiven heraus kommentierte Cantor mit großer Sorgfalt den ersten Teil dieser Abhandlung in seinem Briefwechsel mit Giuseppe Peano; die Fortschritte der italienischen Übersetzung verfolgte er genau.[106]

Noch 1885 waren die Beziehungen von Cantor zu Tannery, wie wir gesehen haben, nur indirekt. So teilt Cantor ab November dieses Jahres durch Vermittlung von Gustaf Eneström Tannery seine Wertschätzung von dessen Artikel „Le concept scientifique du continu" (Der wissenschaftliche Begriff des Kontinuums) mit, welcher einen „sehr guten" Abriss der Mengenlehre darstelle. Allerdings äußert der deutsche Mathematiker Vorbehalte zu der in dem französischen Artikel enthaltenen Definition des Begriffes „wohl geordnete" Menge, diese sei „unvollständig und daher falsch."[107] Diese Ungenauigkeit veranlasste Tannery, die Theorie der Unendlichkeiten einzustufen als „einen kühnen Versuch, einen neuen Weg zu ebnen, dem zu folgen sich zweifellos viele Geometer verweigern werden."[108] Darüber hinaus formulierte Tannery Beschränkungen bezüglich der Verwendung des Transfiniten, „um zu Ergebnissen zu gelangen, welche unsere Begriffe des Kontinuums und des Diskontinuums erläutern können, die aber, wie es scheint, nur einen annehmbar konventionellen Charakter besitzen."[109] Cantor deutete eine Kontroverse über die Geltung dieser Einschätzungen, die er vollständig verwarf, an. Die Antwort des Franzosen schließt jedoch jede Polemik aus. Der kritisierte Artikel wollte, wie Tannery an Eneström schrieb, die Arbeiten Cantors dem philosophischen Publikum in

---

[105] Vgl. hierzu die Briefe Cantors an Klein, 30. April und 19. Juli 1895 [Cantor 1991, S. 353–358].
[106] [Cantor 1895b]. Vgl. die Briefe Cantors an Peano Juli bis November 1895 [Cantor 1991, S. 359–368].
[107] Brief von Eneström an Tannery, 22. November 1885 [Tannery Paul 1934–1943, Bd. 13, S. 332].
[108] [Tannery Paul 1885, S. 410]. In dem fraglichen Artikel findet man auf Seite 406 die folgende Definition einer wohlgeordneten Menge oder eines wohlgeordneten Systems: „Alle Elemente des Systems müssen in einer gegebenen und wohl bestimmten Ordnung vereinigt sein, gemäß derer es ein erstes Element des Systems gibt und zu jedem Element (es sei denn, es ist das letzte) ein unmittelbarer Nachfolger existiert." Im Vergleich zu der in der französischen Übersetzung der „Grundlagen" [Cantor 1883h, S. 393] enthaltenen Definition ist die eben zitierte tatsächlich unvollständig; es fehlt die Bedingung, dass in jedem wohlgeordneten System „jedes endliche oder unendliche nach oben beschränkte Teilsystem eine kleinste obere Schranke" (in moderner Ausdrucksweise) besitzt.
[109] [Tannery Paul 1885, S. 410].

Frankreich nahe bringen: „Ich hatte in der Tat nie die Absicht, einen wirklichen Einwand gegen irgendeinen Begriff des Herrn Cantor zu erheben."[110]

Genügte diese Antwort, um den deutschen Mathematiker zu überzeugen? Wir dürfen festhalten, dass im Oktober 1888 direkte Kontakte zwischen Paul Tannery und Georg Cantor entstanden und dass letzterer die Aufmerksamkeit seines französischen Briefpartners auf die Theorie der Ordnungstypen lenkte, wie sie in den Artikeln in der Zeitschrift für Philosophie und philosophische Kritik zu finden war.[111] Dieser Problemkreis wird erneut in dem Brief vom 8. Dezember 1895 angesprochen[112], in dem Cantor Tannery bat, seine Meinung zu der in seinem letzten Artikel in den Mathematischen Annalen enthaltenen „wichtigsten und revolutionärsten Neuerung" mitzuteilen; es ging dabei um die Einführung der transfiniten Kardinalzahlen und der transfiniten Ordnungstypen. Cantor zu Folge hatte Tannery seit 1885 diese wichtige Errungenschaft als zweifelhaft hingestellt. Die Vorbehalte gegenüber der Theorie der transfiniten Zahlen, welche in dem Artikel von Tannery aus dem Jahre 1885 geäußert wurden, sowie die Zweifel am mathematischen Wert der Mengenlehre, welche Tannery in dem Artikel „Cantor" der *Grande Encyclopédie* angemeldet hatte, konnten Cantor nicht entgehen, dem es vermutlich darum ging, diese Vorbehalte und Zweifel auszuräumen.

In den Jahren 1894–1895 haben sich die Einschätzungen der Gebrüder Tannery von Cantors Werk merklich verändert. Wie wir gesehen haben, nahm Paul Tannery gegenüber dem deutschen Mathematiker 1885 anlässlich des Konfliktes mit Mittag-Leffler eine positive Haltung ein. Diese bestätigt sich 1894 in einem Artikel „Sur le concept du transfini" (Über den Begriff des Transfiniten). Darin führt der französische Philosoph aus, dass ihm Kants Analyse nunmehr unvollständig erscheine und dass neben These und Antithese – das Universum ist endlich/das Universum ist unendlich – eine dritte Behauptung gehöre: Das Universum ist transfinit.[113] Diese Position steht der in der Dissertation des Wissenschaftsphilosophen Gaston Milhaud vertretenen Ansicht nahe, welche im Briefwechsel zwischen Cantor und Tannery erwähnt wird.[114]

Milhaud stützte sich auf die Arbeiten von Èmile Boutroux sowie auf den Konventionalimus von Henri Poincaré; dieser wird interpretiert als Ausdruck der freien Entscheidung des Forschers im Bereich der Wissenschaften. Festzuhalten bleibt, dass die Dissertation von Milhaud keinen einzigen Verweis auf die Arbeiten

---

[110] Brief von Tannery an Eneström, 26. November 1885 [Tannery Paul 1934–1943, Bd. 13, S. 335].
[111] Vgl. Brief 6 und die Artikel [Cantor 1886, 1887–1888].
[112] Brief 20.
[113] [Tannery Paul 1894].
[114] [Milhaud 1894]. Vgl. hierzu den an Paul Tannery gerichteten Brief 16 [28. Oktober 1895].
Gaston Milhaud [1858–1918] wurde in Nimes geboren, er trat 1878 in die *Ecole Normale Supérieure* ein. Als *Agrégé* der Mathematik unterrichtete er dieses Fach in verschiedenen Gymnasien außerhalb von Paris. Nach seiner Promotion in Philosophie, er verteidigte seine Dissertation 1893, lehrte Milhaud an der Universität Montpellier. Ab 1909 hatte er an der Sorbonne einen Lehrstuhl für „Geschichte der Philosophie unter Berücksichtigung ihrer Beziehungen zu den Wissenschaften" inne. Die Ernennung von Milhaud, der jüdischer Konfession war, erfolgte nach Abschluss der Dreyfus-Affäre.

Cantors enthält, obwohl sie dem mathematischen Unendlichen ein Kapitel widmet. Im Unterschied zu der Position der Gebrüder Tannery, die – wie wir gesehen haben – bei mehreren Gelegenheiten den philosophischen Charakter der Arbeiten des deutschen Mathematikers betont haben, schweigt die erste dem mathematischen Unendlichen gewidmete Dissertation im Bereich der Wissenschaftsphilosophie zu den Beiträgen Cantors. Diese Anomalie konnte weder Paul Tannery noch seinem Bruder Jules entgehen. Vielleicht waren sie aufmerksam geworden durch das wachsende Renommee Cantors, der auf Anregung von Giuseppe Peano ins Italienische übersetzt worden war? Erschien ihnen das Schweigen, mit dem man in Frankreich die Ideen Cantors überging, unhaltbar? Diese Hypothese wird unserer Ansicht nach gestützt durch die negative Art und Weise, in der zwei französische Zeitschriften die letzten beiden Arbeiten des deutschen Mathematikers aufnahmen.

Im Laufe des Jahres 1895 verbreitete Cantor den ersten Teil seiner neuesten Arbeit, die „Beiträge"[115], unter den Franzosen (Hermite, Picard, Poincaré, Paul und Jules Tannery). Er suchte nach einer Zeitschrift, welche deren französische Übersetzung sicherstellen könnte. Diese neue Abhandlung griff die wichtigsten, in den vor einem Jahrzehnt von Mittag-Leffler abgelehnten „Prinzipien einer Theorie der Ordnungstypen" entwickelten Begriffe wieder auf. Um den mathematischen Charakter seiner Arbeit zu betonen und so alle Missverständnisse über deren Natur zu vermeiden, hatte Cantor in die „Beiträge" keinerlei Kommentare philosophischer Art aufgenommen. Die synthetische Darbietungsweise, die er verwandte, unterstreicht den ausgefeilten Charakter der Abhandlung und der verwandten elaborierten Begrifflichkeit des Autors. Die mengentheoretischen Begriffe der Mächtigkeit und der Kardinalzahl gehen dem der Ordnungszahl und der Arithmetik der Ordnungstypen voran; die hebräische Schreibweise der *Alephs* wird endgültig für die transfiniten Kardinalzahlen verwendet.

Dennoch erfahren wir aus den Briefen Cantors vom September, dass Camille Jordan die Publikation des Manuskriptes im *Journal des mathématiques pures et appliquées* (auch *Journal de Liouville* genannt) abgelehnt hat. Jordans Begründung, über die wir nichts wissen, scheint Cantor überzeugt zu haben.[116] Der zweite Brief Cantors an Camille Jordan lässt erkennen, dass ersterer die Forderung des *Journal de mathématiques pures et appliquées* nach Originalität der eingereichten Manuskripte akzeptierte; deshalb erschien es ihm nicht angebracht, bei dieser Zeitschrift die französische Übersetzung eines bereits in den Mathematischen Annalen erschienen Artikels einzureichen. Von nun an dachte Cantor an eine Publikation in der 1893 von Xavier Léon gegründeten philosophischen Zeitschrift *Revue de métaphysique et de morale*. Diese Gründung war eine Reaktion auf den Positivismus der seit 1876 von Théodule Ribot herausgegebenen *Revue philosophique de la France et de l'étranger*. Aber auch hier stieß Cantor auf Ablehnung.[117]

---

[115] [Cantor 1895a].
[116] Briefe 13 und 15, [Jordan, 5. August und 22. September 1895], Brief 17 [Poincaré, 29. Oktober 1895].
[117] Briefe 16 und 20 [Paul Tannery, 28. Oktober und 8. Dezember 1895]. Der an Xavier Léon gerichtete Brief 25 [Januar 1896] sollte wohl diese Ablehnung beantworten (der Text dieses Briefes ist nicht in den Briefbüchern Cantors enthalten).

Anderseits scheinen die Vorbehalte der Gebrüder Tannery, welche seit 1885 im Wanken waren, durch die begriffliche Klärung, zu der Cantor in den „Beiträgen" gelangte, nun vollkommen ausgeräumt gewesen zu sein. Für sie stand der mathematische Charakter der Arbeiten Cantors jetzt außer Frage; sie suchen aktiv nach einer wissenschaftlichen Publikationsmöglichkeit, um die neuesten Früchte von Cantors Bemühungen ernten zu können. Im Dezember 1895 schlug Paul Tannery Georges Brunel, Professor an der Universität Bordeaux, vor, die deutsche Abhandlung zu veröffentlichen:

> Ich denke, dieser Artikel verdient gewiss, ins Französische übersetzt zu werden. Das ist auch die Meinung meines Bruders. Ich habe gedacht, dass die ihren alten Traditionen treue *Société de Bordeaux* die Anregung, zur Verbreitung einer neuen mathematischen Theorie in Frankreich beizutragen, positiv aufnehmen würde. Ich dachte, Sie persönlich wären für das genannte Anliegen aufgeschlossen.[118]

Da Paul Tannery engagiertes Mitglied der *Société* in Bordeaux war, wirkte sich dies günstig für die Veröffentlichung von Cantors Werk aus. Aus der Korrespondenz von Cantor erfahren wir, dass Jules Tannery die Aufgabe übernahm, die französische Übersetzung der Abhandlung, welche von Francisque Marotte angefertigt wurde, durchzusehen.[119] Jules Tannery spielte somit die Rolle, die Charles Hermite 1883 ausgeübt hatte.

In seinen Briefen an Camille Jordan drückte Cantor ab 1895 seinen Wunsch aus, dass die deutsche Version der „Beiträge" in den Mathematischen Annalen und deren Übersetzung in einer französischen Zeitschrift simultan erscheinen sollten.[120] Wir können diesen Wunsch, dem ein hoher Symbolwert zukommt, als Ausdruck der Vorstellung des deutschen Mathematikers von der universellen Bedeutung seiner Untersuchungen interpretieren. Cantor hat diese Position später gegenüber Grace Chisholm-Young bestätigt, nachdem Poincaré öffentlich den Begriff „Cantorismus" verwandt hatte[121]:

> Ich war stets ängstlich bemüht, *keine Schule zu gründen*, weil das, was ich vertrete, zu hoch ist, um eine derartige Ambition zu dulden. Was ich gethan habe, gehört dem Menschengeschlecht an, nicht mir, dem Einzelnen, dem Vergänglichen.[122]

---

[118] Brief von Paul Tannery an Georges Brunel, 1. Dezember 1895 [Tannery Paul 1934–1943, Bd. 13, S. 277–280]. Georges Brunel [1856–1900] hat an der Ecole Normale Supérieure studiert [Examensjahrgang 1877]. Nach der Agrégation in Mathematik besuchte er in Leipzig das Seminar von Felix Klein. Seine Karriere begann er als *Agrégé-préparateur* an der *Ecole Normale Supérieure* (ein Jahr) und zwei Jahre als Lehrbeauftragter an der Ecole des sciences in Algier. Nach seiner Promotion, die Dissertation behandelte die algebraischen Beziehungen zwischen elliptischen Funktionen, wurde Brunel 1884 Lehrbeauftragter an der Universität Bordeaux. Dahin wurde er berufen, um den kranken Jules Hoüel zu vertreten. 1888 erhielt Brunel dort einen Lehrstuhl für Infinitesimalrechnung, zehn Jahre später wurde er Dekan der naturwissenschaftlichen Fakultät in Bordeaux. Die wissenschaftlichen Arbeiten Brunels waren hauptsächlich der Analysis situs gewidmet.

[119] Briefe 26 und 28 [Paul Tannery, 6. und 10. Januar 1896] und Brief 29 [Jules Tannery, 23. Januar 1896]. Der Übesetzer Francisque Marotte wirkte zu dieser Zeit als *Agrégé-préparateur* an der *Ecole Normale Supérieure*, in die er 1891 eingetreten war (vgl. Brief 26).

[120] Brief 13 [5. August 1895].

[121] 1908 analysierte Poincaré den „Cantorismus" in seinem Beitrag zum internationalen Mathematiker-Kongress in Rom [Poincaré 1908].

[122] Brief von Cantor an Grace Chisholm-Young, 20. Juni 1908. [Cantor 1991, S. 453–454]. Hervorhebung im Original.

Jedenfalls wurde Cantors Wunsch bezüglich der Publikation seiner neuesten Abhandlung erhört. Kurz nachdem 1897 der zweite Teil der Beiträge in den Mathematischen Annalen erschienen war, wurde die Übersetzung seiner ganze Arbeit 1899 in den *Mémoires de la Société des Sciences Physiques et Naturelles de Bordeaux* abgedruckt. Im selben Jahr erschien sie auch als Broschüre.[123] Eine englische Übersetzung dieser Abhandlung aus der Feder von Philip Jourdain erschien 1915 in den USA.[124]

Nach der Klärung: Fortschritte und Kontroversen

War es Cantor gelungen, die französischen Wissenschaftler davon zu überzeugen, dass seine allgemeine Theorie der transfiniten Mengen zur Mathematik und nicht zur Philosophie zu rechnen sei? Die Entwicklung, welche die Analysis-Vorlesung von Camille Jordan an der *Ecole Polytechnique* durchmachte, ist hierfür exemplarisch. Der 1882 erschienen erste Band seines „Cours d'analyse"[125] (Vorlesungen über Analysis) enthält nur wenige Betrachtungen zu den Grundlagen der Analysis. Zehn Jahre später hatte Jordan eine Wendung vollzogen. In seinen Untersuchungen über bestimmte Integrale aus dem Jahre 1892[126] studierte Jordan die Rolle, welche der Integrationsbereich der zu integrierenden Funktion spielt. In der zweiten Auflage von 1893 des Cours d'analyse bezieht Jordan den Gesichtspunkt der deutschen Schule von Weierstraß und Dedekind (Konstruktion der reellen Zahlen, Grenzwertsätze) ein; er behandelt die für die Theorie der reellen Funktionen wichtigsten mengentheoretischen Begriffe. Ebenso wie Poincaré bewies Jordan durch seinen Untersuchungen, dass die Mengenlehre nützlich ist; Henri Lebesgue hat die besondere Anziehungskraft des „Cours d'analyse" folgendermaßen beschrieben:

> Jordan hat mit Vorliebe in den verschiedenen Auflagen, wie vielleicht nur er das tun konnte, aktuellste Arbeiten verwendet, die die verschiedensten Gegenstände behandelten. So findet man in der zweiten Auflage sowohl eine Darlegung der Cantorschen Mengenlehre als auch ein richtiges Lehrbuch der elliptischen Funktionen, das erste in Frankreich, das gemäß den Ideen von Weierstraß gearbeitet war.[127]

Man kann weiterhin feststellen, dass Cantors Einfluss in der *Ecole Normale Supérieure* wuchs, insbesondere auf Grund der veränderten Haltung ihres *Directeur des études scientifiques*, Jules Tannery. Diese These wird den Vergleich der beiden Auf-

---

Die beiden Engländer, Grace Chisholm-Young [1868–1944] und ihr Ehemann William Henry Young [1863–1942], lebten über einen längeren Zeitraum in Deutschland, wo sie sich mit Cantor anfreundeten. Sie schrieben eines der ersten Lehrbücher über die Theorie der Punktmengen: „The Theory of Sets of Points" [Young, Chisholm-Young 1905].

[123] [Cantor 1899a, 1899b].
[124] [Cantor 1915].
[125] [Jordan 1882–1887].
[126] [Jordan 1892].
[127] [Lebesgue 1926. S. LX–LXI].

lagen der Vorlesung, welche Tannery an dieser Hochschule unter dem Titel „Introduction à la théorie des fonctions d'une variable" (Einführung in die Theorie der Funktionen einer Variablen) hielt, bestätigt, da sich hier eine deutliche Entwicklung zugunsten der Cantorschen Theorien zeigt. Im Vorwort zu seinem Werk schreib Tannery 1886:

> Der Begriff des Unendlichen, den man in der Mathematik nicht mystifizieren sollte, reduziert sich auf die Tatsache: Nach jeder natürlichen Zahl kommt noch eine.[128]

Zu diesem Zeitpunkt ist die Position des Autors klar: Das „Aktualunendliche" hat keinen Platz in der Mathematik, einzig zulässig in dieser Disziplin ist das „potentiell Unendliche", was soviel bedeutet wie: Eine variable Größe kann jede endliche Schranke übertreffen. Dagegen gibt Tannery schon im Vorwort der zweiten Auflage seines Werkes von 1904 zu, dass er bislang viel zu vorsichtig in der Rede von unendlichen Mengen gewesen sei:

> Ich habe mich auf zu vorsichtige Andeutungen beschränkt, ohne die wahrhaft fundamentale Rolle, die dieser Begriff in einer Darstellung der Analysis nach logischen Gesichtspunkten spielen muss, genügend deutlich zu machen. […] In dem er diesen Begriff klar herausgearbeitet und die sich aus ihm ergebenden Folgerungen gezogen hat, hat Herr Cantor Wesentliches zur Mathematik und ihrer Philosophie beigetragen. Die Wichtigkeit dieses Beitrag wächst mit den zahlreichen Arbeiten, die immer noch an ihn anschließen.[129]

Festzuhalten bleibt, dass Tannery schon im ersten Kapitel der zweiten Auflage die reellen Zahlen nach Dedekind mit Hilfe von Schnitten einführt.[130]

Diese Universitätslehrer trugen dazu bei, dass eine neue Generation von Analytikern heranwuchs. An der Ecole Normale Supérieure wurde diese zwischen 1885 und 1900 vertreten von Jacques Hadamard, Émile Borel, René Baire und Henri Lebesgue. Diese Generation wurde im Laufe des Jahrzehnts 1894–1904 zu Anhängern Cantors; dabei gab es gelegentlich kleine Unterschiede zwischen den Ansichten der Vertreter dieser Generation untereinander und zu den Theorien von Cantor selbst.[131] Alle genannten Mathematiker verteidigten ihre Dissertation in den letzten Jahren des 19. oder ganz zu Anfang des 20. Jhs.; die Dissertation von Borel im Jahr 1894 wie auch diejenige von Lebesgue (1904) bezogen Anregungen aus den Arbeiten des deutschen Mathematikers. Bei seiner Begründung der topologischen Theorie der Funktionen[132] nutzte Baire die Entdeckungen Cantors aus, während Émile Borel seine „Leçons sur la théorie des fonctions" (Vorlesungen über die Theorie der Funktionen) sowie seine Artikel der Jahre 1899–1900[133] der Mengenlehre und ihren Anwendungen widmete. Borel selbst hat von seiner jugendlichen Faszination für den „Cantorschen Romantizismus" gesprochen, eine Faszination, die kurz nach 1905 verschwinden sollte.

---

[128] [Tannery Jules 1886, Préface S. VII].
[129] [Tannery Jules 1886, 2. Auflage 1904, Préface S. VI–VII].
[130] [Dedekind 1872].
[131] [Gispert 1995].
[132] [Dugac 2003, S. 253–271].
[133] [Borel 1898, 1899, 1900]. Vgl. hierzu [Dugac 2003].

Der Einfluss von Jules Tannery begünstigte gegen Ende des 19. Jhs. Cantor; allerdings veränderte sich die Situation als die Paradoxien der Mengenlehre und des Auswahlaxioms 1905 bekannt wurden. Wir können hier auf diese Krise nicht eingehen, welche den Rahmen unserer Untersuchung bei Weitem sprengen würde. Wir wollen nur daran erinnern, dass das Auftreten der Antinomien Cantor nicht überraschte: Er wusste, wie seine Korrespondenz mit Hilbert aus dem Jahr 1897[134] zeigt, um deren Existenz lange vor ihrer Veröffentlichung durch Burali-Forti und Bertrand Russell. Beachten wir weiter, dass sich Émile Borel nach 1905 zum Anwalt der konstruktiven Mathematik machte, in der Definitionen und Beweise nur eine endliche oder eine „abzählbar" unendliche Anzahl von Schritten verwenden (das Abzählbare Borels unterscheidet sich von demjenigen Cantors: es ist ein Abzählbares, das konstruierbar ist durch einen Prozess, der in jedem Schritt nur eine endliche Anzahl von Worten verwendet).[135]

Die durch die Publikation der „Beiträge" und ihrer französischen Übersetzung geförderte Verbreitung der Mengenlehre sollte letztlich über die Grenzen hinweg den Beginn einer erkenntnistheoretischen post-Cantorschen Debatte um die wichtige Frage initiieren: Über welche Mittel verfügt der Mathematiker, um die für seine Disziplin wichtigen Objekte zu identifizieren? Die Frage wurde heftig diskutiert; verschieden Positionen wurden eingenommen.[136] David Hilbert antwortete durch die Entwicklung seines axiomatischen Standpunkts. Émile Borel ging davon aus, dass ein mathematisches Objekt als „mathematisch real" betrachtet werden kann, falls die Mathematiker eine klare Vorstellung von ihm haben und eine gemeinschaftlich akzeptierte Repräsentation. Weiterhin müssen fruchtbare Anwendungen in anerkannten Disziplinen gegeben sein; Borel fügte hinzu, dass das, was diesen Bedingungen nicht genügt, vergessen oder den Philosophen überlassen werden kann.[137] Die von der Mengenlehre beschriebene Realität regte eine Auseinandersetzung an, weil die Mathematiker keine einheitliche Repräsentation derselben hatten, obwohl diese Theorie die Entwicklung der Theorie der Funktionen gefördert hatte. Jacques Hadamard[138] bemerkte, dass die subjektivistische Position, welche Borel in Fragen der wissenschaftlichen Existenz vertrat, eine ganze Reihe von wohl etablierten Begriffen, beispielsweise in der Physik, zweifelhaft mache (so gesehen, könnte die Brownsche Bewegung wohl kaum Anspruch auf Existenz machen).

---

[134] Vgl. Brief von Cantor an Hilbert, 26. Dezember 1897, Archiv Universität Göttingen, Nachlass D. Hilbert [Cod. Ms. D. Hilbert 54]). Man vgl. hierzu auch [Purkert 1986].

Das Paradoxon von Burali-Forti [1897] hängt mit der Ordinalzahl der Folge der Ordinalzahlen ab, welche nach Cantor wohlgeordnet ist. Diese Ordinalzahl müsste größer als sie selbst sein, was einen Widerspruch darstellt. Die Russellsche Paradoxie [1901] betrifft die Mengen, die sich selbst enthalten, und ist von gleicher Natur wie die vorangegangene.

[135] Borel, der der Ansicht war, dass die Alephs keiner Realität entsprächen, sprach sich für ein abzählbar Unendliches beispielsweise in [Borel 1914] aus.

[136] Vgl. hierzu [Bouveresse 1998].

[137] [Borel 1909].

[138] Brief an Émile Borel aus dem Jahr 1912, abgedruckt in [Borel 1914].

Seit dieser Zeit gibt es in der mathematischen Gemeinschaft erkenntnistheoretische Auseinandersetzungen über das Wesen der mathematischen Gegenstände, über deren Realität. Man kann sich fragen, warum Mathematiker sich unter den gegebenen Umständen Fragen dieser Art stellen. Jacques Bouveresse vertritt die These, dass sich erst mit dem Aufkommen der Mengenlehre und der expliziten Einführung des Aktualunendlichen in „die Mathematik die Frage des Realismus sich in dringlicher und dramatischer Weise zu stellen begann."[139]

Das von Bekundungen der Unterstützung aber auch der Abwehr begleitete Vordringen der Cantorschen Begriffe, dessen Anfänge im akademischen Milieu Frankreichs wir analysiert haben, zeichnete die Debatten vor, welche über die Grenzen Frankreichs hinaus „Intuitionisten" und „Logizisten" im Verlauf der Grundlagenkrise, die bald auf die Arbeiten von Cantor in den Jahren 1895–1897 folgen sollte, scheiden sollte. Die Analyse des Briefwechsels, der wir uns in den nachfolgenden Kapiteln widmen werden, wird uns jedoch zeigen, dass die sich um diese Begriffe entwickelnden Debatten und Kontroversen recht weit von denjenigen Bedenken entfernt zu sein scheinen, welche seit der Ausarbeitung dieser Begriffe durch den deutschen Mathematiker vorgeherrscht hatten.

---

[139] [Bouveresse 1998, S. 12].

Kapitel 3
Von den katholischen Intellektuellen zu den Okkultisten – Eine erstaunliche Vielfalt an Beziehungen

Wie wir bereits betont haben, interessierte sich Cantor für die Wechselwirkungen zwischen den Wissenschaften und den sozialen Bewegungen seiner Zeit. Wissenschaftliche Fragen provozierten in Frankreich Debatten vor allem bei jenen Katholiken, die sich mit Glaubensfragen beschäftigten. Auch im ungewöhnlichen Milieu des Okkultismus fanden sie einen Widerhall. Der deutsche Mathematiker, der diese Entwicklungen aufmerksam beobachtete, bemühte sich, Kontakte mit den Protagonisten dieser Bewegungen aufzunehmen.

Der erste Teil dieses Kapitels untersucht die Beziehungen, welche Cantor mit bekannten katholischen Persönlichkeiten in Frankreich im Kontext der Erziehungsreformen, welche von der Dritten Republik betrieben wurden, unterhielt. Im zweiten Teil betonen wir das Interesse Cantors an den gegen Ende des 19. Jhs. in Frankreich aktiven okkultistischen Bewegungen. Dieses Interesse wird in der Korrespondenz des Mathematikers deutlich; es zeigt uns einen wenig untersuchten Aspekt seiner Persönlichkeit. Diese beiden Entwicklungsstränge führen zu einer philosophischen Betrachtung, welche uns in Kap. 4 beschäftigen wird.

Die katholischen Universitäten

Es liegt nahe, sich zu fragen, welcher Natur die Beziehungen waren, die der überzeugende Lutheraner Georg Cantor zu mehreren Persönlichkeiten des französischen Katholizismus unterhielt. Diese Persönlichkeiten waren mit den „freien", das heißt konfessionellen Universitäten verbunden, die Ende des 19. Jhs. in Frankreich entstanden. Die Frage ist sachdienlich in dem Maße, als im Laufe dieses Zeitraums die Fortschritte der Wissenschaften Debatten und Stellungnahmen im Schoße der katholischen Kirche anregten, deren Nachklang sich auch in Deutschland bemerkbar machte. Die Anziehungskraft, die diese Diskussionen auf Cantor ausübten, sind umso deutlicher als sie in der lutherischen Welt kein Äquivalent kannten. Um die brieflichen Beziehungen von Cantor mit französischen Katholiken besser verstehen zu können, ist es erforderlich, kurz den religiösen und politischen Kontext zu betrachten, in dem dieser Austausch und diese Debatten stattfanden.

Gegen Ende des 19. Jhs. entwickelten sich neue wissenschaftliche Gebiete wie die Anthropologie und die Religionsgeschichte, die die katholische Kirche herausforderten. Die Publikation des „Leben Jesu" (*La Vie de Jésus*) von Ernest Renan im Jahr 1863 trug dazu bei, die Defizite, welche die Theologen bezüglich der historischen Exegese hatten, deutlich zu machen, und provozierte in der katholischen Welt starke Emotionen. Zahlreiche konfessionelle Initiativen entstanden unter den Intellektuellen – in einer Epoche, die durch die fortschreitende Laisierung des Wissens und der Kultur insbesondere in Deutschland und Frankreich geprägt war. In Frankreich entstanden ab 1876 freie Universitäten, internationale katholische Gelehrtenkongresse wurden hier organisiert (fünf Kongresse zwischen 1888 und 1900). Diese Initiativen wurden oft in liberalen oder progressiven Milieus ergriffen, gesucht wurde eine fruchtbare Auseinandersetzung mit den neuen wissenschaftlichen Disziplinen und die Erneuerung der Doktrin. Diese Bemühungen wurden von den stärker traditionalistischen Kreisen heftig bekämpft. Die Position, welche 1864 durch Papst Pius IX in seinem *Syllabus* formuliert worden war und die insbesondere den Rationalismus verurteilte und in Opposition zur modernen Welt stand, erschien mehr und mehr unhaltbar und für den Einfluss der Kirche gefährlich. Die Kämpfe der katholischen Intellektuellen betrafen die Kontrolle über die Organe des Heiligen Stuhls, die von Rom aus eine regelrechte intellektuelle Steuerung ausübten. In dieser Hinsicht erwies sich das Pontifikat von Papst Leo XIII (von 1878 bis 1903) als entscheidend, weil es den offiziellen Rahmen für die intellektuellen Aktivitäten festlegte: Das religiöse Denken der Katholiken hatte sich von nun an um den Thomismus, das heißt um die Philosophie des Thomas von Aquin, zu strukturieren. In der Enzyklika *Aeternae Patris* schlug Leo XIII 1879 einen neuen Ton gegenüber der modernen Wissenschaft an, der die Exzesse des *Syllabus* von Pius IX dämpfte und den Anfang des päpstlichen Neothomismus markierte. Es gelang dieser Enzyklika, eine Verbindung von Glauben und Vernunft zu formulieren, welche die wissenschaftlichen Neuerungen in dem Maße integrierte, in dem diese mit der Religion vereinbar schienen. Der wissenschaftliche Fortschritt veranlasste somit die Kirche, ihre Beziehung zur Welt zu überdenken. Diese Position findet ihre Bestätigung in der Enzyklika *Immortale Dei* (1885), die – obwohl sie die moderne Liberalität verdammt – dennoch anerkennt, dass der wissenschaftliche Fortschritt nicht ganz und gar unheilbringend ist.

Nach dem Zusammenbruch des zweiten Kaiserreichs agierte die französische Regierung im Bereich der Bildungspolitik, insbesondere in der Universitätspolitik, sehr vorsichtig. Insbesondere wurde das Jahr 1875, kurz nach der Abstimmung über das von dem Abgeordneten Henri Wallon eingebrachte Verfassungsgesetz („Amendement Wallon"), welches die Republik einführte, geprägt durch die Annahme eines Gesetzes (am 12. Juli), welches die Lehrfreiheit im höheren Bildungswesen einführte. Dieses Gesetz schuf günstige Bedingungen für die Gründung katholischer Universitäten in Paris und in der Provinz. Die Zuerkennung von Diplomen wird durch gemischte Prüfungskommissionen sichergestellt, welche Mitglieder aus dem öffentlichen und dem privaten Sektor besitzen. Da die „freien Fakultäten" über mehr Ressourcen verfügten als die staatlichen Universitäten, bildeten sie anfänglich eine nicht zu vernachlässigende Konkurrenz für diese.[1]

Die Abstimmung vom Juli 1875 kann jedoch nicht die tief greifenden Spannungen verdecken, die die französische Gesellschaft durchzogen und deren Gegenstand religiöse Fragen waren: Diese führten bald dazu, dass sich die Wertschätzung bezüglich der Bildungsfunktion der Kirche änderte. Im Jahr 1880 setzte Jules Ferry, der im Bildungsministerium unter Minister Freycinet arbeitete, eine Reihe von Maßnahmen um, die stark laizistisch geprägt waren. Im Februar schloss das Gesetz über die Reform des *Conseil supérieur de l'instruction publique* (hoher Rat für das öffentliche Bildungswesen), dessen Berichterstatter Jules Barthélémy Saint-Hilaire war, aus diesem *Conseil* alle Mitglieder aus, welche nicht dem öffentlichen Bildungswesen angehörten, insbesondere die Priester. Das Gesetz vom 18. März 1880 schaffte die Vergabe von Universitätsdiplomen durch gemischte Kommissionen ab; die konfessionellen Institutionen konnten nun keine Universitätstitel mehr vergeben. Dekrete gegen nicht autorisierte Kongregationen wurden veröffentlicht, welche vor allem auf die Auflösung des Jesuitenordens abzielten. Diese Maßnahmen der Regierung blockierten die Entwicklung der Jesuitenkollegien und trafen das höhere konfessionelle Bildungswesen hart; es verlor im Laufe der Jahre einen Großteil seiner Ressourcen.

Die Briefe Cantors spiegeln die Brisanz wieder, welche die religiöse Frage im Bereich des Bildungswesens in der Dritten Republik annahm; sie zeigen die Unsicherheit, die durch die sukzessiven Reformen, die wir angesprochen haben, entstand, und die Reaktionen, welche diese Fragen in Deutschland hervorriefen. Der Lutheraner Georg Cantor stand in der Tat den Entwicklungen, die wir geschildert haben, nicht gleichgültig gegenüber, insbesondere auch nicht dem Schicksal der katholischen Fakultäten in Frankreich. Beim Studium seiner Korrespondenz kann man verfolgen, wie sich seine Interessen entwickelten.[2]

Drei Briefpartner Cantors waren an der Gründung katholischer Universitäten beteiligt. Es handelt sich zuerst einmal um Claude-Alphonse Valson, der seine Karriere in den staatlichen Institutionen begann, zuerst als Lehrer am kaiserlichen Gymnasium in Marseille, dann an der naturwissenschaftlichen Fakultät von Grenoble, und um den Abbé Élie Blanc, der Priester zuerst in der Gegend von Valence, dann von Lyon war.[3] Die beiden Genannten waren an der Gründung der katholischen Fakultät von Lyon beteiligt, deren Dekan Valson 1877 wurde. Er blieb dies bis zu seinem Tode. Blanc war Philosophieprofessor an dieser Fakultät.

Im Januar 1896 bringt Cantor gegenüber Valson seine Beunruhigung über eine unter dem Einfluss von Kant und Auguste Comte stehende Studienreform zum Ausdruck, die den Weg zu Skeptizismus und Positivismus öffnen könnte, den größten Fehlern des Jahrhunderts. In der Tat teilte der deutsche Mathematiker mit den

---

[1] [Mayeur 1973].
[2] Vgl. hierzu den Brief 10 [22. Januar 1894] an Hermite.
[3] Claude-Alphonse Valson [1826–1901] ist der Empfänger des Briefs 3 [31. Januar 1886], Élie Blanc [1846–1926] derjenige von Brief 4 [22. Mai 1887].

katholischen Intellektuellen das im Neothomismus angelegte Bestreben, die positivistische Philosophie zu bekämpfen. In einer Analyse im weiteren Verlauf dieses Buches (im Kap. 4) werden wir sehen, wie wichtig diese philosophische Position für Cantor war, der sie im Übrigen 1894 in seiner Korrespondenz mit dem katholischen Mathematiker Charles Hermite[4] nochmals formulierte.

Der Name des dritten Briefpartners von Cantor, Maurice Le Sage d'Hauteroche d'Hulst[5], ist mit der Gründung der katholischen Universität von Paris verbunden. Hulst hatte offensichtlich innerhalb des französischen Klerus eine wichtige Position. Seine Familie war royalistisch eingestellt und gehörte zu den Anhängern des Herzogs von Orléans.[6] Hulst, begeistert für die Mathematik und bekannt mit der Philosophie, absolvierte eine klassische theologische Ausbildung am Seminar Saint-Sulpice d'Issy-les-Moulineaux. Ein zweijähriger Romaufenthalt beschleunigte seine Karriere und ermöglichte ihm den Zugang zum päpstlichen Hof. Im Geiste der Scholastik machte Hulst im Einklang mit der Enzyklika *Aeterni patris* von 1897, von der wir schon gesprochen haben, den Thomismus zum Schlussstein seines Denkens.

Nach einem Aufenthalt im Sekretariat des Erzbischofs von Paris, Monseigneur Guibert[7] stieg Hulst schnell in der katholischen Hierarchie auf. Diese vertraute ihm die Einrichtung von drei Fakultäten (Recht, Geistes- und Naturwissenschaften) der freien Pariser Universität an. Die Kirche trachtete, ihren intellektuellen Einfluss zurück zu gewinnen, indem sie den hohen Entwicklungsstand der Naturwissenschaften anerkannte – das war die Geisteshaltung, aus der Hulst handelte. Dieser Einstellung kann man die Beziehungen zuschreiben, die sich zwischen Maurice Hulst und Georg Cantor ergeben sollten.

1880 musste Hulst auf die Folgen, welche sich aus den Reformgesetzen für das freie Bildungswesen ergaben, reagieren. In der Hauptstadt wird die freie Universität umbenannt in *Institut catholique de Paris* (katholisches Institut von Paris) und einem Rektor, nämlich Maurice d'Hulst, unterstellt. Der 1881 durch den Papst zum Prälaten ernannte Rektor förderte mit Unterstützung von Monseigneur Guibert die thomistische Ausrichtung des Instituts; er führte die naturwissenschaftlichen Aktivitäten eines Bereichs seiner Institution trotz der finanziellen Schwierigkeiten fort. Die physikalischen Wissenschaften wurden dort von Edouard Branly vertreten, des-

---

[4] Brief 10.

[5] Maurice Le Sage d'Hauteroche d'Hulst [1841–1896] ist der Empfänger von Brief 25 [25. Februar 1896]. Zum Werk von Hulst vgl. man [Baudrillart 1912], [Institut catholique de Paris (éd.) 1975], [Baretta 1996].

[6] Der Herzog von Orléans, ein Cousin des Königs Ludwig XVI, stimmte 1793 als Abgeordneter des Nationalkonvents für den Tod seines Cousin, wurde aber seinerseits 1794 guillotiniert. Louis Philippe, der 1830 König von Frankreich wurde, war ein Sohn des Herzogs von Orléans. Der Gegensatz zwischen den Anhängern des Hauses Orléans, den so genannten Orléanisten, und den Parteigängern der Bourbonen ist ein wichtiger Aspekt der Geschichte des französischen Königshauses im 19. Jh.

[7] Joseph Hippolyte Guibert [1802–1886] wurde 1871 in Folge des Todes von Monseigneur Darboy – er wurde während der Kommune exekutiert – Erzbischof von Paris. Guibert sorgte dafür, dass die Basilika Sacré-Coeur auf dem Montmartre errichtet wurde.

sen Forschungen von der Entdeckung des Fritters gekrönt wurden; die Geologie vertrat Albert-Auguste de Lapparent, die Mathematik Désiré André (von 1887 bis 1907).[8] Trotz der Bemühungen des Rektors traten am *Institut* Spannungen auf zwischen einer traditionellen Lehre, die antirationalistisch ausgerichtet war und alles Wissen als Ergebnis einer göttlichen Offenbarung darstellte, und einem naturwissenschaftlichen Zugang, der die kognitiven Fähigkeiten der Vernunft betonte und eine Interpretation der Doktrin gemäß der modernen Exegese befürwortete. Dieser Konflikt sollte zu der Krise führen, welche als „Modernismuskrise" bezeichnet wird.

Um die Ausbreitung der positivistischen Philosophie, die die Tendenz hatte, die Basis des Christentums zu untergraben, einzudämmen und um die Widerstände der Traditionalisten zu kontern, versuchte Maurice d'Hulst, die Idee einer „christlichen Wissenschaft" zu verbreiten und das *Institut* zum Zentrum einer „wahrhaft wissenschaftlichen und wahrhaft christlichen"[9] Forschung zu machen. In diesem Kontext arbeitete der Rektor an der Organisation eines internationalen katholischen Gelehrtenkongresses. Die Konzeption dieses Kongresses nahm 1886 Gestalt an. Der Prälat verläuterte, dass es darum gehe, „den gegenwärtigen Stand der Wissenschaften bezüglich einiger Fragen zu bestimmen, die durch ihre Relevanz für den christlichen Glauben für die Katholiken von besonderem Interesse sind."[10] Durch die Vermittlung von Charles Hermite wurde Cantor zum dritten, für 1896 geplanten Kongress eingeladen. Allerdings scheint die internationale Dimension dieser Kongresse schwächer gewesen zu sein als ihre religiöse. In dieser Hinsicht erwiesen sich die Ambitionen von Hulst als wesentlich fortgeschrittener als jene der päpstlichen Enzykliken, welche die Tendenz hatten, den Thomismus als abgeschlossenes Gedankensystem zu vermitteln. In der Vorstellung des französischen Prälaten entwickeln sich Glauben und Wissenschaft in unterschiedlichen Gebieten, verbinden sich aber im Bereich der Philosophie. Auf dieser Basis wird der Thomismus neu gedacht als eine Lehre, welche das Wesen der Beziehungen zwischen den neuen Disziplinen der modernen Wissenschaften und der Theologie erhellen kann.

Dieser philosophische Optimismus, die Versuche der Öffnung, die die Erneuerung der Studien am *Institut catholique de Paris* begleiteten als auch die Organisation der internationalen Kongresse wurden von den traditionalistischen Kreisen der Kirche mit Argwohn verfolgt, Formen des Liberalismus zu sein. In der ultramontan orientierten Zeitschrift *L'univers* wurden sie im Dezember 1886 heftig angegriffen.[11] Die Frage, die die Zeitschrift aufwarf, war wichtig: Soll das Dogma der Kon-

---

[8] Désiré André [1840–1917] war Absolvent der *Ecole Normale Supérieure* [Jahrgang 1860]; 1863 wurde er *Agrégé de mathématiques*, 1877 *Docteur ès sciences*. Er unterrichtete zuerst in Dijon, dann am Collège Sainte- Barbe. André spielte eine gewisse Rolle in der Gemeinschaft der französischen Mathematiker, insbesondere als Präsident der SMF [1890].

[9] [Beretta 1996, S. 81].

[10] Rundschreiben von Monseigneur d'Hulst [1. Februar 1886], zitiert in [Beretta 1996, S. 269].

[11] Die Zeitschrift *L'univers* wurde 1833 von Abbé Migne gegründet. Louis Veuillot [1813–1883] war ab 1842 ihr Herausgeber; er war es, der die ultramontane Ausrichtung sicherstellte. Wegen ihrer äußerst kritischen Haltung zur Italienpolitik von Napoleon III, war die Zeitschrift zwischen

trolle der Wissenschaft unterstellt werden? In einer Abhandlung, welche Leo XIII am 24. Januar 1887 übergeben wurde, präzisiert Monseigneur d'Hulst, dass die geplanten Kongresse nicht das Ziel hätten, eine Versammlung von Apologeten abzuhalten sondern eine von Wissenschaftlern; es geht darum, den Theologen wirklich wissenschaftliche Hilfsmittel zu liefern. Der Papst erkannte die Initiative am 20. Mai 1887 an; der erste Kongress wurde im April 1888 abgehalten.

Während des zweiten Kongresses 1891 stießen Anhänger und Gegner der Lamarckschen Theorie der Transformation der Arten hart aufeinander. Die Fortschritte der Bibelkritik ließen die Historizität der Genesis zweifelhaft erscheinen; diese Zweifel wurden bestärkt durch die Lamarcksche Transformationslehre und durch den Darwinschen Evolutionismus. Die Kontroverse fand Eingang in die Lehre zweier Personen, welche am *Institut catholique de Paris* Lehraufträge hatten: Louis Duchesne (1843–1922), Historiker der christlichen Kirche, und Abbé Loisy (1857–1940), der die Notwendigkeit einer naturwissenschaftlichen Exegese der Schriften vertrat. Beide meldeten in ihren Vorlesungen Zweifel an der Historizität des biblischen Berichts zur Schöpfung an.

Monseigneur d'Hulst versuchte, die Lehrenden seines Instituts zu verteidigen. In einem Brief an die Zeitschrift *Le Temps* (8. Oktober 1891) entwickelte er eine Argumentation, der zu Folge die Überstimmung mit der Doktrin niemals der freien wissenschaftlichen Forschung entgegen stehen könne; es ist nicht schlimm, wenn eine wissenschaftliche Wahrheit in einen Widerspruch mit dem Glauben tritt, die Wissenschaft der Tatsachen muss die aufgetretenen Probleme lösen können. Um jeden Konflikt zwischen Religion einerseits und Naturwissenschaft und Geschichte auf der anderen Seite zu vermeiden, schlug d'Hulst in der Zeitschrift *Le Correspondant* (25. Januar 1893) vor, die Unfehlbarkeit der heiligen Texte auf Fragen des Glaubens und der Moral zu beschränken und damit zuzugestehen, dass die Bibel historisch unexakt sein kann. Diese Theorie wurde schon bald durch die Enzyklika *Providentissimus Deus* (18. November 1893) verurteilt. Hulst musste sich dem unterwerfen[12], Loisy gab seinen Lehrstuhl am Institut auf. Die Schlacht um den „Modernismus" war entschieden.[13]

Cantor kannte den Gehalt dieser Debatten als er mit einigen Vorbehalten, welche durch seinen Status als Mitglied der Lutherischen Universität Halle-Wittenberg

---

1860 und 1867 verboten. Nach 1870 unterstützte sie die legitimistische Strömung des Comte de Chambord.

[12] In den gleichen Jahren gewann die politische Rolle von Hulst an Bedeutung, da dieser 1891 als Abgeordneter des Finistère gewählt wurde. Im Januar 1892 redigiert er die Erklärung der französischen Kardinäle „über die Situation, welche der Kirche Frankreichs bereitet wird", in welcher die Regierung der Republik verurteilt wird. Leo XIII war gezwungen, seine Einschätzung der französischen Situation kund zu tun. Im Widerspruch zur Position der Kardinäle lobt die in Französisch abgefasste Enzyklika *Au milieu des sollicitudes* (Februar 1892) die „Anbindung" an die Institutionen der Republik.

[13] Alfred Loisy wurde durch Pius X exkommuniziert; er machte seine Karriere als Professor am *Collège de France*. Zur Affaire um Loisy und zur Krise des Modernismus in der katholischen Kirche vgl. man [Poulat 1962], [Rebérioux 1975], [Colin 1997].

motiviert waren, die Einladung zum wissenschaftlichen Kongress der Katholiken, welcher für Freiburg im Breisgau 1896 vorgesehen war, annahm.[14] Man kann hinter Cantors Entscheidung eine Unterstützung des Thomismus von Rektor d'Hulst sehen, aber auch den Wunsch, in der philosophischen Debatte, welche damals um Wissen und Glaube kreiste, eine Rolle zu spielen. Die Themen dieser Debatte werden im Kap. 4 geschildert. Umgekehrt wissen wir nicht, in welcher Weise diese Position sich beim Kongress der Katholiken hätte artikulieren können, da die an Cantor ergangene Einladung letztlich nicht honoriert wurde.

In der Korrespondenz mit Maurice d'Hulst gibt es einen Punkt, den der Mathematiker widerlegen möchte; dieser betrifft seine Zugehörigkeit zu den Freimaurern:

> Doch bitte ich Sie, Monsignore, nicht etwa zu glauben, dass ich jemals dieser Gesellschaft selbst angehört ... habe.[15]

Man kann davon ausgehen, dass die Einladung zum internationalen katholischen Gelehrtenkongress von 1896 nicht ohne Konsultation der religiösen Hierarchie in Frankreich bezüglich der Beziehungen des deutschen Mathematikers zu jener Gemeinschaft ablief. Die Kontakte des deutschen Mathematikers zu einer führenden Persönlichkeit der Freimaurer, Charles-Ange Laisant, waren allgemein bekannt; auch blieben seine Beziehungen zu den okkultistischen Bewegungen, auf die wir weiter unten eingehen werden, sicher nicht unbemerkt. Zehn Jahre zuvor hatte die katholische Kirche die Freimaurerei mit der Enzyklika *Humanum Genus* (1884) als „Partei des Teufels" gebrandmarkt. 1895 entstand die Affaire Léo Taxil. Taxil war das Pseudonym von Gabriel Jogand-Pagès, eines Abenteuerers, dessen extravaganten Enthüllungen über angebliche Satansriten ein Komplott der Freimaurer aufdecken sollten.[16] In seiner Korrespondenz mit Hermite und Hulst scheint es so, als ob Cantor diesen Pseudo-Enthüllungen, die bald in sich zusammen brachen, Glauben geschenkt habe. Vertraute er nicht Charles Hermite an, dass sich sein Interesse an der Freimaurerei nur aus der Notwendigkeit erkläre, diese gut kennen zu müssen, um sie nachhaltig bekämpfen zu können?[17] Wenn auch an der Behauptung Cantors bezüglich seiner Nicht-Zugehörigkeit zur Freimaurerbewegung kein Zweifel besteht, so lassen doch einige Tatsachen Zweifel am zweiten Teil seiner Behauptung aufkommen: die Qualität seiner Beziehungen zu einer Persönlichkeit wie Laisant, seine vollkommene Beherrschung der Symbolik der Freimaurer, von der seine Korrespondenz zeugt,[18] und das Interesse, das er für gewisse esoterische Bewegungen an den Tag legte.

---

[14] Brief 31 [Hermite, 11. Februar 1896] und 32 [Maurice d'Hulst, 25. Februar 1896].
[15] Brief 32 [25. Februar 1896]. Man findet die Versicherung „ich bin niemals Freimaurer gewesen" auch im Brief Cantors an Constance Pott vom 25. Februar 1896, Archiv Universität Göttingen, Nachlass Cantor [Cod. Ms. Cantor 18].
[16] Bzgl. der Mystifikation von Léo Taxil vgl. die Kommentare zu den Briefen 31 und 32 sowie die Arbeiten [Rebérioux 1975] und [Weber 1964].
[17] Brief 31 [Hermite, 11. Februar 1896].
[18] Brief 33 [Laisant, 1. März 1896].

Die okkultistischen „Brüder" in Frankreich

Die Beziehungen Cantors zum Okkultismus werfen zahlreiche Fragen auf. Wie soll man sich das Interesse des Mathematikers für das Aufkommen der Rosenkreuzerbewegung in Deutschland im XVII. Jh. erklären? Welcher Natur ist die Anziehung, die die sich in Frankreich in den letzten Jahrzehnten des 19. Jhs. entwickelnden okkultistischen Gruppen auf ihn ausübten? Die Korrespondenz zeigt uns, dass Cantor mit den klassischen Texten der Rosenkreuzer bekannt war; sie zeigt auch das Interesse, das er den „französischen Brüdern" entgegenbrachte, die den Kabbalistischen Orden vom Rosenkreuz bildeten.[19] Dieser 1888 von Stanislas de Guaïta gegründete Orden stellt eine wissenschaftliche Komponente um „Doktor" Gérard Encausse (Papus) dar. Papus war der Autor eines *Traité méthodique de Science occulte* (1891) [Methodisches Lehrbuch der okkulten Wissenschaften], die der Mathematiker besonders aufmerksam gelesen hat. Das dauerhafte Interesse, das Cantor der okkultistischen Bewegung entgegen brachte, findet 1891 in einem Brief an den deutschen Okkultisten Karl Kiesewetter seinen Ausdruck, aber auch in zwei weiteren Briefen, einer davon bestimmt für den Wissenschaftler Charles Henry[20], der andere für Papus selbst. Diese Persönlichkeiten betrachtete der Autor der Briefe zweifellos als Repräsentanten der „okkulten Wissenschaft". Die selben Neigungen zeigen sich fünf Jahre später in einem Brief an Charles-Ange Laisant, obwohl dieser in keiner Weise mit dem Okkultismus verbunden gewesen zu sein; seine Rolle war wohl eher die des Freundes, des Vertrauten, dem Cantor ungeschränkt vertraute.[21] Um den Sinn dieses Interesses und der geschilderten Beziehungen zu verstehen, ist es unerlässlich, den Kontext zu betrachten, in dem sie sich entwickelt haben.

Viele Entdeckungen, die man im Laufe des XIX. Jhs. machte, fanden nur unter gewissen Schwierigkeiten eine rationale Erklärung, sie begünstigten das Aufkommen neuer Ansätze, die gelegentlich abseits der wissenschaftlichen Wege lagen. So erlaubte die Annahme eines mysteriösen „Äthers" Fresnel und Ampère den Wellenaspekt gewisser physikalischer Erscheinungen zu erkunden; der Schotte James Clark Maxwell vereinigte auf dieser Basis die Theorien der Elektrizität und des Magnetismus. Neuere Untersuchungen gehen sogar über diese Feststellung hinaus.[22] Indem sie betonen, das die Wissenschaftlergemeinschaft im XIX. Jh. okkulte Phä-

---

[19] Brief 8 [Henry, 4. Oktober 1891].

[20] Charles Henry [1859–1926] arbeitete im Laboratorium zusammen mit Claude Bernard und Paul Bert, um dann Bibliothekar an der Sorbonne zu werden. Ab 1891 besorgte er zusammen mit Paul Tannery die Herausgabe der Werke von Fermat [Fermat 1891–1912]. 1897 wurde Henry Direktor des sinnesphysiologischen Laboratoriums der *Ecole Pratique des Hautes Etudes*; bekannt sind seine Arbeiten zur experimentellen Psychologie, zur Akustik und Optik sowie seine Forschungen zur Fotometrie.

[21] Brief von Cantor an Karl Kiesewetter vom 9. September 1891, Archiv Universität Göttingen, Nachlass Cantor [Cod. Ms. Cantor 17], Brief 7 [Papus, 16. Juli 1891], Brief 8 [Henry, 4. Oktober 1891] und Brief 37 [Laisant, 19. März 1896].

[22] [Bensaude-Vincent, Blondel 2002]. Dieses Werk erwähnt insbesondere die Entwicklung des Spiritismus in Leipzig und stellt dabei einen Zusammenhang mit der Welt der Physiker her (S. 6 n. 4).

nomene zur Kenntnis nahm, zeigen sie, dass Georg Cantor keineswegs der einzige Wissenschaftler war, der okkultistische Theorien ernst nahm.

In der Tat entbehrte die Physik nicht der Mysterien: Da eine naturwissenschaftliche Interpretation fehlte, förderte die Entdeckung der X-Strahlen durch Wilhelm Röntgen das Interesse für den Spiritismus. Der fotoelektrische Effekt blieb vorerst ohne Erklärung, die Radioaktivität schien die Prinzipien, von denen man glaubte, dass sie Materie und Energie beherrschten, durcheinander zu bringen. Aus diesen Gründen wurden die europäischen Wissenschaftler durch okkulte Phänomene verlockt. Ein Beispiel hierfür war William Crookes, Mitglied der *Royal Society* und Entdecker des Thallium (1861). Er analysierte 1878 die Kathodenstrahlen und widmete parallel hierzu dem Spiritismus viele Studien. Crookes trat der 1875 von dem Medium Helena Petrova Blavatsky gegründeten Theosophischen Gesellschaft bei.[23] In Deutschland zeigte sich der an der Universität Leipzig tätige Astrophysiker Friedrich Zöllner, der wegen seiner Kometenstudien und seiner fotometrischen Experimente großes Ansehen genoss, überzeugt von der Existenz einer transzendentalen Welt; unter dem Einfluss von Crookes wurde er zum Parteigänger des Spiritismus. Er ging soweit, das amerikanische Medium Henry Slade in den Kreis der Leipziger Physiker einzuführen. Zu diesem zählten unter anderem Gustav Theodor Fechner und Wilhelm Weber. In Frankreich beschäftigte sich im Bereich der Medizin der Physiologe Charles Richet ebenfalls mit dem Phänomen der Medien, das selbst ein Physiker wie Pierre Curie sehr ernst nahm.

So eröffnete sich ein Gebiet, das für die Entstehung neuer, manchmal antirationalistischer Ideen offen war und die Kenntnisnahme des Okkultismus durch die Wissenschaftlergemeinschaft begünstigte. Georg Cantor stand dieser Geistesströmung keineswegs gleichgültig gegenüber. Seine für Henry bestimmte Korrespondenz zeigte das Interesse, das er für eine der in Deutschland einflussreichsten esoterischen Strömungen, die Rosenkreuzer nämlich, hegte.

Historische Untersuchungen führen das Auftreten der ersten Rosenkreuzertexte auf das Zusammentreffen zweier Personen zurück: Johann Valentin Andreae (1586–1654), lutherischer Prediger in Schwaben, und Tobias Hess (1568–1614), esoterischer Mediziner und Mann von breiter Kultur, sowohl Jurist als auch Theologe.[24] Diese Schriften erschienen anonym in der Form von Manifesten: Der *Fama fraternitatis* (1614) und der *Confessio fraternitatis* (1615) folgte 1616 die *Chymische Hochzeit Christiani Rosenkreutz Anno 1459*. Den Autoren dieser Manifeste ging es darum, einen Text zu konstruieren, der offen war für kabbalistische und paracelsische Elemente. Das geschah in der Form einer einführenden Erzählung, welche sich um einen legendären Helden, Christian Rosenkreuz, rankte. Diese ersten Rosenkreuzer-Manifeste hatten unmittelbar Erfolg, die Tatsache, dass sie ohne Nennung eines Autors erschienen, forderte seit ihrem Erscheinen zu zahlreichen Spekulationen heraus.

---

[23] Zu dieser Gesellschaft vgl. man die Kommentare zu dem an Henry gerichteten Brief 8.

[24] Zu historischen Untersuchungen zum Auftreten der Rosenkreuzerbewegung und zur Interpretation ihrer ersten Manifeste vgl. man [Yates 1972] sowie [Edighoffer 1982a, 1982b, 1998], [Faivre 1992].

Der Korrespondenz von Cantor entnehmen wir, dass die Rolle von Johann Valentin Andreae in der Gründung der Rosenkreuzerbewegung Ende des XIX. Jhs. von einigen Forschern wie Karl Kiesewetter in Zweifel gezogen wurde. Gestützt auf das Vertrauen auf alte Manuskripte in seinem Besitz, nahm Kiesewetter an, dass die ersten Rosenkreuzer-Manifeste lange vor Andreae entstanden seien. Cantor sprach diese „Rätsel um die Urheberschaft der Rosenkreuzerschriften" in seinen Briefen an.[25]

Wenn auch die *Fama* eine universelle Bruderschaft ankündigt, die mit phantastischen Versprechungen von Macht und Allwissen ausgestattet ist, so verbreiteten diese Texte doch auch den Glauben an eine Harmonie – im philosophischen und sogar musikalischen Sinn des Wortes – zwischen Makrokosmos und Mikrokosmos, zwischen Mensch, Himmel und Erde. Bemerkt man diese Perfektion, so bedeutet das, an die Existenz einer göttlichen Mathematik zu glauben; es genügt, deren Schlüssel zu finden, um zu den Geheimnissen des Universums vorzudringen, Zeit und Raum zu beherrschen und die Geheimnisse der universellen Wissenschaft zu eröffnen. Die Kenntnis der Schöpfung, der Natur, ist eine Möglichkeit, die Göttlichkeit kennen zu lernen und mit ihr in Kontakt zu treten (das Symbol der Jakobsleiter wird von den Autoren der *Fama* aufgegriffen). Dieses Streben kann nicht ans Ziel gelangen, ohne dass sich das Individuum verändert, wie das die dritte Schrift nahe legt. Die „Hochzeit" dämpft ein wenig den triumphalen Optimismus der *Fama* und der *Confessio*, in denen die Macht des Menschen immens zu sein scheint. Es ist nicht die Philosophie, welche die Natur zu verstehen erlaubt, sondern die Wissenschaft und die Technik, der Gelehrte hat unter den Augen Gottes das klare Bewusstsein seines Unwissens.

Die Vision der Rosenkreuzer, die zur Zeit von Andreae auf Deutschland und das Luthertum beschränkt blieb, breitete sich Mitte des XVII. Jhs. in England aus, wo sie größere Dimensionen annahm und die „Menschenfreundlichkeit der Rosenkreuzer" anpries.[26] Jan Amos Comenius (1592–1670), tschechischer Gelehrter im englischen Exil und großer Bewunderer von Andreae, übte seinen Einfluss aus, um mit den Eliten der Welt ein „universelles Kolleg" zu gründen, welches das gesamte Wissen in Gemeinschaftsarbeit aufarbeiten sollte; diese Kultur sollte allen Menschen ohne Ansicht ihrer Religion zu gute kommen. Die Gründung der *Royal Society* 1660 war dieser Strömung des Denkens nicht fremd.[27]

Die Wahrnehmung der Natur, wie sie die Schriften der Rosenkreuzer durchzieht, kann einhergehen mit einer naturwissenschaftlichen Vorgehensweise, was das Interesse großer Namen aus der Wissenschaft für die Geschichte und die Lehre der Rosenkreuzer erklärt. Cantor konnte nicht entgehen, dass Leibniz, der mit den Alchimisten seiner Zeit verbunden war, mit großer Aufmerksamkeit die Texte der Rosenkreuzer gelesen hatte; in einem seiner ersten Werke, der *Dissertatio de Arte*

---

[25] [Edighoffer 1982a, S. 207–210]. Man vgl. hierzu auch Brief 8.
[26] [Edighoffer 1982b, S. 83].
[27] Angemerkt sei, dass der Einfluss der Alchimie und der Kabbala auf Isaac Newton bekannt ist [Panza 2003, S. 134–144] und dass die Philosophie von Francis Bacon dem Denken der Rosenkreuzer angenähert werden kann [Yates 1972, S. 118–129].

Combinatoria (1666) schreibt Leibniz: „[...] und die Bruderschaft der Rosenkreuzer verspricht in ihrer *Fama* ein großes Buch mit dem Titel ‚Das Rad der Welt', in dem alles Wissen gesammelt sein soll."[28] Leibniz hat auch eines der verschlüsselten Probleme aus der „Chymischen Hochzeit" gelöst.[29]

Der Einfluss der Rosenkreuzer machte sich auch in der Welt der Philosophie und der Kunst bemerkbar; besonders deutlich ist er in der Naturphilosophie der deutschen Romantik. So schreib Goethe 1785 das Gedicht „Die Geheimnisse", welches Inspiration aus dem Rosenkreuzertum bezieht; 1790 bis 1810 führte er wissenschaftliche Forschungen zur Metamorphose der Pflanzen und zur Farbenlehre durch, Arbeiten, welche Goethe in die Nähe der Naturphilosophie rückten. Andererseits spielt Mozarts Oper „Die Zauberflöte" aus dem Jahr 1791 in der Welt der Freimaurer.

Unter dem Einfluss der Philosophie Schellings entwickelte die Naturphilosophie die Idee der Einheit der Natur. Damit regte sie die wissenschaftliche Suche nach einer internen Kohärenz der physischen Phänomene an: Alle Kräfte der Natur können sich ineinander transformieren, wobei sie ihre Stärke aus einer Urkraft beziehen. Der Prozess des Erkenntnisgewinns, der von den wahrnehmbaren oder versteckten Phänomenen (letztere umfassen auch okkulte) ausgeht, lässt sich interpretieren als eine Art und Weise, sich der Natur und dem Göttlichen zu nähern. Cantor war für diese monistischen Ideen empfänglich, die bis zu dem Vorschlag gingen, Natur und Geist seien eins.[30] Diese Konzeption mag die Anziehung erklären, welche die er-

---

[28] „[..] et fraternitas roseae Crucis in fama sua promittit grandem librum titulo Rotae Mundi, in quo omne scibile contineatur." [Leibniz 1880, Neuausgabe 1960, S. 74]. Dieser Hinweis findet sich bei Leibniz im Zusammenhang mit einer Überlegung zu den Kombinationen, welcher die vom Alphabet erzeugten Wörter bzw. die von den Wörtern erzeugten Bücher fähig sind. Zur Präsens von Ideen der Rosenkreuzer im Werk von Leibniz vgl. man die Kommentare von Michel Fichant [Leibniz 1991, S. 100].

[29] [Montgomery 1974, S. 381]. Am dritten Tag der „Chymischen Hochzeit" muss der Held den durch Ziffern verschlüsselten Namen einer jungen Frau finden. Dabei werden den Buchstaben gemäß der Ordnung des Alphabets a, b, c, d, e, f, g und h die ersten acht Ziffern zugeordnet. Die Hinweise, welche zur Lösung des Rätsels gegeben werden, liefern folgende Gleichungen:

$$a + b + c + d + e + f + g + h = 55$$

$$c = e/3 \quad \sqrt{c+f} = c + a = d/2$$

$$e = g, a = h, a + b + h = f, f = 3c + 4$$

Hieraus ergibt sich die quadratische Gleichung $169 c^2 - 1238 c + 2193 = 0$ für die dritte Unbekannte; diese Gleichung hat nur eine natürliche Zahl als Lösung: $c = 3$. Es ergeben sich dann die Werte $e = g = 9$ etc. Die Antwort des Rätsels lautet folglich in Ziffern: $1 - 11 - 3 - 8 - 9 - 13 - 9 - 1$ und damit in Buchstaben ALCHIMIA. Wollte Andreae seine Leser etwas in die Irre führen, indem er die Werte 11 und 13 den Buchstaben L und M zuwies (im ersten Fall werden I und J nicht unterschieden, im zweiten aber doch)?

[30] Der Einfluss der Naturphilosophie auf Cantor wird in [Ferreiros 2004] untersucht.

sten Texte der Rosenkreuzer und das sie umgebende Rätsel ihres Ursprungs auf den deutschen Mathematiker ausübten.

Cantors Interessen beschränkten sich nicht auf die Suche nach den Ursprüngen der Rosenkreuzerbewegung in Deutschland. Seine Briefe belegen, dass ihm die Personen, welche mit dem Aufstieg des Esoterismus im XIX. Jh. verbunden waren, nicht unbekannt waren.[31] Dabei geht es zuerst einmal um Josef Hoëne-Wronski, den französisch-polnisch Mathematiker, der 1814 das Buch *La philosophie de l'infini* (Die Philosophie des Unendlichen) veröffentliche.[32] Ebenfalls mit Aufmerksamkeit verfolgte Cantor das Auftreten einer hermetisch-christlichen Persönlichkeit in Frankreich, des Abbé Paul-François-Gaspard Lacuria [1806–1890]. Dieser veröffentlichte 1847 das Werk *Harmonies de l'être exprimées par les nombres* (Die in Zahlen ausgedrückte Seinsharmonie), eine Art von Hermeneutik, welche den Schlüssel sowohl zur Musik als auch zur Numerologie liefern will. Cantor wusste auch um die Rolle von Alphonse-Louis Constant [1810–1875], der unter dem Pseudonym Eliphas Lévi bekannt war und dem die Einführung des Substantifs „Okkultismus" zugeschrieben wird.[33] Nach einem Treffen mit Hoëne-Wronski wurde Lévi der wichtigste Repräsentant der esoterischen Erneuerung in Europa, man verdankt ihm zwischen 1850 und 1880 zahlreiche Werke der „hohen Magie".

Gegen Ende des XIX. Jhs. erlebte der Esoterismus in Frankreich einen Aufschwung; neu war dabei, dass der Esoterismus populär wurde. Allerdings war die okkultistische Bewegung keineswegs homogen. Eine literarische und künstlerische Komponente derselben fand ihren brillanten Ausdruck mit den Schriftstellern Gérard de Nerval und Auguste Villiers de l'Isle-Adam; der letztere veröffentliche mehrere Romane wie *Isis* [1862] und *Äxel* [1888], die vom Esoterismus durchdrungen waren; Villiers de l'Isle-Adam schloss sich dem Symbolismus an. Gegen Ende des Jahrhunderts brachte auch der Romancier Joris-Karl Huysmans der esoterischen Strömung in seinem Roman *Là-bas* [1891] Interesse entgegen.[34]

Die wissenschaftliche Komponente dieser französischen Bewegung ist im Kabbalistischen Orden vom Rosenkreuz zu suchen: Reaktion auf den vorherrschenden Szientizismus oder Alternative dazu, selbst konfrontiert mit der Notwendigkeit

---

[31] Bgzl. der reichlich vagen Bedeutung des Begriffes „Esoterismus" vgl. man [Faivre 1992].

[32] [Hoëne-Wronski 1814]. Josef Hoëne-Wronski [1776–1853] wurde in Polen geboren; er gehörte der Artillerie der polnischen Armee an. Nach seiner Gefangennahme wurde er in die russische Armee aufgenommen. Ab 1797 studierte er Philosophie an deutschen Universitäten. 1800 begab sich Wronski nach Frankreich, wo er die französische Staatsbürgerschaft erhielt und am Observatorium in Marseille arbeitete. 1810 ließ er sich in Paris nieder. Dort begann er, über eine Verallgemeinerung der Reihenentwicklung von Funktionen nachzudenken. Die Untersuchungen Wronskis wurden von den akademischen Kreisen seiner Zeit schlecht aufgenommen, wegen ihrer mangelnden Strenge wurden sie kontrovers diskutiert. Dennoch erkennen einige Mathematiker [Banach 1939] seine mathematischen Arbeiten an, während die messianische Philosophie, zu der er sich bekannte, besonders obskur bleibt.

[33] Gemäß einer zeitgenössischen Historiographie ist der Okkultismus verbunden mit dem Auftreten des Szientizismus; er stellt im Vergleich zu letzterem eine alternative Interpretation der naturwissenschaftlichen Entdeckungen dar [Faivre 1992, S. 88–89].

[34] Vgl. das Werk *La vie de J. K. Huysmans* [Baldick 1958].

einer theoretischen Erneuerung, die wir in Bezug auf die Physik beschrieben haben? Die Okkultisten des Ordens verdammen in der Regel nicht die Fortschritte der Wissenschaft, suchten aber diese in einer globalisierenden Sicht zu interpretieren, wobei der „Geist der Natur" manchmal kaum von purer Magie zu unterscheiden ist.

Die auffälligsten Persönlichkeiten dieses Ordens werden in der Korrespondenz Cantors zitiert.[35] Auch der Gründer des Ordens, Stanislas de Guaïta [1861–1897] kommt vor. Der in Nancy geborene Guaïta war ein reicher Nachkomme einer Florentiner Adelsfamilie; er ließ sich vom Okkultismus und seiner Symbolik, in welche er von Oswald Wirth eingeführt worden war, bezaubern. Der Freund von Maurice Barrès publizierte seinen *Essais sur les sciences maudites* (Essais über die Wissenschaften schlechten Rufes) zwischen 1890 und 1895 in drei Bänden. An der Spitze des Ordens war Guaïta von schillernden Persönlichkeiten wie Papus [1865–1916], den wir schon als Briefpartner von Cantor kennen gelernt haben, umgeben. Der in La Coruna geborene Papus begann in Paris das Studium der Medizin. Er war gegen Ende des XIX. Jahrhunderts einer der bekanntesten Anführer der Bewegung, Betreiber eines „martinistischen Ordens", in den er Zar Nikolaus II eingeführt hatte. In Gestalt seiner zahlreichen Veröffentlichungen, unter denen wir den *Traité méthodique de Science occulte*[36] hervorheben, schuf Papus eine Art von Enzyklopädie von Allem, was mit den magischen (kabbalistischen, theosophischen, spiritistischen, alchimistischen, Wahrsagekunst) Wissenschaften zu tun hat. Papus, der der okkultistischen Tradition treu blieb, verband eine Menge von Wissen, das er für originell hielt und das er unter einer metaphorischen und geheimnisvollen Sprache verbarg, mit den aktuellen Erkenntnissen der Naturwissenschaften. Charles Henry war einer der Gelehrten, welche den *Traité* ins rechte Licht setzten. Die Arbeiten des Letzteren zur Messung von auditiven und visuellen Reizen bildeten eine mustergültige Forschung, in der subjektive Phänomene wie Freude oder Schmerz (die „unsichtbare" Wissenschaft) neben physikalischen standen wie Elektrizität oder Wärme (die „sichtbaren" Wissenschaften).

Cantor war ein aufmerksamer Leser des *Traité*; seine Lektüre veranlasste ihn mit dem Autor in Briefwechsel zu treten. Man darf annehmen, dass Cantors Interesse durch das Vorwort des Werkes angeregt wurde, das von dem Philosophen Adolphe Franck stammte, der Spezialist für die hebräische Kabbala war.[37] Franck gestand ein, dass er nicht an eine okkulte Wissenschaft glaube, betrachtete diese aber dennoch als notwendiges Gegengewicht zum herrschenden Positivismus und Materialismus. Diese Position konnte dem deutschen Mathematiker nur gefallen, der, wie wir noch sehen werden (im Kap. 4), ein erklärter Gegner des Positivismus war.

---

[35] Briefe 8 und 37.
[36] [Papus 1891].
[37] Adolphe Franck [1809–1893] war Professor am *Collège de France* und Chefredakteur des *Dictionnaire des sciences philosophiques* (Lexikon der philosophischen Wissenschaften) [Franck 1844–1852]. Der liberal gesinnte Franck war dem Spiritualismus zugetan. Cantor schätzte das Werk von Franck, wie er in einem Brief vom 24. Oktober 1890 an Constance Pott bemerkte (Archiv Universität Göttingen, Nachlass Cantor [Cod. Ms. Cantor 17]): „Das beste kleine Werk über die Kabbbala, das ich kenne, stammt von einem Franzosen: A. Franck: *La Kabbale ou la philosophie religieuse des Hébreux*, Paris 1843."

Cantor las auch die Zeitschrift *L'Initiation*, die von Papus herausgegeben wurde und die hauptsächlich Beiträge von Autoren druckte, die mit dem Esoterismus verbunden waren, und die direkte Verbindungen zur symbolistischen Bewegung unterhielt. Die Tatsache, dass diese Zeitschrift von Rom auf den Index gesetzt wurde, stellte nach Cantor „eine kolossale Reklame" für sie dar.[38]

Die kleine Gruppe um Guaïta und Papus, welche das „Direktorium" des Kabbalistischen Ordens vom Rosenkreuz bildete, umfasste auch Joséphin Péladan [1858–1918], einen Katholiken, der sich leidenschaftlich vom Esoterismus angezogen fühlte. Als Schüler von Barbey d'Aurevilly schrieb er eine Reihe von Romanen, welche der symbolistischen Bewegung zugehörten, und von okkultistischen Abhandlungen, die ihn bekannt machten. 1890 spaltete sich Péladan hauptsächlich aus religiösen Gründen ab und organisierte einen katholischen Rosenkreuzerorden. Dieser wurde bald in *Ordre de la Rose-Croix du Temple et du Graal* (Rosenkreuzerorden des Tempels und des Graals) umbenannt; er strebte die Anerkennung der esoterischen Tradition seitens der Kirche an. Wir sehen, das Cantor die Wirren dieses Schismas, das seiner Meinung nach die Rosenkreuzer tief traf und sich als ein „Coup der Jesuiten" erweisen könnte, aufmerksam verfolgte.[39] Man kann festhalten, dass Joséphin Péladan die Künstlersalons der Rosenkreuzer 1892 und 1893 in Paris organisierte; diese Ausstellungen waren offen für die symbolistische Kunst, für die Werke der Maler Félicien Rops und Georges Rouault sowie für die Musik von Érik Satie.

Der Einfluss der Rosenkreuzer auf gewisse Kunstströmungen ist auch noch Beginn des XX. Jhs. wahrnehmbar: so bei Wassily Kandinsky mit seiner Schrift „Ueber das Geistige in der Kunst insbesondere in der Malerei" [1912]. Kandinsky theoretisierte seine kreativen Erfahrungen mit der Abstraktion hauptsächlich in der Malerei unter besonderem Bezug auf die theosophischen Schriften von Helena Blavatsky.[40]

Die Korrespondenz Cantors, die wir analysiert haben, zeigt dessen Empfänglichkeit für die Idee der Einheit der Natur in der esoterischen Form einer göttlichen Mathematik wie auch sein Bedürfnis nach wohl überlegter Ausgewogenheit in den Debatten, welche sich am Ende des XIX. Jhs. um Wissenschaft und religiösen Glauben drehten. Die philosophischen Folgen dieser Beschäftigungen sind in den Schriften des deutschen Mathematikers deutlich; wir gehen auf sie im nächsten Kapitel ein.

---

[38] Brief von Cantor an Karl Kiesewetter, 9. September 1891, Archiv Universität Göttingen, Nachlass Cantor [Cod. Ms. Cantor 17].

[39] Vgl. den oben genannten Brief von Cantor an Karl Kiesewetter, 9. September 1891, und Brief 8 an Henry, 4. Oktober 1891.

[40] [Kandinsky 1952].

Kapitel 4
Auf der Suche nach einer Harmonie von Wissenschaft und Glaube (Theologie, Philosophie und Mathematik)

Cantors Briefe sind durchsetzt von Zitaten, literarischen oder philosophischen Verweisen, welche manchmal dem Leser den Eindruck vermitteln, seine Kenntnisse seien unzureichend. Oft entleiht Cantor bei einem Autor die These, die es ihm erlaubt, eine ihm wünschenswerte wissenschaftliche Richtung zu stützen. Die Wichtigkeit der theologischen und metaphysischen Elemente im Werk des deutschen Mathematikers ist von vielen Kommentatoren nachgewiesen worden; seine Entscheidungen im Bereich der Philosophie waren Gegenstand von gelegentlich kontroversen Analysen, auf die wir hier den Leser verweisen.[1]

1894 gesteht Cantor Charles Hermite, dass zwar die Mathematik seine „Premier amour"[2] (erste Liebe) gewesen sei, dass ihn aber seit mehr als zwanzig Jahren die Metaphysik und die Theologie derart in Beschlag genommen hätten, dass ihm relativ wenig Zeit für seine „erste Flamme"[3] bleibe. Das Ausmaß und die Dauerhaftigkeit seiner Überlegungen in Gebieten, die sich von der Mathematik unterscheiden, findet so ihre Bestätigung.

Ziel dieses Kapitel ist es, die philosophischen Positionen, die der deutsche Mathematiker freimütig in seiner französischen Korrespondenz äußert, herauszuarbeiten. Wir werden dabei die Heftigkeit der in Frankreich Ende des XIX. Jhs. geführten Debatten über die Trennung der Zuständigkeitsbereiche von Wissenschaft und Theologie betonen. Dagegen fehlen in Deutschland solche Kontroversen fast ganz, wohingegen hier die Konzeptionen von Philosophie und Geschichte lebhaft diskutiert wurden. Die Briefe Cantors an seine französischen Briefpartner bezeugen dessen Wunsch nach Austausch und belegen seine Position, die sowohl wissenschaftlich als auch theologisch war. Die Fragen, die sich der Autor stellte, bleiben immer sichtbar; dies gilt aber in gleichem Maße auch für die tiefe Einheit seiner Überlegungen. Diese Fragen und diese Reflexion bestimmen zu einem Großteil seine Suche nach Briefpartnern in Frankreich.

---

[1] Vgl. beispielsweise [Cavallès 1938, 1962], [Dauben 1979], [Gardies 1984], [Medvedev 1988], [Purkert, Ilgauds 1987], [Ferreiros 1999, 2004], [Belna 2000], [Mascré 2000], [Tapp 2005].

[2] Im Original französisch. Brief 10 [Hermite, 22. Januar 1894].

[3] Brief 10.

Unsere Untersuchung erlaubt es uns, zuerst einmal die Grundlagen des Interesses Cantors für das Denken der Scholastik zu verstehen. Mitten in den theologischen und philosophischen Debatten, welche das Ende des Jahrhunderts prägen, können wir uns die Frage stellen, welchen Sinn es hatte, dass sich Cantor auf diese alten Lehren bezog. Die Korrespondenz des Mathematikers belegt ferner seinen nicht endenden Kampf gegen alle Formen des Determinismus. Die Ablehnung des Determinismus veranlasste ihn dazu, sich in die Gegenbewegung zum wissenschaftlichen Denken seiner Zeit, das von Positivismus und Materialismus geprägt war, einzureihen. Welches sind die Ziele dieser antipositivistischen und antimaterialistischen Positionen? Das sind einige der Fragen, auf die wir stoßen werden und die wir im vorliegenden Kapitel behandeln.

Obwohl Cantor den Begriff Idealismus nicht ablehnt, um sein Denken zu charakterisieren, trennt er diesen strikt vom philosophischen Idealismus Kants oder Hegels, indem er seinen Idealismus mit dem Realismus in Verbindung bringt. Wir werden sehen, dass er dieses Begriffspaar aufhebt in der Bestätigung der „Freiheit", welche der Mathematik und der mathematischen Aktivität innewohnt.

Bezüge zur Scholastik

Der erste Text, in dem Cantor neben mathematischen Überlegungen auch philosophische Reflexionen aufgenommen hat, sind die „Grundlagen".[4] Sich der Neuheit seiner Vorgehensweise bewusst, kommentiert der Autor seine Abhandlung folgendermaßen:

> Die bisherige Darstellung meiner Untersuchungen in der Mannigfaltigkeitslehre ist an einen Punkt gelangt, wo ihre Fortführung von einer Erweiterung des realen ganzen Zahlbegriffs über die bisherigen Grenzen hinaus abhängig wird, und zwar fällt diese Erweiterung in eine Richtung, in welcher sie meines Wissens bisher von niemanden gesucht worden ist.[5]

Cantor betont: „Zu dem Gedanken das Unendliche nicht bloß in der Form des unbegrenzt Wachsenden […] zu betrachten, sondern es auch in der bestimmten Form des Vollendet-Unendlichen mathematisch durch Zählen zu fixiren, bin ich fast wider meinen Willen durch den Verlauf vieljähriger wissenschaftlicher Bemühungen und Versuche logisch gezwungen worden".[6] Mit Hilfe der grundlegenden Begriffe der Mächtigkeit von Mengen, der Ordinalzahl einer wohlgeordneten Menge und der Klassen von transfiniten Ordinalzahlen verleiht Cantor dem Aktual-Unendlichen eine mathematische Form, die schließlich in die transfinite Arithmetik mündet (vgl. Anhang 3). Die außerordentliche Originalität dieser Forschungsrichtung wird unterstrichen durch eine kritische Analyse der Einwände, welche Aristoteles, Spinoza

---

[4] [Cantor 1883a, Teil V, S. 545–591] in [Cantor 1932, S. 165–209].
[5] [Cantor 1883a, Teil V, S. 545] in [Cantor 1932, S. 165], eine französische Übersetzung erschien in den *Acta Mathematica* [Cantor 1883b, S. 381].
[6] [Cantor 1883a Teil V, S. 556] in [Cantor 1932, S. 175].

und Leibniz gegen das Aktualunendliche vorgebracht haben. Nach Cantors Ansicht war einzig Bernhard Bolzano eine Verteidiger des Aktualunendlichen: „Bolzano ist vielleicht der einzige, bei dem die eigentlich-unendlichen Zahlen zu einem gewissen Rechte kommen."[7] Allerdings gelangte Bolzano weder zum Begriff der Mächtigkeit einer Menge noch zu dem der Ordinalzahl: „Ohne die erwähnten beiden Begriffe kommt man meiner Ueberzeugung nach in der Mannigfaltigkeitslehre nicht weiter."[8]

Cantor verfolgte auch seine Forschungen im Bereich der Ideengeschichte weiter, wobei es ihm darum ging, die Entwicklung der Begriffe, die mit dem Unendlichen zusammenhängen, zu klären. So gelangte er dazu, in einem seiner philosophischen Artikel[9] zu präzisieren, dass er sich nach der Publikation der „Grundlagen" die Zeit genommen hatte, seine Kenntnis der älteren Literatur und des scholastischen Denkens zu vertiefen, wobei er zu der Einsicht gelangte, dass der Begriff des Aktualunendlichen *in natura creata* die Aufmerksamkeit aller Epochen auf sich gezogen habe. In den Artikeln, die er zwischen 1886 und 1888 in der Zeitschrift für Philosophie und philosophische Kritik veröffentlichte, analysiert Cantor so unterschiedliche Positionen wie diejenigen von Augustinus, Blaise Pascal, Augustin Louis Cauchy, Hermann Lotze, Johann Friedrich Herbart und neoscholastischer Philosophen in der Umgebung von Leo XIII.

In seinem Briefwechsel mit Paul Tannery[10] wies Cantor den Vorwurf zurück, er habe einen Rekurs auf das Denken der Scholastik gebraucht, um seine Theorie des Tranfiniten aufstellen zu können, indem er betont, sein Interesse an dieser Philosophie beschränke sich strikt auf das Gebiet des Theismus.[11] Der Mathematiker musste in der Tat einer Kritik seitens der wissenschaftlichen Gemeinschaft vorbeugen, welche versucht gewesen sein könnte, die transfiniten Zahlen als ein rein metaphysisches Konzept aufzufassen. Dem begegnete er, indem er zeigte, dass der Ausdruck *transfinit* einen streng definierten mathematischen Begriff bezeichnet, der strikt verschieden ist von jenem des philosophischen Absoluten. Ein zweiter aus lutherischen Kreisen stammender Einwand konnte das Studium des mathematischen Unendlichen mit der gerade im Gang befindlichen scholastischen Erneuerung im Schoße der Römischen Kirche und mit dem Einfluss des katholischen Denkens in Zusammenhang bringen. Wie wir weiter unten sehen werden, gab sich

---

[7] [Cantor 1883a, Teil V, S. 561] in [Cantor 1932, S. 180].

[8] [Cantor 1883a Teil V, S. 561–562] in [Cantor 1932, S. 180].

[9] Es handelt sich dabei um eine Anmerkung aus dem Artikel „Mitteilungen zur Lehre vom Transfiniten", welche sich in [Cantor 1932, S. 405 Anmerkung 1] findet.

[10] Brief 6 [5. Oktober 1888].

[11] Theismus bezeichnet eine Doktrin, die die Existenz eines einzigen Gottes annimmt, der verschieden ist von der Natur (im Unterschied zum Pantheismus). Dieser Gott ist die erste Ursache der Welt, auf die er einwirkt. Die Erkenntnis dieses persönlichen Gottes geschieht außerhalb jeglicher religiösen Offenbarung, ohne Rückgriff auf eine Kirche. Der Theismus unterscheidet sich vom Deismus insbesondere dadurch, dass er versichert, man könne die göttliche Weisheit mit Hilfe der Vernunft erkennen. Cantor bezieht sich mehrmals auf den Theismus, so in den Briefen 6 [Paul Tannery, 5. Oktober 1888] und 10 [Hermite, 22. Januar 1894].

Cantor große Mühe klarzumachen, was seine Konzeption von derjenigen von Thomas von Aquin unterschied.[12]

Die Studie von Fedor Andreievitch Medvedev[13] geht davon aus, dass die Behauptungen Cantors bezüglich der Scholastik begründet seien. Für diesen Historiker lässt sich keinerlei Verbindung herstellen zwischen der Formulierung der Mengenlehre und der Theologie, obwohl ihr Autor mit einer gewissen Zahl von Theologen seiner Zeit in einen Gedankenaustausch trat. Gewiss, die „Grundlagen" enthalten einen Hinweis auf Thomas von Aquin.[14] Dennoch sind die Forschungen Cantors aus der Entwicklung mathematischer Begriffe hervorgegangen, welche sich insbesondere aus seinem Austausch mit Richard Dedekind ergaben,[15] und nicht aus der Scholastik.

Sowohl die philosophischen Schriften der Jahre 1886–1888 als auch die Korrespondenz des deutschen Mathematikers belegen sein Bestreben, ein ontologisches Fundament für seine Forschungen über das Transfinite zu finden, ein Bestreben, das sich schon in den „Grundlagen" zeigte.

Im Zuge seiner historischen Untersuchungen konnte es Cantor nicht vermeiden, auf die Schriften von Aristoteles Bezug zu nehmen, der erstmals unendlich große Zahlen oder Größen abgelehnt hatte. Die Position des Philosophen bezüglich der Endlichkeit der kosmologischen Welt ist bekannt; etwas unendlich Großes kann nicht existieren, denn dies wäre größer als der Himmel.[16] Die von Aristoteles eingeführte Unterscheidung zwischen potentiell Unendlichem und aktual Unendlichem erlaubte ihm allerdings, das Unendliche wieder in die Welt hineinzubringen; verneint wird lediglich die Möglichkeit eines Aktualunendlichen, während die Gültigkeit des potentiell Unendlichen anerkannt wird. Als Folgerung ergibt sich, dass eine Zahl nicht unendlich sein kann, eine Position, die Cantor als *Petitio principii* verwirft.[17] Allerdings wird diese Regel bei Aristoteles abgeschwächt, insofern es um die Unendlichkeit von immateriellen Größen, wie beispielsweise die Zeit, geht. Die Frage nach der Unendlichkeit der Zeit sollte, wie wir sehen werden, lebhafte

---

[12] [Cantor 1932, S. 396 und 399].

[13] [Medvedev 1985].

[14] [Cantor 1883a, Teil V, S. 590] oder [Cantor 1932, S. 207]. Einige Autoren, wie J. W. Dauben [1979, 239] oder J.-P. Belna [2000, S. 210], die in den mathematischen Texten Cantors nach religiösen Bezügen suchen, schreiben dem heiligen Paulus (erster Brief an die Korinther) das dritte Epigraph der „Beiträge" zu [Cantor 1895a–1897, S. 481]. Man kann das aber auch anders sehen, da der fragliche Satz auch in den *Naturales questiones* (Naturwissenschaftliche Abhandlung in acht Büchern) von Seneca auftaucht (Buch 7, bezüglich der Kometen): „Venet tempus, quo ista quae nunc latent in lucem dies extrahat et longioris aevi diligentia." („Dennoch wird eine Zeit kommen, da nach gewissenhafter, jahrhundertelanger Forschung eines Tages das jetzt Verborgene ans Licht gezogen wird.") [Seneca 1995, Band 2, Buch 7, 25 (7), S. 332].

[15] Die Rolle, die Dedekind in der Entwicklung der Mengenlehre spielte, wird in [Dugac 1976a] untersucht.

[16] Physikalische Vorlesung, Buch III, 5, 206a und 7, 207b [Aristoteles 1975, S. 103–104 und 109–110].

[17] Der Terminus findet sich in den „Grundlagen" [Cantor 1883a, S. Teil V, S. 564] oder [Cantor 1932, S. 174] sowie in einem Brief an G. Eneström vom 4. November 1885 [Cantor 1932, S. 402].

Debatten und heftige Kontroversen zwischen Gegnern und Anhängern des Aristoteles hervorrufen.

Augustinus ging über die Prinzipien des Aristoteles hinaus, indem er den negativen Status der als begrenzt gedachten Materie parallel setzt zu einem positiven Unendlichen, welches in der Perfektion der göttlichen Wissenschaft wahrnehmbar ist. Cantor bezieht sich bereitwillig auf das Werk *De civitate Dei* von Augustinus, das er vor allem in seiner Korrespondenz mit Charles Hermite zitiert.[18] Kap. 19 des 12. Buches dieses Werks ist gerichtet „gegen diejenigen, welche behaupten, dass die Wissenschaft von Gott das Unendliche nicht verstehen könne."[19] Dem philosophischen Argument, demzufolge Gott nur endliche Gründe haben könne, weil nach dem aristotelischen Schema seine Werke endlich sind und keine Wissenschaft das Unendliche erfassen könne, setzt Augustinus die Unendlichkeit der Folge der natürlichen Zahlen entgegen:

> Dass sie [die Zahlen] unendlich sind, das ist absolut gewiss; denn was auch die Summe sei, bei der man einhält, so muss ich nicht ausführen, dass die Addition von einer Einheit diese vergrößert. [...] Alle sind folglich zugleich verschieden, endlich im Einzelnen, unendlich in ihrer Gesamtheit.[20]

Man kann Gott nicht die Wissenschaft von den Zahlen absprechen, also kennt Gott das Unendliche, weil er die Zahlen kennt. Gestützt auf diese Passage schreibt Cantor Augustinus ein intuitives Verständnis der Menge der natürlichen Zahlen als Gesamtheit zu. Dies geschieht im Rahmen einer Überlegung, welche die Existenz des Aktualunendlichen fordert. Cantor schließt, „Wir sind gezwungen, ihm darin zu folgen."[21]

Um diese Positionen gab es im Laufe der Jahrhunderte herbe Diskussionen, in denen sich Logik, Philosophie und Theologie vermengten. Insbesondere läuft die aristotelische Behauptung, die Zeit sei in Richtung der Vergangenheit unendlich, darauf hinaus, die Idee der Schöpfung zu negieren und die Genesis anzuzweifeln; die „kreationistischen" Gegner des Aristoteles neigten dazu, diese in einen Widerspruch mit sich oder mit der griechischen Wissenschaft allgemein zugestandenen Wahrheiten zu sehen. Von da an hörten Paradoxien und Aporien, welche mit dem Unendlichen verbunden waren, nicht auf, theologischen Diskussionen sowohl in der jüdisch-christlichen als auch in der arabisch-muselmanischen Welt Nahrung zu liefern.[22]

So entwickelte Johannes Philoponus in der jüdisch-christlichen Umgebung Alexandrias im VI. Jh. eine Reihe von Argumenten gegen die Ewigkeit der Welt. Diese laufen darauf hinaus, dass, wer die Unendlichkeit der Zeit zugesteht, auch

---

[18] Brief 19 [30. November 1895].

[19] „Contra eos, qui dicunt ea, quae infinita sunt, nec Die posse scientia comprenhendi." [Augustin 1959, S. 212–217]. Dieser Paragraph wird in einer Anmerkung des Artikels „Mitteilungen zur Lehr vom Transfiniten" [Cantor 1932, S. 401–404, Anmerkung 3] zitiert und kommentiert.

[20] „Eos quippe infinitos esse, certissimum est; quoniam in quicumque numero finem faciendum putaveris, idem ipse, non dico uno addito augeri [...] Ergo et dispares inter se atque diversi sunt, et singuli quique finiti sunt, et omnes infiniti sunt. [Augustinus 1979, S. 823].

[21] [Cantor 1932, S. 402].

[22] Vgl. hierzu [Lévy 1985] und [Lévy 1987].

die Existenz eines Akutalunendlichen akzeptieren müsse, was auf eine Arithmetik des Unendlichen hinausläuft, was wiederum Aristoteles ablehnt. Die Zeit kann für Philoponus nicht ohne Anfang sein: Setzt man die Hypothese der Ewigkeit voraus, so würde ein zusätzlicher Tag die verflossene Unendlichkeit vergrößern. Man kann aber keine Größe dem Unendlichen hinzufügen, weil nichts größer sein kann als dieses. Ebenso gilt: Hätte die Bewegung der Planeten keinen Anfang, so wäre die Unendlichkeit der Umläufe des Mondes zwölf Mal so groß wie jene der Umläufe der Sonne, was wiederum unmöglich ist, denn eine Unendlichkeit kann kein Vielfaches einer anderen sein.

Die Aporien, mit welchen das aristotelische Konzept des Unendlichen behaftet war, entgingen den arabischen Denkern nicht. Im IX. Jh. stellte der Syrer Thabit ibn Qurra[23] die revolutionäre Behauptung auf, eine Unendlichkeit könne kleiner sein als eine andere, wie das etwa bei den geraden Zahlen und den natürlichen der Fall sei. Hier deutet sich eine Arithmetik des Unendlichen an: Eine Unendlichkeit (hier diejenige der natürlichen Zahlen) lässt sich in zwei gleich große Unendlichkeiten (hier die geraden und die ungeraden Zahlen) aufspalten.

In seiner Korrespondenz mit Paul Tannery[24] bezieht sich Cantor ausdrücklich auf die arabischen Philosophen Avicenna und Al-Ghazali (Algazel), die den scholastischen Kommentatoren zufolge, das Aktualunendliche verteidigt hatten. Dieser Punkt schien dem deutschen Mathematiker so wichtig, dass er Tannery um Unterstützung bat bei seiner Suche nach lateinischen Übersetzungen der arabischen Werke. Die Kommentatoren Avicennas, im XI. Jh. war das Al-Ghazali und im XII. Averroës, berichten in der Tat, Avicenna habe ein Aktualunendliches studiert, welches Thabit mit der Abzählung der „durch den Tod vom Körper abgetrennten Seelen" identifiziert hatte. In einer kleinen Abhandlung, dem *Brief über das künftige Leben*,[25] sprach Avicenna Thabits Theorie der Seelen an, die er als ziemlich seltsam einstuft. Die Anzahl der Körper wird als potentiell unendlich angenommen, wie das die Anhänger der Lehre von der Ewigkeit der Welt tun. Geht man nun von einer endlichen Anzahl von individuellen Seelen aus, so wird die Seelenwanderung unvermeidlich, die sowohl Thabit als auch Avicenna ablehnten. Die von den Körpern abgetrennten Seelen, welche zeitlich vor diesen existierten, müssen folglich eine unendliche Vielheit bilden, ein schönes Beispiel für ein Aktualunendliches. Diese These wurde wiederum von Al-Ghazali diskutiert, wohingegen die Annahme einer Pluralität von Seelen Averroës zweifelhaft erschien. Diese These wurde in den späteren Debatten bis hin zur lateinischen Scholastik als These von Avicenna bezeichnet; Argumente der geschilderten Art fanden sich in beachtlich weiter entwickelter Form bis zur Mitte des XIV. Jhs.

An mehreren Stellen seiner Korrespondenz und seiner philosophischen Artikel wird Cantors Interesse für die Vorgehensweise der Scholastik und ihre Fortschritte bestätigt. Die Rolle, welche die lateinische Scholastik bei der Ausbreitung der europäischen Universitäten ab dem XIII. Jh. spielte, ist dem deutschen Mathemati-

---

[23] [Rashed 1984, S. 261–286], [Rashed 1999, S. 607–608].
[24] Brief 16 [28. Oktober 1895] und Brief 20 [8. Dezember 1895].
[25] [Avicenna 1969]. Vgl. hierzu [Lévy 1985, S. 145–148 und 176–186].

ker nicht unbekannt. Deshalb ist es hier notwendig, einige Elemente zu schildern, welche die Entwicklung dieser Geisteshaltung bestimmten. Während der Entwicklung, die die universitären Institutionen nahmen, scheint es so gewesen zu sein, dass „Denken ein *Metier* gewesen ist, dessen Regeln minutiös festgelegt waren", wie das eine Studie von Jacques Le Goff zeigt.[26] Diese Gesetze versuchten die Vorschriften, welche die geistliche Autorität erließ, mit den Argumenten der Wissenschaft in Einklang zu bringen, die Theologie berief sich auf die Vernunft mit ihren Lesungen (*lectio*), ihren Fragen (*quaestio*), ihren Diskussionen (*disputatio*). Die Diskussion von Ideen kann die Form von Kontroversen annehmen, welche die Christenheit durchzogen. Gegen Ende des XIII. Jhs. drehte sich eine dieser Kontroversen um die Frage, ob es einem endlichen Intellekt möglich sei, die göttliche Unendlichkeit zu begreifen – eine Kontroverse, welche mit der Möglichkeit einer selig machenden Vision zusammenhing.[27] Von dieser Zeit an räumten die Philosophen und Theologen den Debatten über das Unendliche eine bevorzugte Stellung ein. Man strebte ein diffiziles Gleichgewicht zwischen Glauben und Vernunft an. Das Zentrum von Allem war das Denken des Aristoteles, das wiederentdeckt und oft im Geiste der Kommentare von Avicenna und Averroës studiert wurde. Die Gelehrten des Dominikanerordens wie Albertus Magnus (~1200–1280) und Thomas von Aquin (~1225–1274)[28] trachteten danach, Aristoteles mit der heiligen Schrift in Einklang zu bringen. Dagegen schlugen die Anhänger des Averroës mit Siger von Brabant (~1240–1284) dort, wo sie Widersprüche fanden (wie etwa bei der Frage, ob die Welt ewig sei), die Lehre von der „zweifachen Wahrheit" vor: Die eine Wahrheit ist diejenige der Offenbarung, die andere ist die Wahrheit der Philosophie und der natürlichen Vernunft. Thomas vertrat in dieser Frage eine nuancierte Position. Als Anhänger der Aristotelischen Lehre vom Unendlichen kommt er in der Diskussion über die Ewigkeit der Welt zu dem Schluss, dass nichts die These von der Endlichkeit der Zeit zu beweisen erlaube. Für Thomas war die Idee der Schöpfung eine Glaubenswahrheit, die man nicht beweisen kann.[29]

Während Verweise auf Thomas von Aquin in den mathematischen Artikeln von Georg Cantor eher selten sind, treten diese in seiner Korrespondenz[30] und in seinen philosophischen Artikeln wiederholt auf. Der Mathematiker liebte es, die *Summa theologica* des Thomas in der Leonischen Ausgabe von 1888 zu zitieren. In Paul Tannery, katholisch und begeisterter Wissenschaftshistoriker, entdeckte er

---

[26] [Le Goff 1957, S. 97].
[27] [Biard, Celeyrette 2005, S. 11].
[28] [Chenu 1954].
[29] Dies scheint einer der Punkte zu sein, auf die sich die Verurteilung des Thomismus 1277 bezogen hat. Vgl. [Le Goff 1957, S. 121–129], [Biard, Celeyrette 2005, S. 22].
[30] Vgl. die Briefe 16 und 20 an Paul Tannery. Man kann diese in Zusammenhang bringen mit einem Brief, den Cantor an Kardinal Franzelin, Mitglied der Römischen Kurie, am 22. Januar 1886 [Cantor 1991, S. 254–256] schrieb, sowie mit zwei Briefen an Aloys von Schmidt, Professor an der theologischen Fakultät der Universität München, vom 26. März und vom 5. August 1887 [Cantor 1991, S. 282–284, 298–299]. Die Korrespondenz von Cantor mit Kardinal Franzelin ist in englischer Übersetzung zugänglich über die Homepage des Schiller Instituts in Washington: http://www.schillerinstitute.org/fid_91-96/943_transfinite.html

einen besonders geeigneten Gesprächspartner, mit dem er bibliographische Hinweise austauschte. Wir haben bereits betont, dass die Avicenna und Al-Ghazali zugeschriebenen Kommentare Thomas' zum Begriff des Aktualunendlichen für Cantor besonders wichtig waren. Dennoch stellte er fest, dass Thomas, der treue Schüler des Aristoteles, dem Begriff der unendlichen Größe ablehnend gegenüber gestanden hat: „Jede wirkliche, in der Natur draußen bestehende Menge von Dingen ist eine geschaffen. […] Daher ist auch eine auf Zufall gegründete fertige unendliche Menge von Dingen unmöglich."[31]

Der Hauptgrund, warum sich Cantor für das Denken der Scholastik interessierte, wird nun deutlich. Der Mathematiker meinte, die Konzeption des Thomas von Aquin sei hinfällig[32] geworden seit seine eigenen Arbeiten die transfiniten Zahlen mit den Mächtigkeiten von Mengen, mit Kardinalzahlen also, in Verbindung gebracht oder sie gemäß Ordinalzahlen geordnet haben; so werde es möglich, die Widersprüche, die Jahrhunderte lang das Aktualunendliche betroffen haben, zu beseitigen. Nichts steht mehr der Legitimierung des Aktualunendlichen durch die römischen Theologen im Weg; dieses Argument schildert Cantor Johann Baptist Franzelin (1816–1886), einem österreichischen Jesuiten, der von Pius IX 1876 zum Kardinal ernannt worden war.[33] Obwohl Cantor jeglichen scholastischen Einfluss auf seine Forschungen bestritt, zögerte er nicht, sich im Namen der Wissenschaft in eine theologische Debatte seiner Zeit einzumischen. Diese Diskussion war lebhaft, da ihr Gegenstand wichtig war. Es geht darum, die katholischen Theologen dazu zu bewegen, den Wert der Theorie des Transfiniten anzuerkennen. Cantor, der sowohl das Unendliche *in abstracto* als auch *in concreto* (das heißt, als in der Natur vorhanden) verteidigte, musste sich mit dem Verdacht des „Pantheismus"[34] auseinandersetzen. Dieser Punkt wurde sowohl in der Korrespondenz von Georg Cantor mit Kardinal Franzelin als auch in derjenigen mit dem neothomistischen deutschen Philosophen Constantin Gutberlet angesprochen; Gutberlet vertrat selbst die Idee des Aktualunendlichen *in abstracto*.[35] Die Argumente des Mathematikers trugen Früchte: Kardinal Franzelin, der die wichtige Unterscheidung zwischen dem Begriff des absoluten Unendlichen, einem Attribut Gottes, und dem mit den transfiniten Zahlen verknüpften Aktualunendlichen anerkannte, konstatierte:

> So aufgefasst, liegt, soweit ich bis jetzt sehe, in Ihrem Begriffe des Transfinitum keine Gefahr für religiöse Wahrheiten.[36]

---

[31] „Item omnis multitudo in rerum existens est creata […]. Impossibile est ergo multidinem infinitam in actu, etiam per accidens." [Thomas von Aquin o. J., S. 138–139].

[32] Brief von Cantor an Schmid, 26. März 1887 [Cantor 1991, S. 282].

[33] J. B. Franzelin spielte eine wichtige theologische Rolle im Laufe des ersten Vatikanischen Konzils, das 1869 die päpstliche Unfehlbarkeit proklamierte.

[34] Der Pantheismus ist eine philosophische und metaphysische Doktrin, die Gott mit der Natur, mit dem Universum, identifiziert. Dem Pantheismus zufolge ist Gott immanent, das heißt in der Welt vorhanden, ja, sogar mit der Welt identifizierbar, im Unterschied zu einem transzendenten höheren Wesen außerhalb des Universums. Spinoza aber auch Fichte und Schelling werden als Pantheisten angesehen.

[35] Vgl. hierzu [Dauben 1979, S. 144–146].

[36] Brief von J. B. Franzelin an Cantor, 26. Januar 1886, zitiert in [Cantor 1932, S. 385–386] und [Cantor 1991, S. 256–257].

Versehen mit diesem Rückhalt, ging Cantor erneut auf Distanz zu den Positionen von Thomas von Aquin bezüglich der Ewigkeit der Welt. Er versicherte, dass die Theorie des Transfiniten beweisen könne, dass Zeit und Bewegung notwendig einen Anfang haben müssten.[37] Allerdings konnten wir keine Spur des von Cantor angekündigten Beweises finden.

Auf der Suche nach einer historischen Rechtfertigung seiner eigenen Forschungen beschränkte Cantor seine Studien zum Denken der Scholastik nicht auf die Kritik an Thomas von Aquin. Er bezog auch Johannes Duns Scotus (1265–1308) und den Mönch Emmanuel Maignan (1601–1676)[38] aus Toulouse ein; letzterer gehörte dem Minimenorden an, sein *Cursus philosophicus*[39] bezog das Unendliche mit ein.

Erst am Übergang vom XIII. zum XIV. Jh. begann das Denken der lateinischen Scholastik das Dogma des für das menschliche Denken unerreichbaren Unendlichen zu erschüttern. Obwohl diese Debatte auf theologischem Terrain geführt wurde, kann man doch eine allmähliche Verschiebung der Argumente hin zur Wissenschaft feststellen. Die Diskussionen über das „Kontinuum" und die „Indivisibilien", aus welchen dieses zusammengesetzt ist, bringen mathematische und logische Begriffe ins Spiel; nach und nach mischen sie sich unter die metaphysischen und theologischen Argumente bezüglich des Unendlichen. Nachdem es ursprünglich für die göttliche Sphäre reserviert gewesen war, wird das Unendliche nun zum Gegenstand einer Untersuchung, die im europäischen Okzident besonders breit war und zur Verfeinerung des begrifflichen Instrumentariums führte. Obwohl die Motive, die dieser Untersuchung zugrunde lagen, theologischer Natur waren – das Unendliche wird stets als ein Attribut Gottes betrachtet – erfährt die negative Konzeption des Unendlichen bei Aristoteles eine Veränderung.[40] Insbesondere bei Duns Scotus gewinnt das Unendliche einen positiven Aspekt insofern es „vorstellbar" wird. Allerdings hat dieses Aktualunendliche für Duns Scotus keinerlei Existenz außerhalb des Denkens, das es vorstellt; das seiende Unendliche bleibt eine dem Göttlichen vorbehaltene Eigenschaft. Kann sich die Allmacht Gottes in der Schöpfung realisieren? Im Rahmen der Antworten auf diese alte Frage wurden zum Beispiel bei Thomas Bradwardine (~1300–1349) neue mathematische Argumente, das Kontinuum und die Indivisibilien betreffend, entwickelt. Oft verselbstständigten sich die mathematischen Fragen und wurden dann separat behandelt.

Die logischen, mathematischen und physikalischen Betrachtungen zum Unendlichen gewinnen vor allem bei Gregor von Rimini (1300–1358) an Bedeutung. Dieser gestand die Möglichkeit eines existenten Aktualunendlichen zu, wobei er die Natur einschloss: „Eine unendliche Größe oder ein unendlicher Körper ist möglich."[41] Gregors Originalität besteht darin, dass er logische Definitionen des

---

[37] Brief an Schmid, 5. August 1887 [Cantor 1991, S. 299].
[38] [Cantor 1932, S. 405 Anm. 1].
[39] Der 1652 in erster Auflage in Toulouse erschienen *Cursus philosophicus* des Emmanuel Maignan erlebte eine zweite Auflage 1673 in Lyon.
[40] [Biard, Celeyrette 2005, S. 13]. Diese beiden Autoren stützen sich in ihren Analysen unter anderem auf die Werke von Duns Scotus [S. 35–55], Thomas Bradwardine [S. 89–135, 177–196], Gregor von Rimini [S. 197–219], Nikolaus von Oresme [S. 221–252] und Jean Buridan [S. 253–279].
[41] [Biard, Celeyrette 2005, S. 198].

Unendlichen vorschlug, welche sich gemäß Verwendung unterschieden. Im *synkategorematischen* Sinn bezieht sich die Verwendung des Unendlichen nicht auf ein Absolutes, sondern modifiziert die Bedeutung der ausgesprochenen Behauptung. Das bereitet weder im Bereich der Größen noch in demjenigen der Zahlen Probleme: „Sei eine beliebig große Größe gegeben, so existiert stets eine, die noch größer ist." Analoges gilt für Zahlen. Schwieriger ist die Definition des Unendlichen im *kategorematischen* Sinne, das heißt als Träger einer eigenständigen und absoluten Bedeutung, wie in Formulierungen wie „größer als jede endliche Größe, welche Größe diese auch haben möge." Oder „von größerer Anzahl als jede endliche Vielheit, wie groß deren Anzahl auch sein möge." Um wohlbekannte Paradoxien und Aporien zu vermeiden, sah man sich dazu veranlasst, anzunehmen, das Unendliche unterscheide sich wesensmäßig vom Endlichen. Das Unendliche, das sich weder auf das unbegrenzt fortsetzbare oder unbegrenzt teilbare Endliche (wie bei Aristoteles) reduzieren lässt, noch sich aus der Natur vertreiben lässt wie es noch Duns Scotus machte, wird zu einem Objekt der Erkenntnis. Lassen sich auf dieses Unendliche Relationen wie „gleich sein" oder „ungleich sein" anwenden; und wie steht es mit dem Euklidischen Axiom „Das Ganze ist größer als sein Teil"? Das sind einige der Fragen, die Gregor von Rimini angegangen ist. Man kann anmerken, dass der *Cursus philosophicus* des Emanuel Maignan später das *kategorematische* Unendliche einbezog.

Cantor fand, dass diese Analysen bestätigten, dass seine eigenen Forschungen fundiert waren. Die Wiederaufnahme der Ausdrucksweisen kategorematisches und synkategorematisches Unendliches[42], welche sich an die Ausdrucksweisen aktual und potentiell Unendliches anlehnen, durch Cantor ist auch eine Hommage an die begrifflichen Fortschritte, die den Schulen der Scholastik zu verdanken sind. Man kann darin die Anerkennung der sehr wichtigen historischen Tatsache sehen, welche darin bestand, dass der menschliche Verstand das Unendliche *in actu* in Betracht gezogen hatte und dass sich dieser Begriff im Rahmen wissenschaftlicher Analysen ergab. Sie zeigt auch, dass Cantor zutiefst das Bestreben des scholastischen Denkens, „eine Harmonie zwischen Glauben und Wissen herzustellen"[43], teilte.

Das Interesse, das Cantor der theologischen Debatte entgegen brachte, sowie die Dauerhaftigkeit seiner Referenzen an die Scholastik, müssen im Zusammenhang mit seinem Kampf gegen Positivismus und Materialismus gesehen werden. Dank der französischen Korrespondenz von Cantor wissen wir um die Umstände, unter denen dieser Kampf in totaler Isolation von der Universität Halle aus geführt wurde. Die materialistische Geisteshaltung dominierte in Deutschland in der Tat zahlreiche wissenschaftliche Strömungen; diese Dominanz in Frage zu stellen schien schwierig. Die Ursache für diese Situation ist in der Entwicklung der deutschen Universitäten zu suchen. Die nachfolgenden Untersuchungen werde es uns erlauben, die Intensität der Kämpfe, welche diese Institutionen durchdrangen, einschätzen zu können, wobei wir unseren Schwerpunkt auf die ideologischen und

---

[42] Vgl. beispielsweise [Cantor 1932, S. 180, 373].
[43] Diese Formulierung findet sich in einem Brief von Cantor an Gustaf Eneström vom 4. November 1885 [Cantor 1932, S. 370].

politischen Implikationen dieser Konfrontationen legen werden. So gelingt es uns, die Persönlichkeit Cantors in der intellektuellen Welt von Halle zu verorten und das Ausmaß seiner Isolation einzuschätzen.

Die Universität Halle, ein Ort intensiver Debatten

Georg Cantor hat fünf Jahrzehnte lang an der Universität Halle die Funktion eines Hochschullehrers ausgeübt. Die reiche Geschichte der Universität Halle legt Zeugnis ab von sich gelegentlich widersprechenden geistigen Strömungen, welche auf deutschem Boden seit dem XVIII. Jh. entstanden. Cantor, als Mensch seiner Zeit, stand keineswegs über diesen Debatten und Reibereien. Seine Korrespondenz spiegelt manchmal ohne Umschweife die Positionen ihres Autors wider. Um dies besser verstehen zu können, ist es notwendig, die wichtigsten geistigen Strömungen, welche die Universität Halle beeinflusst haben, näher zu untersuchen.

Pietismus, Aufklärung und Erweckung

Seit ihrer Gründung im Jahre 1694 erscheint die Universität als ein historisches Zentrum der pietistischen Bewegung mit den Berufungen des jungen Juristen und Philosophen Christian Thomasius und des Theologen und Pädagogen August Hermann Francke.[44] Halle steht für die Verbindung der pietistischen Bewegung mit sozialen Aktivitäten. Das gilt insbesondere für die 1695 erfolgte Gründung der Franckeschen Stiftungen, einer großen Schulstadt mit Waisenhaus, welche den Kindern der Armen offen stand. Indem er dieses karitative System schuf und indem er einen theologischen Unterricht in deutscher Sprache einführte, trug Francke zur sozialen Öffnung seiner Institution bei und sicherte eine ganze Generation lang das Ansehen der theologischen Fakultät der Universität.

Die deutsche Aufklärungsbewegung kündigte sich in Halle durch die Anwesenheit des Philosophen Christian Wolff an. Cantor hatte mit Sicherheit ein tief greifendes Interesse für die Vergangenheit von Halle; in einem Brief an Émile Lemoine zitiert er die *Cosmologia generalis* von Wolff aus dem Jahre 1731.[45] Wolff wurde

---

[44] Pietismus bezeichnet eine breite geistige Erneuerungsbewegung, welche sich ab dem Ende des XVII. Jhs. im lutherischen Protestantismus entwickelte. Ihr Begründer war Philipp Jacob Spener [1635–1705], der in seinen *Pia Desiderata* [1675] die Idee eines auf Innerlichkeit ausgerichteten Glaubens anpries, welcher auf ein Leben in Nächstenliebe ausgerichtet sein sollte und sich stärker auf die Lektüre der Bibel denn auf die dogmatische Autorität einer Kirche stützen sollte. Der Pietismus, der die individuelle Erlösung des Einzelnen durch die göttliche Gnade stärker betonte als dessen Sündenfall, gewann Anhänger, insbesondere Pfarrer, und provozierte Angriffe seitens der religiösen Orthodoxie. Die Konversion von August Hermann Francke zum Pietismus und dessen Berufung nach Halle im Jahre 1692 stellten eine Verbindung her zwischen der Universität dieser Stadt und Franckes großen sozialen und missionarischen Unternehmungen [Lagny Hg. 2001].

[45] Motto des Briefes 23. Wolff lebte von 1679 bis 1754.

1706 auf Empfehlung von Leibniz als Spezialist für Mathematik nach Halle berufen; seine Lehre entwickelte allerdings ein vielfältiges System von Ideen, die auch die Logik, die Metaphysik und die Moral betrafen. Der Rationalismus Leibnizscher Prägung, welche das Werk von Wolff beherrscht, vertrug sich nicht so recht mit dem Franckeschen Pietismus. Unter dem Druck der Pietisten verbannte der preußische König Friedrich Wilhelm I Wolff, der zur Aufgabe der Lehre gezwungen und 1723 aus der Universität Halle vertrieben wurde.[46] 1740 wurde Wolff durch Friedrich II wieder eingesetzt; unter seinem Einfluss verlor der Pietismus zugunsten des Rationalismus an Wichtigkeit. Die Philosophie Wolffs, der zufolge die Logik für das menschliche Denken notwendig ist bei der Suche nach Wahrheit, beeinflusste Immanuel Kant nachhaltig.

Im Laufe des XVIII. Jhs. ist die Ausstrahlung der Universität Halle deutlich, selbst wenn diese nach 1810 zugunsten der Universität Berlin zurückfällt. Nach der Niederlage des Napoleonischen Heeres vereinigte Friedrich Wilhelm III. 1817 die Universität Halles mit derjenigen von Wittenberg, der Geburtsstadt des Protestantismus Luthers. Man kann feststellen, dass die Universität Wittenberg im Schoß der Universität Halle bis Ende des XIX. Jhs. einen prägenden Einfluss im Bereich der Theologie ausübte. Dieser in seiner Universität dominierende lutherische Einfluss veranlasste Cantor zu großer Vorsicht in seinen Beziehungen zu französischen Katholiken. Um seine Teilnahme an dem von Monseigneur d'Hulst organisierten katholischen Gelehrtenkongress 1895 zu sichern, zog Cantor sogar eine Teilnahme incognito in Betracht, wie seine Korrespondenz mit Charles Hermite und Maurice d'Hulst belegt.[47]

Die lutherische Erweckungsbewegung spielte in der nationalen Erneuerung Deutschlands, welche auf den Sieg Preußens über Napoleon folgte, eine besondere Rolle. Diese bezieht unterschiedliche Aspekte ein, sie ist angesiedelt zwischen der Fortführung des Pietismus, der die Subjektivität preist und sich wenig um die institutionalisierte Kirche schert, und dem Liberalismus, der die theologischen Fakultäten in Berlin, Tübingen und Zürich beherrschte. Ähnlich wie der Pietismus legten die orthodoxen Strömungen an den Universitäten Leipzig und Erlangen den Nachdruck auf die Bibel, maßen aber der Inspiration des Gläubigen nur minimale Bedeutung bei. Sie verteidigten die Autorität und bekräftigten nach den politischen Ereignissen von 1848 die Beziehungen zwischen Christentum und Staat erneut. Eine dieser lutherischen Strömungen ging soweit, die Verwendung der Sakramente auf Kosten des Wortes zu rehabilitieren, was bedeutete, eine katholisierende Konzeption von Kirche zu vertreten. Die besonders in Deutschland präsente Erwegungsbewegung war eine allgemeine Bewegung des europäischen Protestantismus unter Einschluss Frankreichs in der ersten Hälfte des XIX. Jhs.[48]

In Halle trat die Erweckungsbewegung in Gestalt von August Tholuck (1799–1877), einem treuen Anhänger Luthers, auf. Tholuck wurde 1825 an die Theologische Fakultät in Halle berufen. Als Zeitgenosse Cantors betonte Tholuck wieder

---

[46] [Rohrbasser 2001].
[47] Briefe 31 und 32.
[48] [Wemyss 1977].

die Spiritualität und die karitativen sowie sozialen Werke pietistischer Inspiration; gegen Ende seiner Laufbahn fanden seine Vorlesungen wachsenden Anklang. Der lutherische „Sakramentalismus" wurde seinerseits in Halle durch den Historiker Heinrich Leo vertreten, dessen Presseorgan, das „Hallische Volksblatt", entschieden an den christlichen Traditionen des Mittelalters ausgerichtet war.[49]

Das Erbe von Kant und Hegel

Aus philosophischer Sicht lässt sich die Situation an der Universität Halle gegen Ende des XIX. Jhs. im Lichte des von Kant und Hegel hinterlassenen Erbes analysieren. In einem Brief an Paul Tannery brachte Cantor seine unbeugsame Opposition dem deutschen Idealismus gegenüber zum Ausdruck:

> ... doch dem *modernen Idealismus*, wie er sich seit Kant entwickelt hat, stehe ich durchaus fern, ...[50]

In der Tat verwarf Cantor nachdrücklich die beiden großen philosophischen Systeme, das Hegelsche und das Kantsche. Seit Erscheinen der „Grundlagen" stellte Cantor den Kantischen Kritizismus in Frage.[51] Nach Cantor ist es verfehlt, mit Kant die Quelle des Wissens und des Bewusstseins in die Sinne oder in die Formen der Anschauung zu legen; das kann für Cantor zu keiner wahren Kenntnis führen. Diese Position führt in den Skeptizismus, welcher Kant dazu veranlasste, die Analyse des Unendlichen im Rahmen der Antinomien der reinen Vernunft zu diskreditieren.[52] Auch Hegels Position verwirft der Mathematiker. Obwohl Hegel „den Begriff des wahrhaft Unendlichen", also des Aktualunendlichen, anerkannte und ihm in seiner „Wissenschaft der Logik" tief greifende Untersuchungen widmete[53], bleibt Cantors Kritik lapidar: Alles bei Hegel sei widersprüchlich, obskur und konfus; die Unterscheidungen, welche er zwischen den verschiedenen Unendlichkeiten vornimmt, seien bei Spinoza entlehnt. Cantor, der empfänglich war für die Ideen der Einheit und Harmonie, lehnte entschieden den für die Hegelsche Philosophie prägenden Begriff des Widerspruchs ab.[54]

Die kritische Position Cantors stützt die Ansicht, dass sich die idealistische Philosophie an den deutschen Universitäten gegen Ende des XIX. Jhs. im Niedergang befand. Wir werden die Konturen dieses Niedergangs in ganz Deutschland untersuchen.

---

[49] [Léonard 1964].
[50] Brief 6 [5. Oktober 1888].
[51] [Cantor 1883a Teil V, S. 558 und 589] sowie [Cantor 1932, S. 177 und 207]. Die Kritik am Idealismus von Kant, Fichte, Hegel und Schelling ist auch in den philosophischen Artikeln Cantors präsent [Cantor 1932, S. 383].
[52] [Cantor 1932, S. 375].
[53] [Hegel 1812; französische Ausgabe 1972, Band 1, Buch 1, Bemerkung S. 236–276].
[54] [Cantor 1932, S. 391].

Trotz seiner scheinbaren äußeren Solidität begann das Hegelsche System schon nach Hegels Tod 1831 zu bröckeln. Dieser Vorgang wurde durch das Scheitern der revolutionären Bewegung in Deutschland von 1848 betont, welches der optimistischen Sichtweise Hegels bezüglich der Geschichte widersprach. Unter den Hegelianern entstanden zum Teil widersprüchliche Tendenzen. Eine dieser Strömungen strebte eine Historisierung des Christentums in Hegelscher Manier an. So versuchte Christian Baur (1792–1860), Oberhaupt der Tübinger Schule, in seinen Vorlesungen, die Geschichte der frühen Christenheit zu begreifen. Sein Schüler David – Friedrich Strauss (1808–1874) publizierte 1835 das Buch „Das Leben Jesu, kritisch bearbeitet".[55] In diesem werden die Evangelien als Ausdruck kollektiver Mythen interpretiert. Das Buch von Strauss führte die Hegelsche Religionsphilosophie zu ihren äußersten Konsequenzen: Bezüglich des Leben Christi stehen sich eine dogmatische Sichtweise des biblischen Christus und der historische Jesus gegenüber.[56] Indem es die historische Wahrhaft der Texte der Evangelien anzweifelte, betonte das Werk von Strauss den Widerspruch zwischen dem göttlichen Status Christi als Ausdruck des unendlichen Wesens Gottes und seinem menschlichen und damit endlichen Charakter. Dieser Widerspruch löst sich auf in einem Mythos, welcher die Sehnsucht der primitiven Gemeinschaften nach dem Unendlichen ausdrückt. Es zeigen sich hier die latenten Spannungen zwischen der Sichtweise der Hegelschen Philosophie und dem protestantischen Denken sowie die latenten Spannungen des Hegelschen Erbes. Das Werk Straussens provozierte in der Tat einen öffentlichen Protest seitens der protestantischen Orthodoxie, der einen Angriff der spekulativen Philosophie gegen den Glauben und die Offenbarung anklagte. Proteste gab es aber auch seitens der Schüler Hegels selbst, für die es undenkbar war, den Wert der Idee (des Christentums), die sich in der Geschichte realisiert hat (das Faktum der Evangelien, die Person Jesu), anzuzweifeln.

Strauss sah sich so veranlasst, eine Unterscheidung zwischen den „Rechten" der Hegelschen Orthodoxie und der Bewegung der Linken oder „Junghegelianern" vorzunehmen. Die Junghegelianer, die durch Persönlichkeiten wie Bruno Bauer, Arnold Runge, Ludwig Feuerbach und Karl Marx geprägt waren, kamen in kritischer Weise auf das historische und politische Denken Hegels zurück. Karl Marx schildert im Nachwort zu der zweiten deutschen Auflage seines Werkes „Das Kapital" (datiert vom 24. Januar 1873) den nachlassenden Einfluss Hegels folgendermaßen: „Aber gerade als ich den ersten Band des „Kapital" ausarbeitete, gefiel sich das verdrießliche, anmaßliche und mittelmäßige Epigonentum, welches jetzt im gebildeten Deutschland das große Wort führt, darin, Hegel zu behandeln, wie der brave Moses Mendelsohn zu Lessings Zeit den Spinoza behandelt hat, nämlich als „toten Hund".[57]

---

[55] [Strauss 1835–1836].

[56] Die zahlreichen Publikationen in Deutschland zum Thema Leben Christi, die auf das Buch von Strauss folgten, sind mit dem *Vie de Jésus* von Ernest Renan vergleichbar, das in Frankreich 1883 erschien und einen immensen verlegerischen Erfolg hatte. Vgl. hierzu [Gibert, Theobald 2002].

[57] [Marx-Engels 1968, S. 25].

Bruno Bauer entwickelte unter dem Einfluss von Baur und Strauss die Bibelkritik weiter, indem er jegliche historische Realität der Evangelien bestritt[58]; Ludwig Feuerbach gab im Namen des Materialismus dem Hegelschen Idealismus als spekulative Philosophie selbst die Schuld. 1841 erschien das Hauptwerk Feuerbachs „Das Wesen des Christentums"[59], das schnell zum Schlachtruf der Junghegelianer wurde. In diesem Buch kehrt Feuerbach das Grundverhältnis der christlichen Religion um: Der Mensch wird nicht mehr von Gott erschaffen, sondern Gott wird zum Ausdruck des menschlichen Wesens.

Diese Bewegungen fanden in Halle einen besonderen Ausdruck. Dort gründete 1838 der Philosophieprofessor Arnold Ruge zusammen mit Theodor Echtermeyer die „Hallischen Jahrbücher für Wissenschaft und Kunst". Die politische Ausrichtung dieser Zeitschrift radikalisierte sich rasch, sie wurde zum Organ der Linkshegelianer. Das ging nicht ohne interne Brüche und Reibereien vonstatten. Nachdem sie der Zensur unterworfen worden waren, wurden die „Hallischen Jahrbücher" 1843 endgültig verboten.[60]

Um die Jahrhundertmitte war Halle Schauplatz intensiver Debatten: Heinrich Leo zeichnete sich durch seine Opposition gegen den Hegelianer Arnold Ruge aus, während Adolf Tholuck die Ideen von Baur und Strauss bekämpfte. Diese kritischen Tendenzen waren für den Niedergang des Idealismus von entscheidender Bedeutung, den ein treuer Hegelianer wie Karl Rosenkranz kaum einzudämmen vermochte.[61]

Das Denken Cantors scheint abhängig von der Entfremdung, die den deutschen Idealismus befiel; der Theismus, den es für sich in Anspruch nahm, lässt sich in nichts durch das Hegelsche Erbe rechtfertigen. Der Mathematiker ist hiermit repräsentativ für eine Generation in Deutschland, die durch das Fehlen eines großen philosophischen Bezugssystems geprägt war, welches die zeitgenössische Entwicklung der Naturwissenschaften Wert zu schätzen erlaubt hätte. Dennoch kann man

---

[58] Bruno Bauer wurde von Friedrich Wilhelm IV. Lehrverbot erteilt, er wurde 1840 aus der theologischen Fakultät der Universität Bonn ausgeschlossen.

[59] [Feuerbach 1841]. Ludwig Feuerbach [1804–1872] hörte bei Hegel in Berlin Vorlesungen über Philosophie und promovierte in Philosophie. 1828 wurde er Privatdozent an der Universität Erlangen. Da die Kühnheit seiner Theorien und sein Atheismus die universitären Instanzen erschreckten, erhielt er kein Ordinariat. 1836 verzichtete er vollständig auf eine universitäre Karriere und widmete sich fortan nur noch seiner schriftstellerischen Tätigkeit.

[60] Die von Karl Marx und Moses Hess redigierte „Rheinische Zeitung" erlitt einige Monate später das gleiche Schicksal. An den „Hallischen Jahrbüchern" arbeiteten Strauss, Feuerbach, Bauer sowie die Gebrüder Grimm mit. Nach dem Verbot der Zeitschrift ging Arnold Ruge [1802–1880] ins Exil nach Paris, wo er die „Deutsch-französischen Jahrbücher" gründete, an denen Heinrich Heine und Karl Marx mitarbeiteten. Die Niederlage der Revolution von 1848 zwang Ruge, Frankreich zu verlassen und ins Exil nach England gehen, wo er sich endgültig niederließ. Die Rugesche Hegelkritik antizipierte diejenige von Marx.

[61] Karl Rosenkranz ist der Autor des Buches „Hegel als deutscher Nationalphilosoph" [Rosenkranz 1870]. Die philosophischen Kritiken sowie die Spaltungen, welche auf den Tod Hegels folgten, führten um 1860 herum zum Erscheinen von Hermann Cohen und der Neukantianer der Marburger Schule. Diese vertraten in der Erkenntnistheorie eine gemäßigte Position und traten als alleinige Erben einer systematischen Philosophie auf [Philomenko 1989].

festhalten, dass Cantor, ohne des Hegelianismus verdächtig zu sein, empfänglich war für diejenigen Strömungen in Deutschland, welche die Religion neu zu bewerten trachteten. Cantor veröffentlichte in der Tat einen Essay über das Christentum und das Leben Jesu, in dem er jegliches Wunder bei der Geburt Jesu ablehnte.[62]

Die wissenschaftlichen Gemeinschaften auf der Suche nach Bezugssystemen

Vom Positivismus …

Cantor schreibt dem im Niedergang befindlichen Idealismus die Verantwortung für die Entwicklung des skeptischen Positivismus und des Materialismus zu. Diese Position werden wir in den Kontext der französisch-deutschen Beziehungen Ende des XIX. Jhs. einordnen. Gerade seine priviligierten brieflichen Kontakte mit französischen Katholiken, insbesondere mit Claude-Alphonse Valson und Abbé Élie Blanc, ermöglichten es dem deutschen Mathematiker, seine ablehnende Haltung gegenüber dem dominanten Einfluss des Positivismus auszudrücken.

Cantors Interesse wurde 1886 durch die Einleitung („Discours préliminaire") geweckt, die Valson seinem Buch über André-Marie Ampère voranstellte.[63] Das bevorzugte Ziel der Kritik Valsons sind die Enzyklopädisten, die er verantwortlich macht für alle Entwicklungen, die zur Leugnung Gottes führen (Pantheismus, Materialismus, Positivismus, Atheismus). Die apologetische Auslegung, welche Valson dem Werk Ampère's angedeihen lässt, ermöglichte es ihm, zu betonen, dass die bloße Beobachtung der Fakten nicht ausreiche für die wissenschaftliche Arbeit. Man muss diese wie Ampère interpretieren können und auf die Gesetze, welche sie beherrschen, zurückführen. Hier ist der Wissenschaftler gezwungen, einige Anleihen beim Philosophen zu machen, bei der Idee der Metaphysik, da Valson den Ursprung der Wissenschaften und der menschlichen Vernunft im Willen Gottes findet.

In seinem Brief vom 31. Januar 1886 lobt Cantor als Reaktion auf Valson „den Werth aller Anstrengungen […], welche darauf gerichtet sind, die Wissenschaft auf einen idealeren Standpunkt zu erheben, als sie durch den puren Rationalismus erlangen kann, […]"[64] In klarer Gegnerschaft zum Positivismus stigmatisiert er diese Geistesströmung in besonders heftiger Art und Weise: „… als die eigentliche Ursache des zu einer Art Monstrum gediehenen, im strahlenden Gewande der Wissenschaft stolzierenden Materialismus oder Positivismus der Gegenwart, vorzugsweise in den Metropolen und ihren weltberühmten Akademien vertreten, anzusehen ist." Cantor sieht die Ursache des wachsenden Einfluss positivistischer Ideen in den mechanistischen Ansichten Newtons und seinen „groben metaphysischen Fehlern"

---

[62] [Cantor 1905].
[63] [Valson 1886, S. 1–90].
[64] Brief 3.

sowie in den Lehren von Kant und Auguste Comte: „[...] und zu dem *Allerbösesten* scheinen mir die Irrtümer des für „positiv" sich haltenden, auf Newton, Kant, Comte und andere sich berufenden modernen Skeptizismus zu gehören."[65]

Die Verantwortung, welche der deutsche Idealismus für das Voranschreiten des Positivismus trägt, wird auch in einem der philosophischen Artikel Cantors betont: „So sehen wir die in Deutschland als Reaktion gegen den überspannten Kant-Fichte-Hegel-Schellingschen Idealismus eingetretene, jetzt herrschende und mächtige akademisch-positivistische Skepsis endlich auch bei der Arithmetik angelangt [...]"[66]

Die Positionen von zwei deutschen Wissenschaftlern, des Physikers und Physiologen Hermann von Helmholtz und des Mathematikers Leopold Kronecker, führt Cantor in diesem Sinne auf den positivistischen Skeptizismus zurück. Wie man recht oft feststellen kann, hängt die Wertschätzung, welche Cantor dem wissenschaftlichen Denken seiner Zeitgenossen entgegen bringt, von deren Einstellung zu Fragen bezüglich der Zahlen und des Unendlichen ab, in denen er „Begriffsschwankungen" und „Verwirrung" wahrzunehmen glaubt.[67] Als Konsequenz hiervon wirft Cantor Helmholtz und Kronecker in der Zeitschrift für Philosophie und philosophische Kritik eine extreme „empirisch-psychologische" Haltung vor. Diese Haltung veranlasst die Genannten, in den Zahlen Zeichen zu sehen, die dazu da sind, isolierte Objekte in einem subjektiven Prozess des Abzählens ohne begrifflichen Bezug zu Mengen zu zählen. Nach Cantor rücken Helmholtz und Kronecker mit dieser Position in die Nähe der antiken Skepsis. Insbesondere erkannte der dem Aktualunendlichen ablehnend gegenüberstehende Kronecker eine reale Existenz nur den natürlichen Zahlen zu; er ging soweit, die irrationalen Zahlen als überflüssig zu betrachten. Diese Position bekämpft Cantor seit seinen „Grundlagen" wegen der engen Grenzen, welche sie den Wissenschaften setzt.[68] 1887 äußerte er darüber hinaus einige Zweifel an der Nützlichkeit der gekünstelten arithmetischen Theorien Kroneckers bezüglich der Beschreibung des räumlichen und zeitlichen Kontinuums sowie bezüglich ihrer Anwendung in Mechanik und Geometrie.[69]

Spuren dieser Kritik finden sich im Brief Cantors an Paul Tannery vom 5. Oktober 1888:

„Nur von dem in jeder Hinsicht unhaltbaren Standpunkt eines *rohen Finitismus*, wie er neuerdings z. B. von Kronecker vertreten wird, kann an der Realität der transfiniten Zahlen und Ordnungstypen gezweifelt werden."[70] In seiner Korrespondenz mit Charles Hermite spricht Cantor gar von „den grassirenden Verirrungen des Skeptizismus", wobei er den Skeptizismus, den Atheismus, den Materialismus, den Positivismus und den Pantheismus in einem Atemzug nennt (man bemerkt den Einfluss von Valson).[71]

---

[65] Brief 3.
[66] [Cantor 1932, S. 383].
[67] [Cantor 1932, S. 376].
[68] [Cantor 1883a Teil V, S. 553–554] in [Cantor 1932, S. 172–173].
[69] [Cantor 1932, S. 382–384].
[70] Brief 6.
[71] Brief 10 [22. Januar 1894].

In dem oben angesprochenen philosophischen Rahmen steht für Cantor außer Zweifel, dass die Vorherrschaft der genannten Doktrin zu Lasten des deutschen Idealismus geht. Weiter unten werden wir den Einfluss, den der Philosoph Adolf Trendelenburg, Professor an der Universität Berlin, in diesem prägenden Sinn auf Cantor ausübte, herausstellen. Die Kritik Cantors muss auf jeden Fall im Kontext des Vordringens des wissenschaftlichen Materialismus in Deutschland gesehen werde, dessen Wichtigkeit betont werden muss.

... zum wissenschaftlichen Materialismus

Neben den Junghegelianern war der wissenschaftliche Materialismus die zweite Strömung, welche in der zweiten Hälfte des XIX. Jhs, den philosophischen Idealismus in Frage stellte. Er war vor allem bei den Biologen und Physikern Deutschlands weit verbreitet, deren Entwicklung in diesem Sinne charakteristisch ist. Es ist zu bemerken, dass Deutschland einen der allerersten Plätze in der Biologie im XIX. Jh. besetzte. Das war dem institutionellen Stellenwert zu verdanken, der dieser Disziplin an den deutschen Universitäten zukam, insbesondere, was die Physiologie anbelangte. Zahlreiche materialistische Analysen führten dazu, dass die Autonomie der Sphäre des Lebens geleugnet wurde; sie tendierten dazu, die organischen Phänomene auf rein physisch-chemische zu reduzieren. Ihre Vertreter widersetzten sich dem Vitalismus, der seinerseits die Existenz einer unsichtbaren Kraft postulierte, „Lebenskraft" genannt, welche wesensmäßig verschieden sein sollte von den Kräften der Physik. Die Lebenskraft diente dazu, die Beobachtungen an der belebten Natur zu erklären. Die materialistischen und vitalistischen Interpretationen, die die Entwicklung der Biologie begleiteten, führten während des Jhs. immer wieder zu Debatten unter den Naturwissenschaftlern. In Deutschland hatte der wissenschaftliche Materialismus einflussreiche Verteidiger wie den Physiologen Carl Vogt und den promovierten Mediziner und Philosophen Ludwig Büchner.[72] Beide Wissenschafter bekämpften den Vitalismus und verteidigten die Theorien Darwins.

Für manche Naturwissenschaftler, die versuchten, für die Physiologie dasselbe Prestige zu erlangen, wie es die Physik bereits hatte, stellte diese das ideale Modell des wissenschaftlichen Denkens dar. Die physikalistische Strömung war besonders um die Mitte des Jhs. aktiv; die von Cantor wegen ihrer Konzeption des Zahlbegriffs kritisierten Arbeiten Helmholtz' (1821–1894) können dieser Richtung zugeordnet werden. Helmholtz war es, der dem thermodynamischen Prinzip der Energieerhaltung seine definitive Form gab und der dessen Fruchtbarkeit aufzeigte.

---

[72] Carl Vogt [1817–1895] hatte einen Lehrstuhl für Zoologie in Gießen inne, wurde aber wegen seiner republikanischen Ansichten 1848 entlassen. Er suchte Zuflucht in der Schweiz und wurde Rektor der Universität Genf. Ludwig Büchner [1824–1899] war der jüngere Bruder des Schriftstellers Georg Büchner. Ludwig engagierte sich in der 48er Revolution, 1855 wurde er nach der Publikation seinen Werkes „Kraft und Stoff" mit einem Lehrverbot an seiner Universität Tübingen belegt, woraufhin er wieder als Arzt praktizierte. Vgl. hierzu [Gregory 1977].

Durch seine Studien zur zellulären Organisation der Nervenfasern nahm er im Übrigen die Neurophysiologie vorweg. Die Entdeckung, dass die Gesetze der Physik und der Chemie in der Physiologie anwendbar sind, erlaubte es Helmholtz, 1869 auf der deutschen Naturforscherversammlung zu erklären:

> Das letzte Ziel der Naturwissenschaften ist es, alle Prozesse der Natur auf Bewegungen zu reduzieren und deren Antriebskräfte zu finden, anders gesagt, diese auf die Gesetze der Mechanik zurückzuführen.[73]

Nachdem zwischen den Phänomenen des Lebens, wie etwa der Differenzierung der Zellen, und den physikalisch-chemischen Reaktionen eine Ähnlichkeit hergestellt worden war, schien es den deutschen Naturwissenschaftlern weniger erstaunlich, den Menschen mit den anderen Arten des Tierreichs zu vergleichen. Folglich stellte die Darwinsche Theorie in Deutschland keine vergleichbare Sensation dar wie in England. Die deutschen Materialisten waren von der Tatsache angetan, dass diese Theorie, indem sie aus der Naturwissenschaft jeglichen theologischen Begriff eliminierte, eine akzeptable Alternative zur Idee der Schöpfung anbot. Vor allem Carl Vogt trug von Genf aus zur Verbreitung dieser Theorie bei.[74]

In relativ kurzer Zeit entstanden neue Art und Weisen,[75] die Welt zu betrachten und sie begrifflich zu fassen. Diese Umwälzungen, die die Sichtweisen der Physik, der Biologie und sogar der Mathematik nachhaltig veränderten, traten in einer Zeit in Erscheinung, als der reiche Schatz philosophischer Ideen, den Deutschland gekannt hatte, erschöpft schien. Die Erschöpfung wurde, wie wir gesehen haben, verstärkt durch die Vertreibung von Denkern, die der herrschenden politischen Macht oppositionell gegenüberstanden, aus den Universitäten und aus dem Land. Auf religiöser Seite hielt sich der deutsche Protestantismus einer alten Tradition folgend weitgehend aus den Diskussionen heraus, welche die Entwicklung der Naturwissenschaften provozierten. Das Vordringen des Liberalismus begünstigte einen Prozess der Säkularisierung an den deutschen Universitäten, die liberale Haltung der großen theologischen Fakultäten beeinflusste eine beachtliche Zahl von Pfarrern. Wenn auch der Protestantismus als Kulturfaktor unbestreitbar existierte, so intervenierte die Kirche letztendlich kaum in Debatten und Kontroversen, die die Naturwissenschaften betrafen. Ausnahmen hiervon waren – wie wir gesehen haben – Debatten, die die Interpretation der biblischen Texte betrafen. So widersetzten sich beispielsweise die lutherische Kirche Sachsens und die theologische Fakultät der Universität Leipzig, die beide von der konservativen Orthodoxie beherrscht wurden, den Veränderungen in der kirchlichen Lehre. Man musste bis 1898 warten, bis der sächsische Kirchentag in Chemnitz die Versöhnung der von den Nachfolgern Hegels erarbeiteten historischen Theologie mit der protestantischen Gläubigkeit lobte. Ein spätes Zeichen der „modernistischen" Spannung? Erst 1900 gab die

---

[73] Zitiert bei [Mayr 1989 Band 1, S. 167].
[74] [Vogt 1865].
[75] Es genügt für unsere Zwecke zu erwähnen: in der Mathematik die Entstehung der nichteuklidischen Geometrie und der Cantorschen Mengenlehre, in der Physik die Krise der Newtonschen Theorie und das Auftreten der Relativitätstheorie.

Versammlung dem Theologen Ernst Troeltsch das Recht vor ihr zu reden. Troeltsch verursachte mit seinem Versuch, das christliche Bekenntnis des Protestantismus mit der modernen naturwissenschaftlichen Kultur zu versöhnen, eine lebhafte Debatte. Die naturwissenschaftliche Kultur sei, so Troeltsch, fähig, „wichtige positive Erkenntnisse" zu liefern, ohne der Religion zu widersprechen.[76]

Das Ausbleiben einer nachhaltigen Erneuerung in der deutschen Philosophie in der zweiten Hälfte des XIX. Jhs. hatte unter anderem zwei Ursachen: Zum einen zerfiel der Hegelianismus in verschiedene sich bekämpfende Richtungen, zum andern bekämpften die Linkshegelianer die kaiserliche Macht, der es jedoch gelang, die ideologischen Anfechtungen der Hegelschen Linke zu parieren. Dies machte sich insbesondere in der Philosophie der Wissenschaften bemerkbar, wo sich die ausbleibende Erneuerung mit dem Stillschweigen bezüglich des religiösen Denkens verband. Folglich fällt es nicht schwer, das nachlassende Interesse der deutschen Naturwissenschaftler an philosophischen Fragen zu verstehen, selbst wenn Ernst Eduard Kummer (1810–1893) von Hegel beeinflusst blieb und Bernhard Riemann (1826–1866) von Herbart. Veränderungen treten in den Naturwissenschaften ohne wahrhaft ideelle Interpretation auf, den Theoretikern jeder Disziplin bleibt es überlassen, ihre eigene Begrifflichkeit zu erarbeiten.

Cantor ist gewiss ein Träger dieser Haltung, deren Entwicklung uns im Laufe seiner französischen Korrespondenz deutlich wird. Es scheint vernünftig anzunehmen, dass sich seine Ablehnung von Positivismus und wissenschaftlichem Materialismus verband mit einer Verweigerung der materialistischen Philosophie, deren Konturen ihn bedrücken. Wie auch immer, dieser Widerstand wird in dem Kampf, den er gegen den naturwissenschaftlichen Determinismus führte und der ihn dazu veranlasste, Gesprächspartner außerhalb seines Landes zu suchen, deutlich. Wir werden in diesem Zusammenhang den Verlauf einer Debatte untersuchen, die sich in Frankreich abspielte und Cantors Aufmerksamkeit erregte.

Determinismus und Freiheit: Cantors Position

Die deutschen Materialisten und die französischen Positivisten hatten eine Gemeinsamkeit: Beide propagierten den Determinismus als Grundlage für die naturwissenschaftliche Vorgehensweise. Diese Hypothese wurde in Deutschland nach den Entdeckungen von Helmholtz und anderen deutscher Physiologen, die wir oben erwähnt haben, kaum noch in Frage gestellt. Aber Cantor gefiel sie gar nicht.

Cantors philosophische Position fand einen ersten Ausdruck im „allein vernunftgemäßen Theismus". Das ist die fundamentale Wahl eines Mannes, der – wie wir gesehen haben – nach einer Denkmöglichkeit suchte, welche Wissen und Glauben

---

[76] [Troeltsch 1900, S. 34]. Als Beispiel wählte Troeltsch den Satz von der Erhaltung der Energie, der zu der Idee von der Einheit des Universums führe, sowie die Evolutionstheorie, die „aus der Zelle den Ursprung der gesamten organischen Welt ableitet". Ernst Troeltsch ist insbesondere der Autor von „Die Bedeutung des Protestantismus für die Entstehung der modernen Welt" [1911].

in Einklang bringt, wie Cantor es in seiner Korrespondenz mit Charles Hermite beschreibt.[77] Diese Wahl erlangte praktische Bedeutung in Gestalt der „goldenen Brücke", die er zwischen den Theologen und den Männern der „weltlichen Wissenschaften" bauen wollte. Eine „irenische" Sicht, so Cantor selbst, die er im Anschluss an die Lektüre von Francis Bacon, Philosoph, Wissenschaftler und gläubiger Christ, weiterverfolgte. Der Nachdruck, mit dem er ab dem Jahr 1895 gegenüber Charles Hermite und Maurice d'Hulst die Verbreitung der *Confessio fidei* von Bacon in Frankreich forderte und mit der er eine Neuauflage des Werkes *Le christianisme de François Bacon* von Jacques-André Émery[78] befürwortete, belegen dies.

Die beherrschenden Strömungen der zeitgenössischen Naturwissenschaften waren für Cantors Vereinheitlichungsabsichten nicht förderlich. Andererseits wurden Cantors Bestrebungen durch eine Kontroverse unterstützt, die sich in Frankreich über die Frage von Freiheit und Determinismus ergab und die die Aufmerksamkeit des deutschen Mathematikers erregte. Wir werden sehen, wie sich Cantors Position hierzu im Laufe seiner französischen Korrespondenz präzisierte. Es ist für unsere Analyse unerlässlich, den Kontext, der diese Debatte in Frankreich strukturierte, zu beschreiben. Die Frage nach dem Determinismus in den Naturwissenschaften war hier gegen Ende des Jahrhunderts akut geworden.

Das Vertrauen in das Modell der „positiven" Naturwissenschaften, welche auf der Basis objektiver Tatsachen operieren, um allgemeine Gesetze zu formulieren, die weder vom Zufall noch vom menschlichen Willen beeinflusst werden können, wurde heftig bekämpft von neuen Geistesströmungen, die sich den mechanistischen und deterministischen Sichtweisen widersetzten. Diese Opposition wird recht gut von zwei Philosophen verkörpert, Charles Renouvier und Émile Boutroux. Daneben entwickelte sich eine spiritualistische und antipositivistische Richtung mit Henri Bergson.[79]

Die Debatte begann 1874 mit der Veröffentlichung der Dissertation von Émile Boutroux über die Kontingenz der Naturgesetze (*De la contingence des lois de la nature*). In ihr untersucht der Autor, inwieweit die Gesetze, welche die Phänomene beherrschen, der Notwendigkeit unterworfen sind. Falls die Kontingenz nur eine der Unwissenheit geschuldete Illusion ist, ist die Autonomie des Verständnisses gerechtfertigt. Wenn aber die Welt selbst in einem gewissen Grade eine nicht reduzierbare Kontingenz aufweist, so ist der Gedanke legitimiert, dass die Naturgesetze sich nicht selbst genügen und dass sie ihren Grund in Ursachen haben, die sie bestimmen. Insofern ist der Gesichtspunkt des Verständnisses nicht mehr der definitive Aspekt des Wissens. Der Wert einer Naturwissenschaft liegt in ihren fundamentalen wissenschaftlichen Prinzipien: Sind die letzteren kontingent, so überträgt sich die Kontingenz auf die Folgerungen aus ihnen. Folglich kann man die Determiniert-

---

[77] Brief 10 [22. Januar 1894].

[78] [Émery 1798, 1799]. Jacques-André Émery [1732–1811] war Vorsteher der Predigergemeinde von Saint-Sulpice während der Französischen Revolution und des Kaiserreichs. Trotz der Anstrengungen Cantors scheint sein Werk über Francis Bacon nicht wieder aufgelegt worden zu sein.

[79] Bergson ist insbesondere Autor eines Essays über die unmittelbaren Gegebenheiten des Bewusstseins (*Essai sur les données immédiates de la conscience* [Bergson 1889]).

heit, welche den deduktiven Wissenschaften inne wohnt, nicht auf die Dinge selbst übertragen. Der Determinismus ist also kein unumstößliches Gesetz. Die Idee eines freien Willens kann demnach gemäß Boutroux ohne Rückgriff auf die Metaphysik vorgebracht werden. Der Begriff der Kontingenz begründet von hier an den der Freiheit in der Entwicklung des intellektuellen Lebens und des Wissens.[80]

Ebenfalls im Jahre 1874 ging der deutsche Naturwissenschaftler Emil du Bois-Reymond, Sekretär der Berliner Akademie der Wissenschaften, in einem Beitrag in der *Revue scientifique de la France et de l'étranger* auf die Frage nach den Grenzen der Philosophie der Natur ein. Dabei verwandte du Bois-Reymond eine Begrifflichkeit, die sich deutlich von derjenigen Boutroux' unterscheidet.[81] Für diesen deutschen Gelehrten stößt unser Erkenntnisstreben auf zwei Schwierigkeiten. Zum einen ist es in der Physik unmöglich, das Wesen der Kraft und der Materie zu verstehen, zum anderen ist es den Wissenschaften vom Menschen nicht möglich, das Denken aus seinen materiellen Bedingungen heraus zu erklären, obwohl einige Funktionen des Gehirn wie Freude oder Schmerz im Sinne der Arbeiten Fechners durch Untersuchungen an den Zellen angegangen werden können. Begründen diese Grenzen der Philosophie der Natur nicht den Widerspruch, welcher sich zwischen der mechanistischen Theorie, die die physikalischen Phänomene als deterministisch ansieht, und dem freien Willen des Menschen ergibt? Für du Bois-Reymond würden diese Grenzen vielleicht ihr wahres Wesen offenbaren, wenn die Kenntnis des Wesens von Kraft und Materie dazu führen würde, verstehen zu können, wie ihr „gemeinsames Subtratum" unter gewissen Umständen dazu fähig ist, zu fühlen, zu wollen oder zu denken.

Diese Fragen zu „begeisternden wenn nicht beängstigenden"[82] Problemen veranlassten Joseph Boussinesq, gegen den Determinismus, den er in den Äußerungen du Bois-Reymonds zu erkennen glaubte, Einspruch zu erheben. Boussinesq war zu dieser Zeit Professor an der naturwissenschaftlichen Fakultät zu Lille; bekannt war er durch seine Arbeiten in der Kontinuumsmechanik und in der Hydrodynamik. In einer Serie von Artikeln und Abhandlungen, welche zwischen 1877 und 1879 erschienen, versuchte Boussinesq den Determinismus der Mechanik und die moralische Freiheit miteinander auszusöhnen.[83] Hierzu stützte er sich auf die Differentialgleichungen, welche die Bewegungen materieller Teilchen beherrschen. Es kann vorkommen, dass diese Gleichungen in singulären Punkten die Trajektorien der Teilchen nicht festlegen, weil es möglicherweise mehrere Lösungen gibt.

---

[80] [Boutroux 1874]. Die Frage nach dem freien Willen hat eine lange und reichhaltige Geschichte. Sie ist ein sehr wichtiges Thema im Denken von Augustinus, und Leibniz widmet ihm viele Seiten. Arthur Schopenhauer verfasste einen Essay „Über die Freiheit des menschlichen Willens" [Schopenhauer 1838], der 1877 von Salomon Reinach ins Französische übersetzt wurde. Schopenhauer unterscheidet darin den empirischen Charakter der Phänomene, der streng determiniert ist, von ihrer Vorstellung, welche die Freiheit des Menschen zulässt.

[81] [Du Bois-Reymond Emil 1874].

[82] [Boussinesq 1901–1929, Band 3, S. 367 Anm. 1]. Bzgl. der Biographie von Joseph Boussinesq [1842–1929] vgl. man [Zerner 1994], zu seiner Bedeutung für die Kontinuumsmechanik [Darrigol 2006].

[83] [Boussinesq 1877a, 1877b, 1878, 1879].

Dann braucht es etwas anderes als das mechanische Gesetz, um den Weg, dem das Phänomen folgen wird, zu bestimmen. Boussinesq stellt die These auf, dass die lebenden Organismen, insbesondere das Gehirn, von Gesetzen beherrscht werden, die zu Ungewissheiten der geschilderten Art führen. An dieser Stelle macht sich die Wirkung eines „vitalen Prinzips" bemerkbar, welches die Größe Null besitzt und das den Ursprung der moralischen Freiheit des Menschen und allgemeiner des Belebten darstellt und damit der Kontingenz ihren rechten Platz zuweist. „Ist es nicht natürlich anzunehmen, dass sich [in der Mechanik] die Rolle des freien Willens darauf beschränkt, die singulären Lösungen zu verwenden, welche die Bewegungsgleichungen dort zulassen? [...] Wenn dem so ist, beschränkt die Freiheit nicht den Determinismus: Vielmehr komplettiert sie diesen in Fällen, in denen die Gesetze der Physik, obwohl sie vollkommen befolgt werden, nicht fähig sind, die Zukunft des Gegenwärtigen vorherzusagen, das heißt, den Phänomenen einen vollständig festgelegten Werdegang zuzuweisen."[84]

Während die Analysen von Boussinesq in sehr eloquenter Weise von Paul Janet[85] vorgetragen wurden, provozierten sie die wütende Kritik des Mathematikers Joseph Bertrand, der ständiger Sekretär der Pariser Akademie der Wissenschaften war. Bertrand führte Boussinesqs Analysen auf das Dilemma von Buridans Esel zurück. Nach Bertrand ist der wesentliche Einwand der folgende:

Wie kann die Ursache einer Bewegung existieren, ohne eine messbare Größe (und damit ungleich Null) zu sein? Bertrand interpretiert die Unterschiede zwischen den Lösungen der Mechanik und derjenigen der Physik nur knapp; er gibt sich damit zufrieden, in ihnen den Ausdruck der Verschiedenheit der fraglichen Wissenschaften zu sehen. Die Mechanik liefert einen Zugang zur Realität, der verschieden ist von dem der Physik; jeglicher Rückgriff auf die Seele, um den Widerspruch zwischen den jeweiligen Gesetzen zu beseitigen, scheint ihm unbegründet.[86] Die Debatte setzte sich mit Charles Renouvier fort, dessen vorsichtige Stellungnahme die Verdienste der Thesen von Boussinesq anerkannte, ohne deren Folgerungen zu teilen.[87] Die Frage nach der Möglichkeit des freien Willens machte die Grenzen der naturwissenschaftlichen Kenntnisse deutlich, ohne dass die Gedanken Renouviers es erlauben würden, so Martin Zerner, das Wesen dieser Grenzen genauer zu präzisieren. Emil du Bois-Reymond seinerseits verwarf mit Nachdruck die Idee von Kräften der Größe Null, deren Wirkungen sich an den Verzweigungspunkten von Boussinesq bemerkbar machten.[88]

Die Polemiken, welche in Frankreich durch die Artikel von Emil du Bois-Reymond, Joseph Boussinesq und Joseph Bertrand angeregt wurden, veranlassten die *Académie des sciences morales et politiques* zu einem Versuch, die Reflexion zu vertiefen. Im Laufe des Jahres 1885 schrieb sie die Frage des freien Willens sowohl

---

[84] [Boussinesq 1877a, S. 363].
[85] [Boussinesq 1878]. Paul Janet [1823–1899] war Professor der Philosophie an der Sorbonne und Mitglied der *Académie des Sciences morales et politiques*.
[86] [Bertrand 1878].
[87] [Renouvier 1882].
[88] [du Bois-Reymond Emil 1882].

unter theoretischen als auch unter praktischen Aspekten als Preisfrage aus. Bei dieser Gelegenheit erhielt die Abhandlung *Théorie du libre arbitre* (Theorie des freien Willens)[89] des Abbé Élie Blanc eine ehrende Erwähnung. Wenn auch die Gutachten zu den Abhandlungen, welche in Beantwortung der Preisfrage eingereicht worden waren und die von Francisque Cyrille Bouillier[90] im Namen der philosophischen Sektion der Akademie vorgestellt wurden, einige Unzulänglichkeiten bei Abbé Blanc bemängelten, der die Argumente, die der naturwissenschaftliche Determinimus gegen den freien Willen vorbrachte, ignorierte, so betonten die Gutachter doch die Qualität von dessen Analyse der Beziehungen zwischen dem freien Willen und der Intelligenz. Die Einwände des theologischen Fatalismus bei Seite schiebend zeigt sich Blanc auf Anhieb als Anhänger der Freiheit und des freien Willens.

Seine subtilen Analysen der Beziehungen zwischen dem freiem Willen und der Vernunft führen Blanc zu der Schlussfolgerung, dass es zwischen diesen beiden Niveaus des menschlichen Trachtens keinen Widerspruch geben kann. Unter den Argumenten, die der Autor im Rahmen seiner Interpretation hypnotischer Phänomene entwickelte, trat eine These auf, die sich in ähnlicher Weise bei Boussinesq findet: Es ist nicht ausgeschlossen, dass die Seele eine „spirituelle Kraft" ausübt, die die mechanischen Kräfte, welchen der menschliche Körper unterworfen ist, ausrichten kann, ohne dabei gegen die Gesetze der Energieerhaltung zu verstoßen. Diese Fähigkeit der Seele wird als Freiheit interpretiert.[91]

Cantor schloss sich der allgemeinen Sichtweise der Abhandlung von Blanc an, wie wir seiner Korrespondenz mit dem Geistlichen entnehmen können. Blancs Schlussfolgerung, die in die Nähe derjenigen Schopenhauers gerückt wird, widerstrebt Cantor nicht: Die menschliche Freiheit triumphiert im freien Denken. Wenn sich auch der Mathematiker nicht über Joseph Boussinesq Thesen auslässt, werden wir weiter unten dennoch sehen, dass er dem Transfiniten im Schoße der Natur eine Existenz zuerkannte und dass diese Überzeugung ihm ein Argument zugunsten von Interdeterminismus und Freiheit lieferte. Dennoch lassen seine Äußerungen den Schluss zu, dass das deterministische Denken in Halle mehrheitlich vertreten wurde:

> [...]; hier in Halle wenigstens bin ich unter den jüngeren Philosophen der Universität der einzige Indeterminist, [...][92]

Die jungen deutschen Philosphen, die von der Philosophie Emil du Bois-Reymonds beeinflusst waren, scheinen den Debatten, welche die akademische Welt Frankreichs beschäftigten, indifferent gegenüber gestanden zu haben. Sie kümmerten sich auch kaum um die Arbeiten von Ludwig Boltzmann zur kinetischen Gastheorie, die

---

[89] [Blanc 1886].

[90] [Boullier 1885]. Der Philosoph Francisque Cyrille Boullier war seit 1875 Mitglied der *Académie des sciences morales et politiques*. Zuvor hatte er als Nachfolger von Désiré Nisard die *Ecole Normale Supérieure* geleitet. Der erste Preis für die Frage von 1885 ging an Georges Fonsegrive; er war Philosophielehrer am Gymnasium in Pau, später dann am Gymnasium Buffon in Paris und aktiver Mitarbeiter der *Grande Encyclopédie*.

[91] 1898 hielt Blanc einen öffentlichen Vortrag über die Hypnose [Blanc 1898].

[92] Brief 4 (Blanc, 22. Mai 1887).

ungefähr zehn Jahre zuvor wahrscheinlichkeitstheoretische Begriffe in die Thermodynamik eingeführt hatten. Nach seinem eigenen Bekunden sah sich Cantor an der Universität Halle in philosophischen Fragen isoliert. Die Situation in Frankreich war vollkommen anders, wie seine Beziehungen zu Paul Tannery belegen. Wir werden sehen, dass diese Beziehungen es dem deutschen Mathematiker erlaubten, seine Position bezüglich der Wichtigkeit philosophischer und erkenntnistheoretischer Fragen zu seiner Disziplin zu präzisieren.

Idealismus und Realismus bei Cantor

Das Interesse, das Paul Tannery vom Standpunkt der Erkenntnistheorie aus der Entwicklung der Mathematik entgegenbrachte, fand seinen Ausdruck in einem Artikel aus dem Jahre 1885 über den wissenschaftlichen Begriff des Kontinuums. Die Geschichte dieses Begriffes veranlasste Tannery dazu, die Argumente des Zenon von Elea zu untersuchen, welche zeigen sollten, dass die Vorstellung, des Raum als Summe seiner Punkte die Bewegung unmöglich mache. Tannery vertrat die Auffassung, dass sich die Ansichten der Mathematiker bezüglich des Kontinuums in der Zeit zwischen Zenon und Georg Cantors Arbeiten nur wenig entwickelt hätten. Letzterem gelang es, das mathematische Kontinuum mit Hilfe der Mengenlehre vernünftig zu definieren: Ein Kontinuum in einem metrischen Raum ist eine „perfekte und zusammenhängende" Punktmenge.[93] Nach Tannery jedoch ermöglichen diese logischen Begriffe nur die Vorstellung nicht aber die graphische Konstruktion von Kontinua; dies trifft zum Beispiel auf die Graphen stetiger aber nirgends differenzierbarer Funktionen zu. Folglich kann die Erkenntnistheorie nicht die Tatsache verleugnen, dass die Mathematiker Begriffe ins Spiel gebracht haben, die in ihrer Komplexität jene übertreffen, die sie mit der objektiven Realität verbinden.

> Man kann kaum bestreiten, dass es eine Menge von Tendenzen gibt, welche in der Lage sind, dem Idealismus eine ernsthafte Stütze zu liefern. [...] Die modernen Arbeiten werden vielleicht in mathematische Begriffe münden, die noch abstrakter und von der objektiven Realität durch einen noch tieferen Graben getrennt sind. [...] Ein neuer Kant könnte so die Grundlagen für ein neues und dauerhaftes Gebäude bereitet finden.[94]

Diese Strömung macht sich vor allem in Deutschland bemerkbar, wo sich die Mathematiker auf philosophisch gesehen wirklich neue Wege begaben. Erneut zitiert Tannery als Beispiel die Theorien Cantors:

> Bei diesem Mathematiker schließlich gibt es keinerlei Zweifel bezüglich seiner Ziele: Er ist ein reiner Idealist, sowohl was seine Prinzipien als auch was seine Methoden anbelangt.[95]

---

[93] Vgl. hierzu Anhang 3.
[94] [Tannery Paul 1885, S. 405–406].
[95] [Tannery Paul 1885, S. 406].

Wenn Cantor auch in keiner Weise den Begriff Idealist ablehnte, sah er sich doch dazu veranlasst, dessen Umrisse in seiner Korrespondenz mit Paul Tannery genauer zu fassen:

> Wenn Sie mich als *pur idéaliste*, [...] bezeichnen, so haben Sie von einem gewissen Gesichtspunkte aus gewiss Recht; doch dem *modernen Idealismus*, wie er sich seit Kant entwickelt hat, stehe ich durchaus fern; mein Idealismus ist verwandt mit dem Aristotelisch-Platonischen, welcher wie Sie wissen zugleich *Realismus* ist. Ich bin ebenso wohl *Realist* wie *Idealist*.[96]

Die philosophische Ansicht, welche den mathematischen Objekten eine eigenständige Existenz unabhängig vom menschlichen Denken zuerkennt, ist als Platonismus bekannt.[97]

Das ist die Position, welche Charles Hermite 1882 in einem Brief an Thomas Jean Stieltjes vertrat:

> Was mich betrifft, mein Herr, so bin ich nur Algebraiker, niemals habe ich die Sphäre der subjektiven Mathematik verlassen. Ich bin allerdings vollkommen davon überzeugt, dass den abstraktesten Spekulationen der Analysis Realitäten entsprechen, die außerhalb von uns existieren und uns eines Tages zur Kenntnis gelangen werden.[98]

Hermite bestätigt diese Position 1895 in seiner Korrespondenz mit Cantor:

> Die [natürlichen] Zahlen scheinen als Welt von Realitäten konstituiert, die außerhalb von uns existieren und denen derselbe Charakter absoluter Notwendigkeit zukommt wie den Realitäten der Natur, deren Kenntnis uns durch unsere Sinne gegeben wird.[99]

In vollständiger Übereinstimmung mit Hermite zeigt sich Cantor als Platonist, wenn er die Existenz der Begriffe, insbesondere des Aktualunendlichen, in die Welt der mathematischen Ideen verlegt. Da er aber davon überzeugt ist, dass die Welt der Ideen der realen Welt nicht fremd ist, betrachtet er sich als Realist, insofern seine Entdeckungen die Analyse der Naturphänomene bereichern können.

In diesem Zusammenhang bleibt festzuhalten, dass Fragen, welche die Physik und die Biologie aufwarfen, die deutschen Naturwissenschaftler schon seit Jahrzehnten intensiv beschäftigten. Wir beschränken hier darauf, das Werk von Bernhard Riemann zu nennen, das von Arbeiten zur Physik durchzogen wird. Dieser Autor suchte in den Eigenschaften des Raumes nach einer Erklärung für die Phänomene der Gravitation und des Lichts.[100]

---

[96] Brief 6 [5. Oktober 1888].

[97] Analysen zu diesem Begriff, dessen Bedeutung oft unbestimmt erscheint, findet man bei [Bouveresse 1998] und [Guisti 1999, S. 82–85].

[98] Brief von Hermite an Stieltjes, 28. November 1882 [Hermite, Stieltjes 1905, Band 1, S. 8].

[99] Zitiert aus Brief 19 [Hermite, 30. November 1895]. Angemerkt sei, dass die von Hermite und von Cantor bezüglich der natürlichen Zahlen bezogenen Position nicht diejenige ist, die Gauß in einem Brief an Bessel [vom 9. April 1830] vertrat:

„Wir müssen in Demuth zugeben, dass, wenn die Zahl bloß unseres Geistes Product ist, der Raum auch außer unserm Geiste eine Realität ist, der wir a priori ihre Gesetze nicht vollständig vorschreiben können." [Gauß 1900, S. 201] Es handelt sich auch nicht um die Position von Richard Dedekind, der ebenfalls die Zahlen als reines Product des menschlichen Denkens ansah. [Dedekind 1888].

[100] „Fragmente philosophischen Inhalts", § 3. Gravitation und Licht [Riemann 1876, S. 532–535].

Georg Cantor seinerseits verfolgte die Entwicklung der Physik, insbesondere der Atomtheorien, mit ebenso viel Interesse wie jene der Biologie der Zellen. Dieses Interesse ist seit seiner Studienzeit in Göttingen manifest, wo die Lehre des Physikers Wilhelm Weber seine Aufmerksamkeit erregte. Cantor kannte die Überlegungen Gustav Theodor Fechners zur Atomtheorie, die dieser nach jahrelangen Forschungen über elektrische Ströme und Farben entwickelt hatte. Die Arbeiten von Hermann von Helmholtz sowie diejenigen des Mediziners und Philosophen Hermann Lotze waren Cantor nicht entgangen.[101] Dieser Kontext ist den Interessen des Mathematikers für die Naturwissenschaften, insbesondere die Physik, nicht fremd; er formuliert sein Interesse wiederholt in seinen Arbeiten und in seiner Korrespondenz der Jahre 1883–1885.[102]

In einem Brief an Mittag-Leffler vom 22. September 1884 gesteht Cantor, dass er seit 14 Jahren nach Anwendungen der Mengenlehre in den Naturwissenschaften sucht.

Einige Tage später vertraut Cantor seinem Briefpartner seine Unzufriedenheit bezüglich der Theorien zum Aufbau der Materie, sei diese nun schwere oder inponderable Materie (wie der Äther), an. Die Physik ist in dieser Frage in „die beiden Heerlager" gespalten: Für die einen ist die Grundlage der Atomismus, für die anderen die Theorie der Kontinuität der Materie. Durch seine keineswegs spekulativen Arbeiten wollte Cantor eine dritte Alternative hinzufügen, welche die Vorzüge beider Theorien in sich vereinigen sollte, ohne ihre jeweiligen Widersprüche zu teilen.[103]

In den „Grundlagen" äußert der Autor die Hoffnung, eine „organische Naturerklärung" möge die „mechanistische Naturerklärung", deren unzureichender Charakter von Kant[104] selbst betont worden sei, ersetzen. Es steht für Cantor außer Zweifel, dass die Mengenlehre bei der Entstehung der qualitativ neuartigen Begriffe, welche diese Umwälzung und die Entstehung einer einheitlichen Theorie der Naturphänomene ermöglichen werden, eine fundamentale Rolle spielen wird. Nach Cantor kommen die verschiedenen transfiniten Mächtigkeiten „in der körperlichen und geistigen *Natur* thatsächlich" vor.[105]

---

[101] Nach seinen experimentalphysikalischen Arbeiten in Leipzig widmete sich Gustav Theodor Fechner [1801–1887] der Psychophysik. Hermann Lotze [1817–1881] studierte in Leipzig Medizin und Philosophie. Er wurde 1884 als Nachfolger Herbarts Professor an der Universität Göttingen. In seinem von mechanistischen Sichtweisen nicht ganz freien Werk *Mikrokosmus* versuchte Lotze eine Versöhnung zwischen den Naturwissenschaften und dem theistischen Spiritualismus zu erreichen. Die Arbeiten *Über die physikalische und philosophische Atomlehre* [Fechner 1855] und *Mikrokosmus* [Lotze 1856] werden in [Cantor 1886] zitiert.

[102] Wir verweisen auf die Briefe von Cantor an Wilhelm Wundt [16. November 1883] und an Gösta Mittag-Leffler [5. Oktober 1883, 22. September 1884, 20–28 Oktober 1884, 16. November 1884] in [Cantor 1991, S. 134–135, 142–143, 202–203, 208–218, 223–225]. Weiter vgl. man die Artikel [Cantor 1883a Teil V], [Cantor 1885] und [Cantor 1970, S. 85–86] sowie die Analysen von José Ferreirós zu diesem Thema [Ferreirós 2004].

[103] Brief an Mittag-Leffler, 20–28. Oktober 1884 [Cantor 1991, S. 216].

[104] [Cantor 1932, S. 177].

[105] Dieser Satz tritt in den „Grundlagen" zweimal auf: [Cantor 1883a Teil V, S. 562 und 581] oder [Cantor 1932, S. 181 und 199]

In einem Brief an Wilhelm Wundt versichert Cantor, er sei in der Lage, zu beweisen, dass „alle organischen Zellen" im Universum zu einem gegebenen Zeitpunkt eine Menge von erster Mächtigkeit bilden, das heißt, eine abzählbare Menge vergleichbar derjenigen der natürlichen Zahlen.[106] Zwischen 1883 und 1885 konzentrieren sich Cantors Überlegungen auf den Atomismus.[107] Er wollte mit Hilfe der Mengenlehre zu einer Interpretation des Aufbaus der Materie gelangen, welche sowohl die Atome als auch den Äther berücksichtigen und die Analyse des Lichts leisten sollte. „Ich habe seit Jahren meinen besonderen Gedanken in Bezug auf die Erklärungen der Lichtphänomene, im Zusammenhange mit der ‚Théorie des ensembles'."[108]

Die Hypothesen, zu welchen Cantors geführt wurde, blieben in Übereinstimmung mit der zu seiner Zeit weit verbreiteten Theorie, die den Wellencharakter des Lichts den Schwingungen eines unsichtbaren Äthers zuschrieb. Dieses Anliegen behauptete sich trotz eines von Gösta Mittag-Leffler vorgebrachten Vorbehaltes, welcher durch die Arbeiten zur mathematischen Optik von Sofia Kowalewskaya inspiriert war, die in den *Acta Mathematica*[109] erscheinen sollten. Ihnen zufolge zeigen die Lichtphänomene Materieeigenschaften, womit die Ätherhypothese vollkommen überflüssig würde.

In einem Brief vom 16. November 1884[110] an den schwedischen Mathematiker, der zu dieser Zeit noch sein Freund war, kommt Cantor in detaillierter Art und Weise auf seine Vorstellungen bezüglich des Aufbaus der Materie zurück. Diese bringt er in Verbindung mit seinen mengentheoretischen Abstraktionen. Der Begriff des Atom ist für ihn problemlos, vorausgesetzt, diese Atome sind „ausdehnungslose" Elemente, also im Sinne der Geometrie punktförmig. Diese Auffassung ergibt sich aus den Arbeiten von Faraday, Ampère und Wilhelm Weber. Die Atome materia-

---

[106] Brief vom 16. Oktober 1883 [Cantor 1991, S. 142–143]. Bzgl. der verschiedenen Definitionen der ersten transfiniten Mächtigkeiten vgl. man Anhang 3.

[107] Cantor wusste sehr wohl, dass die Chemiker seit Mitte des XIX. Jhs. in der Frage nach der Existenz von Atomen geteilter Meinung waren. Sie konnten sich nicht einigen, welche Werte den Gewichten von Atomen, Molekülen oder „Äquivalenten" zuzuordnen seien; noch weniger Einigkeit herrschte bezüglich der Schreibweise für die chemischen Formeln organischer Substanzen. Die Debatte tobte zwischen den „Atomisten" und den „Äquivalentisten"; der erste internationaler Kongress der Chemie, der im September 1860 in Karlsruhe stattfand, versuchte, eine Annäherung der beiden Lager zustande zu bringen. Das Periodensystem der chemischen Elemente wurde kurze Zeit nach diesen Auseinandersetzungen von dem Deutschen Lothar Meyer und dem Russen Dimitri Mendelejew aufgestellt [Scheidecker 2001].

[108] Brief von Cantor an Mittag-Leffler, 5. Oktober 1883 [Cantor 1991, S. 134–135].

[109] [Kovalevskaya 1885]. Die in Moskau geborene Sofia Kovalevskaya [1850–1891] studierte in Deutschland insbesondere unter Anleitung von Karl Weierstraß Mathematik; sie promovierte auf der Basis ihrer bemerkenswerten Forschungen. Dennoch stieß sie bei ihrer Suche nach einer akademischen Anstellung in Europa auf große Schwierigkeiten. Gösta Mittag-Leffler verschaffte ihr 1889 eine Professur an der Universität Stockholm. Die Arbeiten von Sofia Kovalevskaya beschäftigten sich mit partiellen Differentialgleichungen, der Lichtausbreitung in kristallinen Substanzen und in der Mechanik mit der Drehung eines Festkörpers um einen Fixpunkt. Sie hat auch verschiedene Romane über das Russland ihrer Zeit geschrieben.

[110] [Cantor 1991, S. 223–225].

lisieren dann in natürlicher Weise Punktmengen. Der Mathematiker bekennt sich auch im Zuge einer heiklen Synthese, in die zwei Typen von fundamentalen Teilchen eingehen: die *Körperatome* und die *Ätheratome*, als Anhänger der Kontinuität der Materie. Für Cantor ist folglich der Raum zwischen den Körperatomen nicht leer sondern mit Äther erfüllt. Sodann werden Hypothesen über die topologische Natur der Atommengen formuliert:

> Ich glaube [...], dass die Gesamtheit der Körperatome von der ersten Mächtigkeit ist, die Gesamtheit der Ätheratome von der zweiten Mächtigkeit ist.[111]

Cantor schreibt also den Körperatomen die Mächtigkeit der natürlichen Zahlen (des Abzählbaren) zu, während er den Ätheratomen die zweite Mächtigkeit gibt, das heißt eine Mächtigkeit von derselben Art wie diejenige der Geraden oder der reellen Ebene gemäß der Kontinuumshypothese (vgl. Anhang 3).

Cantor verbindet die ersten transfiniten Zahlen mit natürlichen „materiellen oder immateriellen" Repräsentanten. So gewinnt die Kontinuumshypothese eine physikalische Bedeutung. Da die zweite transfinite Mächtigkeit (das Kontinuum nach Cantors Kontinuumshypothese) als größer gilt als die erste (das Abzählbare), bemerkt der Autor, dass der Raum, den die Körperatome ausfüllen, einen „colossalen Spielraum" lasse für den Äther, so dass sich dort die kontinuierliche Bewegung, die Phänomene des Lichts und der Strahlungswärme sowie die elektrischen und magnetischen Einflüsse abspielen könnten.[112] Mit Hilfe der gegenseitigen Anziehung, die gleichartige Elemente aufeinander ausüben und die unendlich viele Abstufungen annehmen kann, präzisiert Cantor seine topologischen Hypothesen noch weiter: Die Atome bilden eine „in sich dichte" und „geometrisch homogene" Punktmenge der ersten oder zweiten Mächtigkeit, je nachdem, ob es sich um Körper- oder Ätheratome handelt.[113] Cantor hat 1885 diese Hypothesen abermals in der Zeitschrift *Acta Mathematica* formuliert; der Autor drückt dort seine Hoffnung aus, dass die von ihm eingeführten Einteilungen der Mengen bestimmten Eigenschaften der Materie entsprechen könnten.[114]

Auch in Hinblick auf die physikalischen Wissenschaften entwarf Cantor, wie wir hervorgehoben haben, eine nicht anschauliche, rein logische Definition des

---

[111] Brief von Cantor an Mittag-Leffler, 16. November 1884 [Cantor 1991, S. 224].

[112] Brief von Cantor an Mittag-Leffler, 16. November 1884 [Cantor 1991, S. 224].
Ohne sich auf den Äther zu beziehen, gelangte 1913 Jean Perrin zu folgender Erläuterung: Stellt man sich die aus einem Kern und Elektronen gebildeten Atome als Kugeln von einem Durchmesser von zehn Metern vor, so sitzt praktisch die gesamte Materie (der Kern nämlich) in einer Kugel von weniger als einem Millimeter Durchmesser: „In weit höherem Maße als wir annehmen, ist die Materie lückenhaft und diskontinuierlich." [Perrin 1913, S. 216].

[113] Diese beiden Begriffe stützen sich auf die Definition des Grenzpunktes, die im Anhang 3 gegeben wird: Der Punkt *a* ist Grenzpunkt einer Menge *P*, wenn jede Umgebung von *a* unendlich viele, von *a* verschiedene Elemente von *P* enthält. Eine Menge *P* ist „in sich dicht", wenn alle ihre Punkte Grenzpunkte sind. Eine Menge *P* ist „geometrisch homogen", wenn die Mächtigkeit der unendlich vielen Elemente, die man in einer Umgebung eines Grenzpunktes *a* findet, unabhängig vom Punkt *a* ist.

[114] [Cantor 1885, S. 122–124] oder [Cantor 1932, S. 275–276].

Kontinuums. Aus dem gleichen Motiv heraus bewies er die Existenz einer Bijektion zwischen der reellen Zahlengeraden und der Ebene, womit er die Dimension des Raumes illusorisch machte. Ebenso erweiterte er den Begriff des Volumens auf Punktmengen im *n*-dimensionalen Raum[115]. Letzteres war die erste Andeutung einer Integrationstheorie, welche dann von Guiseppe Peano und Camille Jordan entwickelt werden sollte.[116]

Diese Entwicklungen veranlassten Cantor zu dem Schluss, dass er einer der wenigen Wissenschaftler sei, die beide Formen des Unendlichen, *in abstracto* aber auch *in concreto* (das heißt in der Natur), vorbehaltlos mit allen Konsequenzen akzeptierten. Diese Behauptung wird, wie wir im nächsten Abschnitt sehen werden, durch Cantors Analyse der doppelten Realität der mathematischen Objekte gestützt: Sie entspringen einerseits unserem Denken, können ihm aber andererseits als Ausdruck für Phänomene und Relationen in der äußeren Welt dienen.

Cantor präzisierte diese grundlegende Orientierung 1886 im Verlaufe seiner Korrespondenz mit Valson, indem er den Charakter seiner Arbeiten betont:

> Nicht dass sie sich etwa direct auf Etwas über der Natur beziehen; vielmehr bezwecken sie eine genauere, vollständigere, feinere Erkenntnis *der Natur selbst*, [...].[117]

1888 bekräftigt Cantor gegenüber Paul Tannery erneut den realistischen Charakter seiner Forschungen, indem er den transfiniten Zahlen eine Realität *in natura* zuspricht. Dagegen zeigt der Brief, den er an Hermite im November 1895 schickte, eine Entwicklung hin zu einer stärker metaphysischen Konzeption. Die Existenz der natürlichen Zahlen in der Natur wird hier abgestimmt mit einer „Realität und absoluten Gesetzmäßigkeit", die „eine *viel stärkere* zu sein scheint", als die der Sinnenwelt". Die natürlichen Zahlen existieren „sowohl getrennt wie auch in ihrer actual unendlichen Totalität als ewige Ideen *in intellectu Divino* im höchsten Grade der Realität."[118]

Im letzten Teil unserer Analysen werden wir diese Äußerungen mit einem ganz wichtigen Aspekt des Cantorschen Denkens konfrontieren: der Freiheit der Mathematik, welche er in seiner Korrespondenz mit Charles-Ange Laisant beschwor. Diese Position, die aus den Überlegungen Cantors zu Spinoza hervorgegangen ist, welche er seit seinen ersten Studienjahren in Berlin betrieben hatte, erlaubt es ihm, seine philosophischen Konzepte zu vereinheitlichen. Sie wird 1896 in seiner Korrespondenz mit französischen Partnern, in der es um die Etablierung internationaler wissenschaftliche Beziehungen ging, bestätigt.

---

[115] [Cantor 1884a, S. 473–479] oder [Cantor 1932, S. 229–230]; [Cantor 1884b, S. 388–390] oder [Cantor 1932, S. 257–258].
[116] Vgl. hierzu [Dugac 2003], welcher sich auf [Peano 1887] und [Jordan 1892] bezieht.
[117] Brief 3 [31. Januar 1886].
[118] Brief 19 [30. November 1895].

Das Wesen der Mathematik liegt in ihrer Freiheit

In seinen Studienjahren in Berlin und dann in seiner Zeit als Privatdozent in Halle vertiefte sich Cantor in das Denken Spinozas. Cantors Interesse an Spinoza geht in der Tat auf seine Berliner Jahre zurück, wo er an der Friedrich-Wilhelm Universität die Vorlesungen des Philosophen Adolf Trendelenburg (1802–1872) besuchte. Trendelenburg hatte den Philosophielehrstuhl seit 1833, also kurz nach Hegels Tod, inne. Er war Sekretär der historisch-philosophischen Klasse der Akademie. Trendelenburg wurde besonders von dem Werk des Aristoteles und vom Studium Platons angezogen; er war ein erklärter Gegner der Dialektik und der Geschichtsphilosophie seines Vorgängers Hegel. Ab 1867 schloss seine Kritik auch die seiner Ansicht nach lückenhafte Kantsche Argumentation für die Subjektivität der Zeit und des Raumes ein. Einen besonderen Einfluss übte Trendelenburg auf den neukantianischen Philosophen Hermann Cohen aus. Außerdem prägten die Vorlesungen Trendelenburgs über Spinoza dauerhaft Georg Cantors Denken.

So vertrat Cantor bei seiner Habilitation 1869 in Halle eine These mit dem Titel: „Zu Recht hat Spinoza der *Mathesis* die Fähigkeit zugesprochen, für die Menschen eine Norm und eine Regel bei der Suche nach Wahrheit in allen Hinsichten zu sein."[119] Dies ist ein Kommentar zu einem Absatz in der „Ethik"[120], in dem Spinoza mit diesen Begriffen die rationalen Fähigkeiten des Menschen in Auseinandersetzung mit den Anhängern des Finalismus diskutiert:

> Deshalb nahmen sie an, dass die Urtheile der Götter die menschliche Fassungskraft weit überstiegen, was wahrlich der einzige Grund gewesen wäre, dass die Wahrheit dem Menschengeschlechte in Ewigkeit verborgen bliebe, wenn nicht die Mathematik, die sich nicht mit Zwecken, sondern nur mit den Wesenheiten und den Eigenschaften der Gestalten beschäftigt, den Menschen eine andere Richtschnur der Wahrheit gezeigt hätte.[121]

Cantor war ein Anhänger der Idee Spinozas, es gäbe wahre Erkenntnis und die *Mathesis* sei deren Modell. Dies weicht von einer empiristischen oder sensualistischen Sichtweise ab, die zum Skeptizismus führte. Die Erkenntnis setzt einen formalen rationalen Apparat in Bewegung, der kohärent mit der Struktur unseres Gehirns ist; sie lässt sich aber nicht auf diesen subjektiven Aspekt reduzieren. Vielmehr rührt die Erkenntnis von einer „adäquaten" Konzeption der Welt her, in dem Sinne, dass sie Trägerin einer universellen Wahrheit ist. Diese Auffassung vom „Verstehen des Menschen", die eine vertiefte Studie verdiente, welche aber den Rahmen des vorliegenden Buches sprengen würde, erlaubt es vielleicht, Cantors synoptische Sicht von Arithmetik, Lebenswissenschaften und Theologie zu begreifen.

Der Einfluss Spinozas macht sich 1883 im Text der „Grundlagen" bemerkbar, der die Bedingungen der Existenz oder der Realität für die Objekte der Mathematik,

---

[119] „Iure Spinoza mathesi eam vim tribuit, ut hominibus norma et regula veri in omnibus rebus indagandi sit" [Cantor 1932, S. 62].

[120] Es geht dabei um die Proposition 36 (Anhang) des ersten Teils der „Ethik" [Spinoza 1677, S. 61–68], Übersetzung [Spinoza 1967, S. 145–159].

[121] [Spinoza 1677, S. 63], Übersetzung [Spinoza 1967, S. 19].

insbesondere der endlichen und transfiniten Zahlen des Autors, formuliert. Cantor greift hier zurück auf abstrakte „Begriffe" wie „Idee", „Gedanken" und sogar „Ideenmaterial".[122] Diesen Begriffen kommt eine erste Realität zu durch die Stelle, welche sie in unserem Denken einnehmen, eine Stelle, die sich auf logischen Definitionen begründet, die frei von Widersprüchen sind und untereinander in wohl bestimmten Beziehungen treten. Diese Realität nennt der Autor *immanent* oder *intrasubjektiv*. Daneben besitzen sie noch einen zweiten Typus von Realität, *transient* oder *transsubjektiv* genannt, in dem Maße, „[...] als sie für einen Ausdruck oder ein Abbild von Vorgängen und Beziehungen in der dem Intellect gegenüberstehenden Aussenwelt gehalten werden müssen."[123] So ist es möglich, den transfiniten Zahlen eine transiente Realität zuzusprechen: Wie wir gesehen haben, repräsentieren diese für Cantor Mächtigkeiten von real in der „materiellen und immateriellen" Natur existierenden Mengen.

Die Unterscheidung zwischen den beiden Ebenen von Realität geht auf die Scholastiker zurück, vermittelt wurde sie insbesondere durch den bereits erwähnten Emmanuel Maignan. Cantor gesteht, dass er den Begriff der immanenten Realität gebildet hat, indem er den Begriff der „adäquaten Realität" bei Spinoza entlehnte. Letzterer versteht unter Vorstellung „den Begriff des Geistes, welchen der Geist bildet, weil er ein denkendes Ding ist."[124] Das Wort „Begriff" wird dem Wort „Wahrnehmung" vorgezogen, weil letzterer anzudeuten scheint, dass die Seele dem Objekt passiv gegenüber steht, während Begriff eine aktive Handlung der Seele ausdrückt. Anschließend definiert Spinoza die „adäquate Vorstellung" folgendermaßen:

> Unter adäquater Vorstellung verstehe ich diejenige Vorstellung, welche, insofern sie an sich, ohne Bezug auf den Gegenstand, betrachtet wird, alle Eigenschaften oder inneren Merkmale einer wahren Vorstellung hat.[125]

Cantor formuliert also seine dualistische Sicht der mathematischen Realität unter Bezugnahme auf Spinoza. Es steht für ihn außer Frage, dass diese beiden Auffassungen von Realität, die einander keineswegs fremd sind, mit einander verbunden sind. Deshalb entspricht der immanenten Form eines mathematischen Begriffs auch in einem gewissen Sinne eine transiente, unserem Verstand äußerliche Realität:

> Bei der durchaus realistischen, zugleich aber nicht weniger idealistischen Grundlage meiner Betrachtungen unterliegt es für mich keinem Zweifel, dass diese beiden Arten der Realität stets sich zusammenfinden.[126]

Die in den „Grundlagen" entwickelte Überlegung deutet die Position an, die der Autor 1888 in seiner Korrespondenz mit Paul Tannery theoretisch fasste. Dort betont er, dass seine Überlegungen sowohl absolut realistisch als auch idealistisch seien.

---

[122] Unsere Untersuchungen beziehen sich auf den Paragraphen 8 der „Grundlagen" [Cantor 1883a, Teil V, S. 562–564 und S. 589] oder [Cantor 1932, S. 181–183 und S. 206–207].
[123] [Cantor 1883a, Teil V, S. 562].
[124] „Ethik", Teil II, Definition 3 [Spinoza 1677, S. 69], Übersetzung [Spinoza 1967, 161].
[125] „Ethik", Teil II, Definition 4 [Spinoza 1677, S. 70], Übersetzung [Spinoza 1967, 163].
[126] [Cantor 1883a Teil V, S. 562] oder [Cantor 1932, S. 181].

Nach der scholastischen Unterscheidung bleibt eine Frage offen: Wie kann man sich der Übereinstimmung (Adäquation) von begrifflicher Form und unserem Intellekt äußerlicher Realität versichern? Diese Frage ist wichtig und führt zu unendlicher Ratlosigkeit; sie durchzieht die Philosophie seit langer Zeit. Spinozas berühmter Lehrsatz „Die Ordnung und Verknüpfung der Vorstellungen ist dieselbe, wie die Ordnung und Verknüpfung der Dinge" stellt eine mögliche Antwort dar, die in der Tat von Cantor in den „Grundlagen" aufgegriffen wird.[127] Geht man jedoch umgekehrt mit Kant davon aus, dass die wissenschaftliche Tätigkeit nur einen Zugang zur Welt der Phänomene zulässt und jegliche Kenntnis des „Dings an sich" ausgeschlossen ist, stellt sich die Frage: Wie lässt es sich erklären, dass die Natur so treu den Gesetzen entspricht, die unsere Wissenschaft ausgearbeitet hat? Die Kritik Hegels richtete sich exakt gegen den von ihm als inkonsistent eingeschätzten Dualismus von Phänomen und „Ding an sich". Das An-sich der Dinge ist so wenig unerkennbar, als es niemals aufhört, sich in jedem Erkenntnisprozess zu bestimmen. Nach Ansicht des Idealismus sind die Gedanken nicht einfach nur unsere Gedanken, sondern zugleich auch Ausdruck des An-sich der Dinge.

Mit Cantor nimmt die Frage nach der Beziehung zwischen den beiden Typen von Realität eine Wendung, welche sowohl den Einfluss der Naturphilosophie als auch den der Theologie deutlich macht: Unser Denken ist wie alle anderen Phänomene der Natur das Werk der Schöpfung: „Dieser Zusammenhang beider Realitäten hat seinen eigentlichen Grund in der Einheit des Alls, zu welchem wir selbst mitgehören."[128] So finden das immanente begriffliche Denken und die transiente Realität zu einer Einheit im fundamentalen „All". Diese durch den berühmten Lehrsatz von Spinoza gestützte Konzeption, nach der eine Idee wahr ist, weil sie die Idee von etwas ist, kann als konstitutiv für Cantors Platonismus angesehen werden.

Aus diesen Auffassungen leitet Cantor eine wichtige Konsequenz bezüglich der Mathematik ab. Bei der Herausbildung ihres „Ideenmaterials" muss die Mathematik nur die immanente Realität ihrer Begriffe berücksichtigen, sie muss diese nicht unter dem Blickwinkel ihrer transsubjektiven Realität betrachten. Die Sicherung der transienten Realität der Mathematik, die eine der schwierigsten Aufgaben ist, wertet nach Cantor die Metaphysik wieder auf. Diese besondere Situation unterscheidet sie von allen anderen Wissenschaften: In diesem Sinne verdient sie die Bezeichnung „freie Mathematik", die der Autor der Bezeichnung „reine Mathematik" vorzieht.[129]

So gesehen ist die Mathematik in ihrer Entwicklung vollkommen frei, die einzige Bedingung, der sie genügen muss, ist die Widerspruchsfreiheit ihrer Aussagen. Diese müssen sich jedoch in den Rahmen der Sätze einpassen, die zuvor aufgestellt wurden und die ihre Nützlichkeit bewiesen haben. Sobald eine Begriffsbildung diesen Bedingungen entspricht, „[...] kann und muss sie als existent und real in der

---

[127] „Ordo et connexio idearum idem est ac ordo et connexio rerum", *Ethik*, Teil II, Proposition 7, [Spinoza 1677, S. 75], Übersetzung [Spinoza 1967, 169]. Dieser Lehrsatz wird zitiert in [Cantor 1883a, Part V, note au § 8, S. 589] oder [Cantor 1932, S. 207].
[128] [Cantor 1883a, Teil V, S. 563] oder [Cantor 1932, S. 182].
[129] [Cantor 1883a, Teil V, S. 563] oder [Cantor 1932, S. 182].

Mathematik betrachtet werden".¹³⁰ Von nun an ist die Mathematik befreit von der Metaphysik, der die Suche nach transienter Realität zufällt.

Unsere Ansicht nach treten in dieser Analyse zwei Ebenen der Reflexion auf, die nicht verwechselt werden sollten. Zuerst einmal sehen wir explizit eine Theorie der wissenschaftlichen Erkenntnis, welche die doppelte Aufgabe leistet, die Begriffe auszuarbeiten und deren transsubjektive Bedeutung herauszuarbeiten (über den Umweg der Metaphysik). Der Positivismus, der bestrebt ist, diese Dualität loszuwerden, verarmt das wissenschaftliche Streben zu einer bloßen „Naturbeschreibung", ohne eine „Erklärung oder Ergründung" der Naturphänomene anzubieten.¹³¹

Diese erkenntnistheoretische Theorie enthält eine Überlegung zur Freiheit der Mathematik, der einzigen Wissenschaft, die sich nicht um die transsubjektive Rechtfertigung ihrer Begriffe kümmern muss, sowie zur Freiheit, die für den Mathematiker notwendig ist, was auf das Gebiet der Ethik hinweist. Kann diese ethische Freiheit nicht Forschungen beinhalten, die vom Standpunkt der Erkenntnistheorie aus von jeglicher transienten Realität abweichen? Diese Frage ist wichtig, Cantor entgeht das Paradoxon nicht, dem er als Dialektiker zwei Argumente entgegensetzt.

Einerseits lassen die logischen Anforderungen, denen die Bildung neuer Begriffe unterworfen ist (Widerspruchsfreiheit, Einbindung in vorangehende Theorien), ohne die Freiheit des Mathematikers einzuschränken, der Beliebigkeit nur einen sehr kleinen Spielraum. Andererseits trägt jeder mathematische Begriff das notwendige Korrektiv in sich: Falls er „unfruchtbar oder unzweckmäßig"¹³² ist, wird sich seine Unbrauchbarkeit zeigen und er wird aufgegeben werden. Im Laufe der Zeit kontrollieren sich die Ideen selbst. Gestützt auf die Geschichte, das heißt eine Zeit, die Regulativ ist für das wissenschaftliche Denken, hebt aber Cantor diesen Widerspruchs auf, ohne sich jemals auf das Urteil einer „mathematischen Gemeinschaft" zu beziehen.

Man kann anmerken, dass dieser Liberalismus eine in den wissenschaftlichen Verbänden des XIX. Jhs. verbreitete Position gewesen ist. Man findet ihn bei der *Association française pour l'avancement des sciences*, die sowohl den großen Namen in der Wissenschaft als auch Personen, die an der Front der Forschung kaum bekannt waren, das Wort erteilte. Die Begründung, die die *Association* für dieses Prinzip gab, verbindet den Liberalismus mit einer geschmeidigen Form der natürlichen Auswahl:

> Die Freiheit ist eine notwendige Voraussetzung für die Entwicklung der Wissenschaften. […] Wir lauschen allen wissenschaftlichen Lehren, wobei es kaum eine Rolle spielt, ob diese ernsthaft sind oder nicht. Diejenigen, die nicht ernsthaft sind, halten einer strengen Prüfung nicht stand, welche freiwillig und in aller Öffentlichkeit stattfindet. Wir glauben zutiefst an den stetigen Fortschritt der Menschheit. Indem wir die Zukunft gemäß der Vergangenheit beurteilen, lassen wir es nicht zu, dass man uns in irgendeinem Gebiet der positiven Wissenschaft sagt: Hier musst Du aufhören.¹³³

---

¹³⁰ [Cantor 1883a, Teil V, S. 563] oder [Cantor 1932, S. 182].
¹³¹ [Cantor 1883a, Teil V, S. 564] oder [Cantor 1932, S. 183].
¹³² [Cantor 1883a, Teil V, S. 563] oder [Cantor 1932, S. 182].
¹³³ [Mercadier 1880, S. 34]. Auch in England wurde die Freiheit der Wissenschaft durch die *British Association for the Advancement of Science* (BAAS) verteidigt. So traten die Anhänger Dar-

Die größte Gefahr für die Mathematik besteht nach Cantor nicht darin, dass diese Begriffe hervorbringt, welche zu nichts taugen, sondern in der Beschränkung ihres Forschungsfeldes. Eine solche lässt sich in keiner Weise aus dem Wesen der Wissenschaft rechtfertigen, „denn das Wesen der Mathematik liegt gerade in ihrer Freiheit."[134] Diese Freiheit muss natürlich als institutionelle Forderung verstanden werden, sich dem Einfluss des akademischen Mandarinentums zu widersetzen. Sie ist aber auch eine philosophische Notwendigkeit, die mit der Entwicklung des theoretischen Rahmens, in dem die Fragen der Mathematik gestellt werden, zusammenhängt. Die Tatsache, dass sie sich über diesen Punkt nicht einigen konnten, führte zu dem schmerzlichen Bruch zwischen Cantor und Mittag-Leffler.

Anschließend analysiert Cantor die gesamte Entwicklung der Mathematik im XIX. Jh.[135] So findet die neue, in völliger Freiheit erdachte Funktionentheorie, welche aus der Theorie der Differentialgleichungen von Fuchs und Poincaré hervorgegangen ist, ihre transiente Bedeutung in deren Anwendungen auf die Mechanik, die Astronomie und die mathematische Physik. In gleicher Weise rechtfertigt Cantor auch die Einführung der „idealen" Zahlen durch Kummer im Rahmen von dessen algebraischen Arbeiten und die Fortschritte in der Arithmetik bei Kronecker und Dedekind, welche sie angeregt hat. Andererseits befinden sich nach Cantor die analytische Geometrie und die mathematische Physik sowohl bezüglich ihrer Grundlagen als auch bezüglich ihrer Objekte in einer Position, die sich deutlich von derjenigen der „freien Mathematik" unterscheidet. Diese müssen die Brauchbarkeit der von ihnen entwickelten Begriffe für die Beschreibung der Naturphänomene, die sie erklären wollen, umgehend nachweisen.

Indem er die rationale Etappe im Erkenntnisprozess hervorhebt, verbindet Cantor den Status der Mathematik mit einer freien begrifflichen Aktivität. Diese Position wird durch die Haltung illustriert, die er gegenüber den nichteuklidischen Geometrien einnimmt. „Sie [die Axiome der Geometrie] sind dadurch kenntlich, dass *ihnen der Charakter der Nothwendigkeit fehlt, sie können durch andere ersetzt werden* (man denke an das Parallelenaxiom Euclid's und die nichteuclidische Geometrie)".[136]

Dennoch führte die von ihm vertretene realistische philosophische Position Cantor nicht dazu, Axiomatiken zu akzeptieren, die ihm sinnlos erschienen. Die Welt der Ideen ist der realen Welt nicht fremd, die mathematischen Begriffe tragen eine transiente oder transsubjetive Bedeutung, die die metaphysische Ordnung enthüllt. So hat für Cantor die Arithmetik nicht denselben Status wie die Geometrie; er verwarf die Möglichkeit, das Axiom von Archimedes aufzugeben.[137]

---

wins bei der Versammlung von 1860 für die theoretischen und philosophischen Implikationen der Entdeckungen Darwins gegenüber dem Bischof von Oxford ein.

[134] [Cantor 1883a, Teil V, S. 564] oder [Cantor 1932, S. 182].

[135] Die Positionen Cantors, die in diesem Abschnitt geschildert werden, finden sich in [Cantor 1883a, Teil V, S. 564] oder [Cantor 1932, S. 182].

[136] Brief an David Hilbert, 27 Januar 1900 [Cantor 1991, S. 426].

[137] Das Axiom von Archimedes besagt: Ist a, b ein Paar von positiven Zahlen mit $a > b$, so kann man stets eine natürliche Zahl n finden, so dass $nb > a$ gilt. Die Aufgabe des Axioms von Archimedes führt heutzutage zur Entwicklung der „Non-Standard-Analysis".

Also ist das sogennante „Archimedische Axiom" *gar kein Axiom, sondern ein aus dem linearen Grössenbegriff mit logischem Zwang folgender Satz.*[138]

Wie dem auch sei, die begriffliche Freiheit, die der Mathematik zukommt, prägt den theoretischen Rahmen ihrer Grundlagen und begünstigt einen Formalismus, der sich später auf Kosten des dem deutschen Mathematiker so wichtigen Realismus ausbreiten wird.[139]

Wir kennen die Reaktionen der Franzosen auf Cantors Analysen zur Freiheit der Mathematik nicht. Diese Analysen finden sich hauptsächlich in denjenigen Passagen der „Grundlagen", die als zu philosophisch beurteilt und in der französischen Übersetzung in den *Acta Mathematica* ausgelassen wurden. Diese Auslassung kann jedoch die Ablehnung dieser Teile seitens Hermite und Poincaré ausdrücken. Bezieht sich Paul Tannery auf diesen Aspekt des Denkens Cantors, wenn er diesen als „reinen Idealisten" einstuft? Anzumerken ist, dass Cantor in seiner letzten wissenschaftlichen Publikation, den „Beiträgen", keine philosophischen Bezüge herstellt, und zwar sowohl in der deutschen als auch in der französischen Fassung.[140]

Man kann die extreme Neuheit dieses sehr abstrakten Zugangs zur Mathematik, der von kaum Jemanden geteilt wurde, nicht leugnen. In seiner Korrespondenz mit Charles-Ange Laisant[141] setzt sich Cantor als Parteigänger der „freien Mathematik" für die Idee eines internationalen Mathematiker – Kongresses ein. Er weist auf die Widerstände hin, auf die dieses Vorhaben in Deutschland stößt; dieser Widerstand ist ein Element der wütenden Opposition, den die Berliner Repräsentanten der „akademischen oder gehemmten" Mathematik gegen die freie Mathematik einnehmen. Ein Repräsentant dieser Position ist für Cantor Hermann Amandus Schwarz, Nachfolger von Weierstraß an der Berliner Universität. In einem Brief an Mittag-Leffler[142] macht Cantor eine perfide Äußerung zu den Berliner Mandarinen: Die Apologie der Freiheit der Mathematik, die in den „Grundlagen" (hauptsächlich in den Paragraphen 4 bis 8) entwickelt wird, sei gegen Leopold Kronecker gerichtet, der dies aber anscheinend nicht bemerkt habe.

---

[138] Brief an Franz Goldscheider vom 13 Mai 1887, zitiert in [Cantor 1932, S. 409] oder [Cantor 1991, S. 279].

[139] Interessante Überlegungen über die Position Cantors in Bezug auf die Axiomatisierung der Mathematik finden sich bei [Israel, Nurzia 1984, S. 7–9]. Nach Ansicht dieser Autoren wäre es nicht richtig, Cantor wegen seiner philosophischen Position als den „Vater" der modernen Axiomatik zu betrachten. Dies wird insbesondere in einem an David Hilbert gerichteten Brief vom 27. Januar 1900 [Cantor 1991, 426] präzisiert, in dem Cantor eine Darstellung der Grundlagen der Mathematik skizziert, wobei er drei Arten von Axiomen unterscheidet. Die „logischen" Axiome, die allen Wissenschaften gemeinsam sind, die „physischen" Axiome, die die Geometrie und die Mechanik begründen, und die „metaphysischen" Axiome, welche diejenigen der Arithmetik sind. Anzumerken ist, dass Cantor solche Axiomensysteme als „physisch" bezeichnet, die nicht unveränderbar sind: Für ihn gibt es mehrer mögliche Darstellungen der Geometrie oder der Mechanik, folglich mehrere Physiken.

[140] [Cantor 1895a–1897] und [Cantor 1899a].

[141] Brief 33 [1. März 1896].

[142] Brief vom 20.–28. Oktober 1884 [Cantor 1991, S. 209].

Cantors Position bezüglich der Freiheit der Mathematik ist übrigens ein Widerhall der These, die er seit seiner Dissertation von 1867 vertrat, „dass es in der Mathematik mehr darauf ankäme, wie die Fragen gestellt werden als wie diese beantworten werden."[143] Diese These enthält in der Tat einen Appell für eine erneuerte Sicht der Disziplin, welche die Forschungen Cantors immer wieder bestätigten.

Hervorzuheben bleibt, dass Cantor diese im akademischen Milieu so schlecht aufgenommene Freiheit im Rahmen der *Association française pour l'avancement des sciences* fand, wo er 1894 seine Arbeiten zur Goldbach-Vermutung vorstellte. Bei dieser Gelegenheit können wir eine wenig bekannte Facette des deutschen Mathematikers besser erfassen: des engagierten Mitglieds einer Vereinigung.

---

[143] „In re mathematica ars proponendi questionem pluris facienda est quam solvendi" [Cantor 1932, S. 31].

Kapitel 5
Cantor und die Goldbach-Vermutung

Die Briefe, die Cantor an seine französischen Briefpartner gerichtet hat, zeigen uns, dass der deutsche Mathematiker sich seit den Jahren 1884–1885 mit einem zahlentheoretischen Thema beschäftigte. Es ging dabei um die Goldbach-Vermutung. Dieser Aspekt der Tätigkeit Cantors ist wenig bekannt, in seiner Korrespondenz finden sich die vollständigsten Informationen zu den Fragen aus diesem Bereich, mit denen er sich beschäftigte.

Wir haben darauf hingewiesen, dass sich Mittag-Leffler 1885 weigerte, ein Manuskript Cantors über die „Ordnungstypen" in den *Acta Mathematica* zu publizieren und dass er den Autor aufforderte, überzeugende Anwendungen der Mengenlehre vorzulegen. Hatte Cantor sich vorgenommen, in der Zahlentheorie zu wichtigen Fortschritten zu gelangen, um seine Mengenlehre zu stützen? Diese Frage ist naheliegend.

Wie dem auch sei, jedenfalls stellte Cantor 1894 beim Kongress der *Association française pour l'avancement des sciences* der Öffentlichkeit seine empirischen Untersuchungen zur Goldbach-Vermutung vor. Wenig später erweiterte er diese Darstellung um eine für die Zeitschrift *L'Intermédiaire des mathématiciens* bestimmte Frage. Die Beschäftigung Cantors mit der Goldbach-Vermutung fand also in Frankreich ihren Weg auch in nicht-akademische Kreise. Wir erkennen hier die typische Vorgehensweise des Verbandsaktivisten wieder, des Begründers der Deutschen Mathematiker-Vereinigung, der nicht zögerte, die Ergebnisse seiner Forschungen einem breiten Publikum vorzustellen. Die Korrespondenz von Cantor unterstreicht die Wichtigkeit der Beziehungen, welche er mit den in der AFAS organisierten Gruppen sowie mit den Redakteuren und Lesern des *L'Intermédiaire des mathématiciens* unterhielt. Die Personen, die man dort antrifft, scheinen den akademischen Kreisen, die die gelehrte Umgebung des Mathematikers bildeten, fern zu stehen; seine Briefe belegen aber, dass er ihnen ein großes Interesse entgegenbrachte.

Nach 1870 hat Joseph James Sylvester (Abb. 5.1) seinerseits einen Zugang zur Goldbach-Vermutung entwickelt, der auf den Resultaten von Adrien-Marie Legendre, Karl Friedrich Gauß und Pafnuty Lvovitch Tchebychef (Chebyshev) beruhte. Diese Zugänge unterscheiden sich vollkommen von demjenigen, den Cantor einige Jahre später wählen wird. Der deutsche Mathematiker griff auf empirische, induktive Methoden zurück; solche wurden in den Kreisen der Verbänden viel verwendet.

Abb. 5.1 James Joseph Sylvester. [aus Alten, H.-W. et al.: 4000 Jahre Algebra. Geschichte. Kulturen. Menschen. Springer-Verlag Berlin Heidelberg 2003]

Sylvesters Überlegungen hingegen stützten sich stark auf die akademischen Arbeiten seiner Zeit. Der Weg, den Cantor einschlug, zeigt sich uns als verschieden von demjenigen Sylvesters, allerdings stand er in Einklang mit den Vorgehensweisen, die man in den Kreisen schätzte, die sich vom akademischen Milieu unterschieden. Allgemein kann man feststellen, dass der Rückgriff auf die Beobachtung die erste Quelle für arithmetische Resultate ist und dass zahlreiche Wissenschaftler wie Euler, Goldbach und Gauß in dieser Tradition stehen.[1]

Wir werden zeigen, dass die beiden geschilderten Zugänge in der modernen Interpretation konvergieren, welche neuere Arbeiten wie diejenigen von Godfrey H. Hardy und John E. Littlewood aus den 1920er Jahren ermöglichen. Diese Interpretation wird es uns erlauben, die Rolle der Induktion in der Zahlentheorie besser einzuschätzen.

Cantor und die Zahlentheorie

Das Interesse, das Cantor der gängigen Zahlentheorie entgegenbrachte, ist ein wenig bekannter Aspekt seiner Aktivitäten. Dennoch durchziehen Hinweise auf dieses Gebiet sein Leben.

1867 verteidigte Cantor seine Dissertation *De aequationibus secundi gradus indeterminatis* in der Anwesenheit von Ernst Kummer und Karl Weierstraß; in ihr ging es um diophantische Gleichungen, die mit Formen zweien Grades $ax^2 + by^2 + cz^2$ zu tun haben. Eduard Heine wählte 1869 Cantor als Nachfolger von Hermann Amandus Schwarz als Privatdozent in Halle aus. Cantor habilitierte sich daraufhin in Halle; seine Habilitationsschrift trug den Titel *De transformatione formarum ternarium quadraticarum*. Darin ging es darum, arithmetische Transformationen zu bestimmen, welche eine ternäre quadratische Form invariant lassen; dieses Problem hängt mit der Gaußschen Zahlentheorie zusammen.

---

[1] Wir verweisen hier auf die Arbeiten von Maarten Bullnyck, die diesen Zugang erläutern [Bullnyck 2006, 2007a, 2007b].

Cantors Interesse an diesem Teilgebiet der Mathematik blieb auch nach seiner Ernennung in Halle bestehen; er integrierte es regelmäßig in seine Lehre. Während er zwischen 1869 und 1882 in seinen Vorlesungen nur ein einziges Mal eine „Einleitung in die Zahlentheorie" ankündigte, so bot er nach 1882 regelmäßig in kürzeren Zeitabständen Themen aus diesem Bereich an. Zu diesem Zeitpunkt hatte er sich bereits die wesentlichen Teile seiner Abhandlung „Über unendliche lineare Punktmannigfaltigkeiten"[2] überlegt und über die Kontinuumshypothese nachgedacht; Cantor war damals seit drei Jahren ordentlicher Professor. Vielleicht sorgte er sich zu diesem Zeitpunkt um Anwendungen der Mengenlehre auf die Zahlentheorie, wie das ein Brief an David Hilbert zu einem späteren Zeitpunkt klarstellte.[3]

Die Goldbach-Vermutung

Die Vermutung von Christian Goldbach (1690–1764) lautet: Jede gerade Zahl ist Summe zweier Primzahlen. Formuliert wurde sie in der Korrespondenz zwischen Euler und Goldbach im Jahre 1742. Bis heute ist sie unbewiesen. Die Resultate, die einer Lösung am nächsten kommen, wurden 1973 und 1978 von Jing-Rung Chen bewiesen.[4]

Der Beitrag Cantors zum Kongres der *Association française pour l'avancement des sciences* vom 10. August 1894 in Caen präsentiert sich als eine numerische Tabelle mit dem Titel „Vérification jusqu'à 1000 du théorème empirique de Goldbach" (Verifikation des empirischen Satzes von Goldbach bis 1000) (Abb. 5.2, 5.3 und 5.4). Der Tabelle geht ein kurzer Kommentar des Autors voraus:

> Vor etwa zehn Jahren habe ich für alle geraden Zahlen von 2 bis 1000 eine Tabelle berechnen lassen, welche alle Zerlegungen dieser Zahlen in zwei Primzahlen enthält. Man gelangt, betrachtet man diese Tabelle, die auch die Anzahl der Zerlegungen angibt, genauer, nicht nur zu der Überzeugung, dass der Satz korrekt ist, sondern auch, dass die Anzahl der Zerlegungen von $2N$ unbeschränkt mit N wächst (abgesehen von den Schwankungen, die immer bei Funktionen auftreten, die mit der Zahlentheorie zu tun haben).[5]

In jeder der mit $2N = 2$ bis $2N = 1000$ durch nummerierten Zeilen der Cantorschen Tabelle finden sich alle Werte für die kleinere der beiden in den additiven Zerlegungen der geraden Zahl $2N$ auftretenden Primzahlen x: $2N = x + y$ mit Primzahlen x und y sowie $x \leq y$.

---

[2] Diese lange Abhandlung wurde zwischen 1879 und 1883 publiziert [Cantor 1879, 1880, 1882, 1883a].

[3] In einem Brief an Hilbert vom 20. September 1912 versicherte Cantor, dass die Mengenlehre zum Beweis des „großen Satzes von Fermat" und des „sehr elementaren Satzes von Goldbach" beitragen könne [Cantor 1991, S. 459–460].

[4] Chen [1933–1996] zeigte, dass sich jede hinreichend große gerade Zahl in der Form $2n = p + m$ schreiben lässt, wobei p prim ist und m entweder prim oder Produkt zweier Primzahlen (diese können identisch sein oder verschieden) [Chen 1973/1978].

[5] [Cantor 1894, S. 117].

ASSOCIATION FRANÇAISE

POÚR L'AVANCEMENT DES SCIENCES

FUSIONNÉE AVEC

L'ASSOCIATION SCIENTIFIQUE DE FRANCE

(Fondée par Le Verrier en 1864)

Reconnues d'utilité publique

COMPTE RENDU DE LA 23ME SESSION

CAEN
1894

SECONDE PARTIE
NOTES ET MÉMOIRES

PARIS
AU SECRÉTARIAT DE L'ASSOCIATION
28, rue Serpente (Hôtel des Sociétés savantes)
Et chez M. G. MASSON, Libraire de l'Académie de Médecine
120, boulevard Saint-Germain.

1895

Abb. 5.2 Verhandlungen des AFAS-Kongress in Caen (1894)

M. George CANTOR

Professeur à l'Université de Halle.

VÉRIFICATION JUSQU'A 1000 DU THÉORÈME EMPIRIQUE DE GOLDBACH [I 9 c]

— Séance du 10 août 1894 —

Il y a environ dix ans, j'ai fait calculer pour tous les nombres pairs de 2 à 1000, une table qui contient toutes les partitions de ces nombres en deux nombres premiers.

On arrive par l'examen de cette table, donnant aussi le nombre des décompositions, à la conviction que non seulement la proposition est exacte, mais encore que le nombre des décompositions de $2N$ croît indéfiniment avec N (sauf les oscillations qui se produisent toujours dans les fonctions relatives à la théorie des nombres).

TABLEAU DES DÉCOMPOSITIONS DES NOMBRES PAIRS $2N$, DE 2 A 1000, EN SOMMES DE DEUX NOMBRES PREMIERS

(Si $2N = x + y$, avec $x < y$, le tableau donne x, le plus petit des deux nombres premiers). (La dernière colonne indique le nombre n des décompositions.)

$2N$	x	n	$2N$	x	n
2	1.	1	20	1, 3, 7.	3
4	1, 2.	2	22	3, 5, 11.	3
6	1, 3.	2	24	1, 5, 7, 11.	4
8	1, 3.	2	26	3, 7, 13.	3
10	3, 5.	2	28	5, 11.	2
12	1, 5.	2	30	1, 7, 11, 13.	4
14	1, 3, 7.	3	32	1, 3, 13.	3
16	3, 5.	2	34	3, 5, 11, 17.	4
18	1, 5, 7.	3	36	5, 7, 13, 17.	4

Abb. 5.3 Cantors Beitrag zum Kongress der AFAS (1894)

$2N$	x	n
946	5, 17, 59, 89, 107, 137, 149, 173, 227, 263, 269, 293, 347, 353, 359, 383, 389, 443, 467.	20
948	1, 7, 11, 19, 29, 37, 41, 61, 67, 71, 89, 109, 127, 137, 139, 151, 179, 197, 229, 239, 257, 277, 307, 317, 331, 347, 349, 379, 401, 439, 449, 457, 461.	34
950	3, 13, 31, 43, 67, 73, 97, 127, 139, 163, 181, 193, 199, 211, 223, 241, 277, 307, 331, 337, 349, 373, 379, 409, 463.	25
952	5, 11, 23, 41, 71, 89, 113, 131, 179, 191, 233, 251, 269, 293, 311, 353, 359, 383, 389, 431, 443, 449, 461.	23
954	1, 7, 13, 17, 43, 47, 67, 71, 73, 97, 101, 127, 131, 157, 167, 181, 193, 197, 211, 227, 263, 271, 277, 281, 293, 307, 311, 313, 337, 347, 353, 367, 383, 397, 431, 433, 463, 467.	38
956	3, 19, 37, 73, 79, 97, 103, 127, 199, 223, 229, 283, 313, 337, 349, 379, 409, 433, 457.	19
958	5, 11, 17, 29, 47, 71, 101, 131, 137, 149, 197, 257, 281, 311, 317, 359, 389, 401, 449, 467, 479.	22
960	7, 13, 19, 23, 31, 41, 53, 73, 79, 83, 97, 101, 103, 107, 131, 137, 139, 149, 151, 163, 173, 191, 199, 227, 233, 241, 251, 269, 277, 283, 307, 313, 317, 347, 353, 359, 367, 373, 383, 389, 397, 419, 439, 457, 461.	45
962	43, 79, 103, 109, 139, 151, 193, 211, 223, 229, 271, 331, 349, 421, 439, 463.	16
964	11, 17, 23, 53, 83, 101, 107, 137, 167, 191, 263, 281, 311, 317, 347, 401, 443, 461.	18
966	13, 19, 29, 37, 47, 59, 79, 83, 89, 103, 107, 109, 113, 127, 137, 139, 157, 179, 193, 197, 223, 227, 233, 239, 257, 283, 293, 307, 313, 347, 349, 353, 359, 367, 373, 379, 389, 397, 409, 419, 443, 457, 463, 467, 479.	45
968	1, 31, 61, 109, 139, 157, 181, 199, 211, 229, 241, 277, 307, 337, 349, 367, 397, 421.	18
970	3, 17, 23, 29, 41, 59, 83, 89, 107, 113, 131, 149, 173, 197, 227, 251, 269, 293, 311, 317, 353, 383, 401, 449, 461, 467, 479.	27
972	1, 5, 19, 31, 43, 53, 61, 89, 109, 113, 149, 151, 163, 199, 211, 229, 233, 239, 263, 271, 281, 311, 313, 331, 353, 359, 373, 379, 401, 409, 431, 449, 463.	33
974	3, 7, 37, 67, 97, 151, 163, 223, 241, 283, 313, 331, 367, 373, 397, 433, 487.	17
976	5, 23, 29, 47, 89, 113, 137, 149, 167, 179, 233, 257, 293, 317, 359, 383, 389, 419, 467.	19
978	1, 7, 11, 31, 37, 41, 59, 67, 71, 97, 101, 139, 149, 151, 157, 167, 181, 191, 227, 239, 251, 269, 277, 317, 331, 337, 337, 347, 359, 379, 401, 409, 421, 431, 457, 479, 487.	36
980	3, 13, 43, 61, 73, 97, 103, 127, 151, 157, 193, 211, 223, 229, 241, 271, 307, 337, 349, 367, 373, 379, 409, 433, 439, 457.	26
982	5, 11, 29, 41, 53, 71, 101, 173, 239, 263, 281, 383, 389, 419, 461, 479, 491.	17
984	1, 7, 13, 17, 31, 37, 43, 47, 73, 97, 101, 103, 107, 127, 131, 157, 163, 173, 197, 211, 223, 227, 233, 241, 251, 257, 283, 293, 307, 311, 331, 337, 353, 367, 383, 397, 421, 443, 461, 463.	40

Abb. 5.4 Auszug aus Cantors Tabelle

Wir bemerken, dass Cantor nur die Zerlegung $x + y$ nicht aber die Zerlegung $y + x$ berechnet. In der Zeile mit der Nummer $2N$ findet sich auch die Anzahl n der Goldbach-Zerlegungen im eben erläuterten Sinne der geraden Zahl $2N$. Wir weisen darauf hin, dass der Autor im Sinne der im 19. Jh. verbreiteten Auffassung die Zahl 1 noch als Primzahl ansieht.

So treten in der Cantorschen Tabelle für $2N = 22$ ($= 3 + 19 = 5 + 17 = 11 + 11$) die Zahlen x gleich 3, 5 und 11 auf sowie die Anzahl der Zerlegungen: 3. Für $2N = 24$ ($= 1 + 23 = 5 + 19 = 7 + 17 = 11 + 13$) liefert die Tabelle die Zahlen x gleich 1, 5, 7 und 11 sowie 4 für die Anzahl der Zerlegungen.

Eine Tatsache sollte jedoch beachtet werden: Nur durch den Umweg über seine Korrespondenz lässt sich das Interesse, das Cantor der Goldbach-Vermutung entgegen brachte, vollständig erfassen. Wir können bereits jetzt betonen, dass die Briefe, die Cantor zu diesem Thema wechselte, viele theoretische Fragen enthalten, die besser ausgearbeitet sind als in seinem Beitrag für die AFAS. Diese Fragen werden wir weiter unten behandeln.

Die Überlegungen, die Cantor der Goldbach-Vermutung über einen Zeitraum von etwa zehn Jahren widmete, werden in zwölf Briefen zwischen 1885 und 1896 angesprochen; von diesen waren sieben für die Franzosen Émile Lemoine, Charles-Ange Laisant und Charles Hermite bestimmt, die anderen Briefe verteilen sich auf Rudolf Lipschitz, Gösta Mittag-Leffler und Felix Klein.[6] Die Publikation des Beitrages von Cantor in den Sitzungsbereichten der AFAS führte tatsächlich zu einem brieflichen Austausch zwischen Cantor und seinen französischen Partnern, insbesondere mit Laisant und Lemoine (1894 bis 1896). Wir können darin einen Beleg für die Wichtigkeit der beiden Franzosen in der Verbandsbewegung und für ihre Publikationen erkennen, eine Wichtigkeit, die wir schon bei der Vorbereitung des ersten internationalen Mathematikerkongresses bemerkt haben.

In seinen Briefen bezeichnet Cantor regelmäßig die Vermutung als „Goldbachscher Satz". Diese Formulierung, die der Vermutung einen Wahrheitswert zuerkennt, der unabhängig vom menschlichen Denken ist, lässt sich als Ausdruck des „Platonismus" des Autors interpretieren. Cantor hatte in der Tat keinerlei Zweifel an der „Richtigkeit"[7] dieses Resultats, das er für alle geraden Zahlen unter 1000 verifiziert hatte. Er zeigt sich von der „Wahrheit des Satzes"[8] überzeugt sowie davon, dass derjenige, der einen Beweis für ihn liefert, der Zahlentheorie „einen Ruck vorwärts"[9] geben wird.

---

[6] Rudolf Lipschitz empfing 1885 zwei Briefe von Cantor zu diesem Thema [10. und 18. Oktober 1885], Mittag-Leffler einen 1887 [24. Mai 1887], Klein 1895 zwei [30. April und 27. Oktober 1895]. Vgl. [Cantor 1991, S. 247–248, 294, 354–355, 371].

In der französischen Korrespondenz von Cantor zählt man sieben Briefe, die sich mit dieser Frage beschäftigen: zwei Briefe an Lemoine (Briefe 11 und 23), vier an Laisant (Briefe 12, 14, 33, 37), weiterhin einen Brief an Hermite (Brief 19).

Ein Brief Cantors an David Hilbert aus späterer Zeit (20. September 1912) spricht noch ungelöste Probleme der Zahlentheorie an [Cantor 1991, S. 459–460].

[7] Brief an Lipschitz, 18. Oktober 1885 [Cantor 1991, S. 247].

[8] Brief 11 [Lemoine, 7. Juli 1894].

[9] Brief 33 [Laisant, 1. März 1896].

Diese Überzeugung rechtfertigt die pedantische Aufmerksamkeit, mit der der Autor die Verbreitung der Sonderdrucke seines Beitrags für die AFAS verfolgte und zwar sowohl auf der französischen Seite in Bezug auf Hermite als auch auf der deutschen bezüglich Klein und Hilbert. Die Zeitschrift *L'intermédiaire des mathématiciens* erlaubt es uns festzustellen, dass Cantor auch nach dem Jahr 1896 mit Wachsamkeit die arithmetisch-empirischen Verifikationen, die mit der Goldbach-Vermutung zusammenhingen und seinen Beitrag weiterführten, beachtete. Dass Cantor von diesem Zeitpunkt an eine Korrespondenz mit gewissen Autoren dieser Zeitschrift unterhielt, ist nicht auszuschließen, selbst wenn uns diese nicht erhalten ist.

Man sollte hervorheben, dass die Verwendung von empirischen und induktiven Methoden in der Zahlentheorie häufig vorkommt[10]; so schreibt Gauß:

> [...] In der Arithmetik geschieht es häufig, dass sich induktiv durch eine Art von unerwarteten Zufall neue Wahrheiten von großer Eleganz zeigen; deren Beweise sind so tief verborgen und von soviel Dunkel umgeben, dass sie allen Anstrengungen trotzen und sich selbst den spitzfindigsten Forschungen verweigern.[11]

Cantors Briefe erlauben es, zwei Phasen in seiner Aktivität zu unterscheiden. Eine betrifft die empirische Verifikation der Vermutung und zeigt sich in den Jahren ab 1885. Diese kennen wir durch die Korrespondenz mit Rudolf Lipschitz. Die andere bezieht sich auf die Präsentation seiner Arbeit beim Kongress 1894 und auf die sich hieraus ergebende Publikation. Kennzeichnend für diese ist, dass Cantor induktiv Gesetze aufstellt, die er aus der in den Tagungsberichten der *Association française* veröffentlichten Tabelle gewann und die er dem Urteil seiner Briefpartner vorlegte. Diese Phase betrifft die Briefe an französische Partner und an Felix Klein.

Erste Kontakte

Die Korrespondenz mit Lipschitz (1885)

In einem Brief an den Mathematiker Rudolf Lipschitz[12] aus dem Jahre 1885 wird Cantors Interesse am „Satz" von Goldbach erstmals deutlich. Indem er um die Meinung seines Briefpartners bittet, legt er diesem seine Verifikation des Satzes bis zur Zahl 200 zur Beurteilung vor.

Einige Tage später bestätigt ein weiterer Brief an Lipschitz die Richtung, in die Cantors Überlegungen gehen:

---

[10] Hierzu vgl. man [Echeverria 1996] und [Bullnyck 2006, 2007a, 2007b].
[11] „[...] in arithmetica frequentissime per inductionem fortuna quadam inopinata veritates elegantissime novae prosiliunt, quarum demonstrationes tam profonde latent tantisque tenebris obvolutae sunt, ut omnes conatus eludant, acerrimisque perscrutationibus aditum denegent." [Gauss 1863, S. 3].
[12] Brief vom 10. Oktober 1885 [Cantor 1991, S. 247].

Vielen Dank für Ihre gewünschte Meinungsäusserung in Bezug auf das Goldbach-Eulersche Theorem und die interessanten Gesichtspuncte, von welchen Sie dasselbe ‚instinktiv' betrachten.
   Offen gesprochen, zweifle ich aus den in meinem letzten Schreiben angeführten Gründen nicht an der Richtigkeit desselben, wenngleich ich auch bis jetzt noch keine bestimmte und sichere Ansicht über das dafür einzuschlagende Beweisverfahren habe. Soweit mein Blick reicht eignen sich die bisher gefundenen Methoden der höheren Zahlentheorie dazu nicht. Am meisten Verwandtschaft scheint mir der Satz mit dem von Dirichlet bewiesenen in Bezug auf die Existenz von Primzahlen in arithmetischen Progressionen zu haben; nur dass bei unserem Satz die Rolle der Primzahlen gewissermassen eine noch accentuirtere ist.
   Ich vermuthe, dass der Satz Specialfall von weit allgemeineren Sätzen ist, [...].[13]

Cantor zeigt sich von der Gültigkeit der Goldbach-Vermutung überzeugt und drückt das hier erstmals aus. Diese Vermutung wird in Zusammenhang gebracht mit einem Ergebnis, das Adrien-Marie Legendre[14] 1785 formulierte und das 1837 von Peter Gustav Lejeune-Dirichlet[15] bewiesen wurde: Jede arithmetische Folge, bei der ihr erster Koeffizient und ihre Schrittweite relativ prim sind, enthält unendlich viele Primzahlen. Der Satz von Legendre-Dirichlet und die Vermutung von Goldbach zeigen eine gemeinsame Schwierigkeit: Die Primzahlen, deren Definition mit der multiplikativen Struktur der Zahlen verknüpft ist, treten in Problemen auf, die additive Strukturen ins Spiel bringen (einfache Summen bei Goldbach, arithmetische Folgen bei Legendre-Dirichlet). Die Behauptung, gemäß deren die Goldbach-Vermutung aus einem allgemeineren Satz folge, hat, unseres Wissens nach, keine weitere Entwicklung seitens des Autors erfahren.

Vermutlich auf Bitten von Mittag-Leffler hin erwähnt Cantor in einem Brief von 1887 eine Arbeit zur „endlichen Zahlentheorie", die in den *Acta Mathematica* publiziert werden könnte.[16] Der ausgesprochen freundschaftliche Ton der Antwort macht deutlich, dass Cantor und Mittag-Leffler trotz ihrer Meinungsverschiedenheiten von 1885 nicht jeglicher Idee von Zusammenarbeit entsagt hatten. Dennoch gesteht der deutsche Mathematiker ein, dass er nicht über genügend freie Zeit verfüge, um die umfangreiche Literatur, die mit der Niederschrift seines Projektes verknüpft sei, zu sichten. Die fragliche Arbeit ist nie in den *Acta* erschienen. Es ist zu vermuten, dass diese Arbeit sieben Jahre später die Gestalt des Beitrags zum Kongress der AFAS in Caen angenommen hat.

Die ersten Kontakte mit Frankreich (1894)

Der früheste uns erhaltene Brief[17] von Cantor an Émile Lemoine ist eine Antwort auf vorher gehende Kontakte. Damit wird bestätigt, dass die brieflichen Kontakte

---

[13] Brief vom 18. Oktober 1885 [Cantor 1991, S. 247].
[14] [Legendre 1785].
[15] [Dirichlet 1837].
[16] Brief an Mittag-Leffler, 24. Mai 1887 [Cantor 1991, S. 294].
[17] Brief 11 (7. Juli 1894).

zwischen den beiden Personen schon vor dem Jahr 1894 begannen (vgl. Kap. 2). Weiterhin macht der Brief die Rolle von Charles-Ange Laisant, seinerzeit Präsident der mathematischen Sektion der *Association française pour l'avancement des sciences* deutlich, die dieser bei der Einladung des deutschen Mathematikers zum Kongress in Caen gespielt hatte. Diese Einladung wurde Cantor wahrscheinlich durch Lemoine persönlich übermittelt. Der fragliche Brief zeigt uns auch die Beziehungen, welche sich mit Laisant ergaben. Auch diese sind älter als die uns erhaltenen Briefe und drehten sich ursprünglich um den Kongress der AFAS 1894. Die Antwort von Cantor ließ nicht auf sich warten:

> Mit Freuden begrüsse ich den Vorschlag des Herrn Laisant, welcher dahin geht, die den Goldbachschen Satz bis zu 1000 vollauf bestätigende Tabelle dem Congress zu Caen im August d. J. vorzulegen, um sie dann in den Papieren des Congresses zu veröffentlichen!

Mehrere Gründe veranlassten Cantor, die Frage der Goldbach-Vermutung in Frankreich anzusprechen.

Zuerst einmal tauchte diese Vermutung in den wissenschaftlichen Debatten Frankreichs über den Umweg der Zeitschrift *L'Intermédiaire des mathématiciens* wieder auf. Diese 1894 von Laisant und Lemoine gegründete Zeitschrift widmete sich der Verbreitung von Problemen, die professionelle aber auch Amateurmathematiker stellten, sowie den Antworten, die die wissenschaftliche Gemeinschaft gegebenenfalls fand. Unter den ersten Problemen, die gestellt wurden, trat eine gemeinsam von den Mathematikern Eugène Catalan[18] und Henri Poincaré formulierte Frage bezüglich der Goldbach-Vermutung auf:

> Wo hat Goldbach seinen berühmten empirischen Satz publiziert: jede gerade Zahl ist Summe zweier Primzahlen? […] Welche Bestätigungen hat man dafür gefunden?[19]

Festzuhalten ist, dass die Antwort im *L'Intermédiaire* keinerlei Hinweis auf eine Verifikation der Vermutung bis zur Zahl 10000 enthält, die Adolphe Desboves 1855 angekündigt hatte, die aber wahrscheinlich in Vergessenheit geraten war:

> Jede gerade Zahl mit Ausnahme von 2 ist auf mindestens zweierlei Art Summe von zwei Primzahlen; ist die gerade Zahl das Doppelte einer ungeraden Zahl, so ist sie zugleich Summe zweier Primzahlen der Form $4n + 1$ und Summe von zwei Primzahlen der Form $4n - 1$ (verifiziert bis 10000).[20]

---

[18] Der in Brügge geborene Eugène Catalan (1814–1894) wurde 1833 in die *Ecole Polytechnique* aufgenommen, wo er mit Joseph Liouville in Kontakt kam. Nach mehreren Jahren, während der er in Frankreich unterrichtet hatte, wurde er vom dortigen öffentlichen Dienst ausgeschlossen, weil er sich – wie manche andere republikanisch gesinnte Wissenschaftler, etwa der Astronom F. Arago – geweigert hatte, den Treueeid auf Napoleon III. zu schwören, den dieser nach seinem Staatsstreich 1851 von allen Angestellten des öffentlichen Dienstes forderte. Catalan erhielt später eine Professur an der Universität Lüttich, wo er die Zeitschrift *Nouvelle Correspondance mathématique* gründete. Seine wissenschaftlichen Arbeiten beziehen sich auf die Analysis (Potenzreihen, Differentialgleichungen, Mehrfachintegrale), die Differentialgeometrie und die Zahlentheorie [Jongmans 1996].

[19] *L'Intermédiaire des mathématiciens* 1 [1894], Frage 161, S. 91.
 In seiner Antwort in der selben Nummer der Zeitschrift (S. 202–203) verweist Gustav Eneström auf einen Brief Eulers an Goldbach vom 30. Juni 1742, aus dem hervorgeht, dass Goldbach der Urheber des „Satzes" ist, obwohl dieser dieses Resultat in keiner seiner Publikationen angesprochen hat.

[20] [Desboves 1855, S. 293]. Adolphe Desboves [1818–1888] wurde in Amiens geboren und 1839 in die *Ecole Normale* aufgenommen. 1843 bestand er die *Agrégation* in Mathematik, 1848 wurde

Ein zweiter Grund bewegte Cantor, auf dieses Thema einzugehen. Dieser hat mit Zweifeln an der Gültigkeit der Vermutung zu tun, welche in Frankreich durch einen Artikel von Eugène Lionnet angeregt wurden, der 1879 in den *Nouvelles Annales de Mathématiques* erschienen war.[21] Der Autor zieht die Möglichkeit in Erwägung, dass sehr große Zahlen keine Zerlegung als Summe zweier Primzahlen zulassen könnten. Seine Argumentation beruht auf der Tatsache, dass die ungeraden Primzahlen in einem reellen Intervall, dessen Obergrenze gegen unendlich geht, im Verhältnis zu den ungeraden zusammengesetzten Zahlen selten werden.

Die Publikation von Lionnet war seinerzeit Cantors Aufmerksamkeit entgangen; er hatte diese erst vor kurzem auf Grund eines Hinweises von Lemoine entdeckt. Damit wird erneut bewiesen, dass zwischen den beiden Mathematikern schon vor 1894 Beziehungen bestanden. In einem Brief vom 7. Juli 1894 äußert Cantor starke Bedenken gegen die Überlegung von Lionnet: „Ich kann nicht glauben, dass er etwas Stichhaltiges gegen den Satz vorgebracht haben wird. Es wird wohl auf einem *Sophismus* beruhen."

Der Artikel von Eugène Lionnet ist zeitgleich mit einem Artikel von Ferdinand Brunetière in der *Revue des deux Mondes* erschienen, in dem wir massive Vorbehalte gegen den deutschen Einfluss in der französischen Wissenschaft feststellen konnten (vgl. Kap. 2). Man darf vermuten, dass die Publikation des Mathematikers E. Lionnet aus Nancy die anti-deutschen Argumente, die in jener Zeit auftraten, noch bestärkte, indem sie die deutsche Wissenschaft bezichtigte. Diese Fakten veranlassten Cantor dazu, in Frankreich die empirische Verifikation der angezweifelten Vermutung, an der er seit zehn Jahren arbeitete, zu veröffentlichen. Als Reaktion auf nationalistische Ausrutscher bündelten fortan Cantor, Lemoine und Laisant ihre Anstrengungen zu Gunsten eines internationalen Mathematikerkongresses. In den Augen dieser Personen sollte die Wissenschaft naturgemäß die nationalen Kontexte überschreiten.

Drittens veröffentlichte die *Revue de métaphysique et de morale* 1894 einen Artikel von Henri Poincaré über das Wesen des mathematischen Denkens.[22] Der Autor betont darin die Tatsache, dass die Mathematik nicht ausschließlich analytisch und deduktiv sein könne, weil es sonst nicht möglich wäre, etwas Neues zu finden. Die Mathematik kann nur Dank der Induktion entstehen, in der Poincaré die Bestätigung einer Eigenschaft des Denkens selbst sieht. In Erwiderung hierauf ist Cantor froh, zu zeigen, dass er jenseits seiner Fähigkeiten als Logiker im Stande ist, im Zusammenhang mit dem Resultat von Goldbach eine Induktion durchzuführen:

Was sagt Herr Poincaré, […], zu meiner so weit getriebenen Induction?[23]

---

er *Docteur ès sciences.* mit einer Arbeit aus dem Gebiet der Mechanik und Astronomie. Desboves wirkte als Mathematiklehrer am *Lycée Condorcet* in Paris.

[21] [Lionnet 1879]. François Joseph Eugène Lionnet [1805–1884] wurde in Nancy geboren. Nach der *Agrégation* in Mathematik 1839 schlug er die Laufbahn eines Mathematiklehrers am *Lycée Louis-Le-Grand* in Paris und als Examinator für die Aufnahmeprüfungen an der *Ecole navale* ein. 1848 gründete er die *Association philotechnique*, welche sich dem öffentlichen und kostenlosen Unterricht für Erwachsene widmete. Man vgl. hierzu die Notiz von Aristide Marre [Marre 1885].

[22] [Poincaré 1894]. Die von Poincaré angesprochenen Fragen nehmen eine spätere Debatte, vor allem mit David Hilbert, vorweg [Greffe, Heinzmann, Lorenz 1994].

[23] Brief 11 [Lemoine, 7. Juli 1894].

Cantors induktive Methode

Die Tabelle Cantors, welche dessen empirische Verifikation der Goldbach-Vermutung enthält, ist keineswegs ungewöhnlich, wenn man diese mit der Gesamtheit der mathematischen Publikationen der AFAS vergleicht; dort kommen numerische Tabellen häufig vor im Zusammenhang mit Untersuchungen zu Primzahlen und der Teilbarkeitslehre.[24] Andererseits stellt diese Tabelle im Gesamt der wissenschaftlichen Produktion Cantors eine eher überraschende Form dar; sie wurde auch nicht in die Sammlung der Werke Cantors, die Ernst Zermelo 1932 veröffentlichte, aufgenommen.

Wie auch immer, das Ziel Cantors beschränkte sich keineswegs darauf, die Goldbach-Vermutung empirisch zu erkunden. Seine Korrespondenz zeigt deutlich, dass sein Anliegen, dessen Neuartigkeit betont werden muss, viel weiter ging. Dies wird klar ausgedrückt in einem Brief[25] an Charles Hermite vom 30. November 1895. Das erklärte Ziel ist es, die Eigenschaften der Psi-Funktion zu ergründen, die einer natürlichen Zahl N die Anzahl der Goldbach-Zerlegungen der geraden Zahl $2N$ zuordnet. Die Eigenschaften dieser Funktion, die Cantor herausarbeitete, gaben die nachfolgenden Forschungen auf diesem Gebiet neuen Schwung.

Cantors erste Vermutung

Zwei, im Abstand weniger Tage im April 1895 an Charles-Ange Laisant und Felix Klein abgesandte Briefe Cantors enthalten Kommentare zu seinen von der AFAS veröffentlichten Resultaten.[26]

Eine erste Bemerkung ist für Klein bestimmt:

> Es zeigt sich, dass die Anzahl n der Zerlegungen einer und derselben Zahl $2N$ mit $2N$ wächst; *unter zahlentheoretischen Schwankungen natürlich*. Es wäre sehr gut, wenn diese Tabelle noch bis $2N = 2000$ fortgesetzt würde.[27]

Wir bemerken, dass dieser Kommentar den Text der Einleitung zu der von der AFAS publizierten Tabelle wieder aufgreift, wonach die Anzahl n der Zerlegungen von $2N$ unbeschränkt mit N wächst und welche die Behauptungen von Eugène Lionnet über die betrachteten Intervalle widerlegt.

Übereinstimmend betonen beide Briefe „eine sehr auffallende Erscheinung": Die Anzahl der Goldbach-Zerlegungen der natürlichen Zahl $2N$ nimmt lokale Maxima[28] an für alle die Werte von N, die Vielfache von 3 sind, also für alle geraden

---

[24] Zur Mathematik allgemein und zur Zahlentheorie insbesondere im Rahmen der AFAS vgl. man [Décaillot 2002, 2007].
[25] Brief 19.
[26] Brief 12 [Laisant, 25. April 1895], Brief an Klein, 30. April 1895 [Cantor 1991, 354–355].
[27] [Cantor 1991, S. 354].
[28] Cantor spricht von „relativen" Maxima. Aus unserer Sicht scheint der Ausdruck „lokales" Maximum der von Cantor aufgeworfenen Frage besser angepasst.

Zahlen 2*N*, die Vielfache von 6 darstellen. Cantor macht damit deutlich, dass die Anzahl der Zerlegungen der geraden natürlichen Zahl 2*N* = 6*p* größer oder gleich ist der Anzahl der Zerlegungen der Nachbarzahlen 2*N'* = 6*p* – 2 und 2*N"* = 6*p* + 2. Nach Meinung des Autors tritt dieses Phänomens ausnahmslos bis zum Ende der Tabelle auf, so lange man nur gerade Zahlen größer als 20 betrachtet. Dies drückt er in seinem Brief an Laisant vom 25. April 1895 aus:

> Die relativen Maxima der Anzahl *n* finden sich, wenn man von dem kleinen Anfangsabschnitt 2*N* < 24 absieht, von 2*N* = 24 an, ausnahmslos an den Stellen wo 2*N* durch 6 theilbar ist; so dass jede dritte Zahl *n* ein relatives Maximum ist: in der That hat man von 2*N* = 20 an die folgende Reihe für *n*:
>
> 3, 3, **4**; 3, 2, **4**; 3, 4, **4**; 3, 3, **5**; 4, 4, **6**; 4, 3, **6**; 3, 4, **7**; 4, 5, **6**; 3, 5, **7**; 6, 5, **7**; 5, 5, **9**; 5, 4, **10**; 4, 5, **7**; 4, 6, **9**; 6, 6, **9**; 7, 7, **11**; 6, 6, **12**;
>
> und so geht es *ausnahmslos* bis zum Schluss der Tabelle fort.

Der für Felix Klein bestimmte Brief enthält eine zusätzliche Präzisierung: die lokalen Maxima der Anzahl *n* der Zerlegungen werden für die Vielfachen von 3 und nur für diese angenommen:

> Ich mache Sie noch auf folgendes *Curiosum* aufmerksam. Von 2*N* = 20 an, findet sich *ausnahmslos bis zum Schluss der Tabelle* an denjenigen Stellen (*und nur an diesen*) ein relatives Maximum für *n*, bei welchen 2*N* durch 3 theilbar ist; d. h. für 2*N* = 24, 30, 36, 42, ...etc., wie gesagt: ausnahmslos![29]

Die erste Vermutung Cantors lässt sich folgendermaßen aussprechen: Die Funktion Ψ, welche jeder natürlichen Zahl *N* die Anzahl der Goldbach-Zerlegungen der geraden Zahl 2*N* zuordnet, lässt ein lokales Maximum (im weiteren Sinne) zu, dann und nur dann, wenn *N* ein Vielfaches von 3 ist.

„Ist das nicht merkwürdig?" bemerkt der Autor in seiner Korrespondenz mit Laisant; erneut drückt er den Wunsch aus, seine Arbeit möge bis 2000 weitergeführt werden. Weiter schlägt er den Franzosen vor, seine Vermutung zum Gegenstand eines Problems im *L'Intermédiaire des mathématiciens* zu machen, was auch geschah.

Die Rolle des „L'Intermédiaire des mathématiciens"

Seit ihrer Gründung durch Laisant und Lemoine spielte die Zeitschrift *L'Intermédiaire des mathématiciens* eine besondere Rolle in der Zahlentheorie.

Was die Zahlentheorie anbelangt hat sich Laisant vielleicht Anregungen bei Alphonse Armand Charles Marie de Polignac [1826–1863] geholt, wie er Absolvent der *Ecole Polytechnique* (Jahrgang 1849) und Hauptmann der Artillerie. Tatsächlich hat Polignac zahlreiche Noten, Primzahlen betreffend, in den *Comptes Rendus* der Pariser Akademie der Wissenschaften veröffentlicht. Weiter kann man bemerken,

---

[29] [Cantor 1991, S. 355].

dass Charles-Ange Laisant 1897 Autor einer Mitteilung an die *Société mathématique de France* war, in der es um die Verifikation der Goldbach-Vermutung vermöge eines mechanischen Prinzips ging. Gegeben sei ein horizontal angebrachtes Lineal, das mit den Zahlen 1 bis $2m - 1$ markiert ist und auf dem die Primzahlen durch bunte Felder hervorgehoben sind; ein zweites, gleiches Lineal, das mit den Zahlen $2m - 1$ bis 1 markiert ist, wird unterhalb des ersten angebracht. Die Goldbach-Zerlegungen der geraden Zahl $2m$ treten auf, wenn zwei bunte Felder vertikal unter einander zu liegen kommen.[30] Ein analoger Prozess erlaubte es Laisant, zu bemerken, dass „jede gerade Zahl $2m$ Differenz zweier Primzahlen ist, wobei die größere der beiden kleiner ist als das Doppelte der Ausgangszahl $4m$."[31]

In diesem Zusammenhang muss der Einfluss hervorgehoben werden, den der Zahlentheoretiker Édouard Lucas [1842–1891], ein Freund von Laisant und aktives Mitglied der AFAS, ausübte. Lucas verhalf dem Prinzip der multiplikativen Streifen zu Ehren, womit er die Neperschen Streifen wiederbelebte; er arbeitete einen Mechanismus aus, um mit dessen Hilfe die Primzahleigenschaft großer Zahlen zu untersuchen.[32] Später hat der Mathematiker André Gérardin, Redakteur der Zeitschrift *Sphinx – Œdipe* große Zahlen in Primfaktoren zerlegt, indem er eine Siebmethode benutzte, die ebenfalls auf der Verwendung von Linealen beruhte.[33]

Die Rolle des *L'Intermédiaire des mathématiciens* wird durch das Ausmaß des Austausches, der sich um die Goldbach-Vermutung entwickelte, belegt. Cantors Untersuchungen fanden einen gewissen Widerhall; wir können so die strukturierende Funktion, die diese Zeitschrift in der sozialen Organisation der sich auf Cantors Untersuchungen beziehenden wissenschaftlichen Aktivitäten induktiven Typs spielte, verfolgen. Es ist zu vermuten, dass Charles-Ange Laisant eine bestimmende Rolle in diesen Aktivitäten und bei der Herausbildung des spezifischen wissenschaftlichen Milieus, das sich mit ihnen beschäftigte, spielte. Man kann in der Tat feststellen, dass Laisant nach 1893 jegliches Wahlmandat aufgab und ins bürgerliche Leben zurückkehrte. An der *Ecole Polytechnique* hatte er dann die Funktion eines *Repititeur*, später eines *Examinateurs d'admission* inne, was es ihm

---

[30] [Laisant 1897a]. Dasselbe Prinzip wurde 1896 im *Jahresbericht der Deutschen Mathematiker-Vereinigung* von dem deutschen Mathematiker Robert Haussner dargelegt [Haussner 1896, S. 66], der es dazu verwandte, die Anzahl der Goldbach-Zerlegungen von allen geraden Zahlen kleiner $2m$ zu ermitteln. Dennoch kann man feststellen, dass der Artikel von Laisant keinerlei Hinweis auf die Arbeit Haussners enthält.

[31] Laisant nahm hier ein „empirisches Theorem" wieder auf, das 1855 in den *Nouvelles Annales de mathématiques* von Prinz Alphonse de Polignac formuliert worden war, um dieses zu präzisieren. Polignacs Theorem besagt: „Jede gerade Zahl ist Differenz zweier Primzahlen." [Polignac 1855].

[32] Zur Rolle von Édouard Lucas und des Ingenieurs Henri Genaille bei der Konstruktion von zahlentheoretischen Instrumenten vgl. man [Décaillot 1998].

[33] [Gérardin 1909, 1912]. André Gérardin [1879–1953] verband sich 1944 mit dem zukünftigen Direktor der Bibliothek des *Institut Henri Poincaré* Paul Belgodère, um die Zeitschrift *L'Intermédiaire des Recherches Mathématiques* zu gründen. Ab 1948 widmete er seine letzten Lebensjahre der Zeitschrift *Diophante*. André Gérardin starb in größtem Elend, trotz der finanziellen Unterstützung von Belgodère, der ihm auf Rentenbasis seine persönliche Bibliothek wieder abkaufte.

ermöglichte, die Zusammenarbeit ehemaliger Studenten anzuregen; hierunter findet man im *L'Intermédiaire des mathématiciens* die Namen von V. Aubry und Léon Ripert. Beim ersteren darf man davon ausgehen, dass es sich um Paul Victor Aubry [1863–1906] handelte, der 1881 in die *Ecole Polytechnique* eintrat, eine Karriere im Militär machte und Hauptmann der Artillerie wurde. Victor Aubry publizierte mathematische Studien zu Problemen des Schießens in der *Revue d'Artillerie*.[34] Léon Ripert [1840–1903] war seinerseits ein Mitstudent von Laisant an der *Ecole Polytechnique* im Jahrgang 1859, seine Karriere spielte sich im militärischen Geniekorps ab, wo er Kommandant wurde (*Chef de bataillon*). Seine Schriften beziehen sich hauptsächlich auf die Geometrie und erschienen in den *Nouvelles Annales de Mathématiques* sowie in der Genfer Zeitschrift *L'Enseignement mathématique*, welche 1899 von Charles-Ange Laisant und Henri Fehr gegründet worden war. Eine dritte Person trat mit einer Frage zur Goldbach-Vermutung in Erscheinung. Es handelte sich dabei um den reinen Amateurwissenschaftler Guillaume de Rocquigny d'Adanson [1852–1902], der von seinen Renten auf Schloss Balaine im Allier lebte. Seinem eigenen Namen fügte er denjenigen seiner Frau hinzu, die eine Nachfahrin des Botanikers und Akademiemitglieds Michel Adanson [1727–1806] war. Die Publikationen von Guillaume de Rocquigny betrafen die Meteorologie und die Zahlentheorie; bezüglich des letzten Gebietes verdanken wir ihm zahlreiche Fragen in der Zeitschrift *Mathesis*.

Nach der Frage zur Goldbach-Vermutung, die in der ersten Nummer der Zeitschrift von Catalan und Poincaré gestellt worden war, zögerte Cantor nicht, den *L'Intermédiaire* für eine lange Debatte zu nutzen, die er 1895 mit einer Frage anregte:

> In der Tabelle, die ich anlässlich des Kongresses von Caen [Association Française 1894] publiziert habe, um den Satz von Goldbach (jede gerade Zahl $2N$ ist auf mehrere Weisen Summe zweier Primzahlen) zu verifizieren und die ich bis $2N = 1000$ ausgerechnet habe, machte ich empirisch folgende Entdeckung: Bezeichnet n_{2N} die Anzahl der Zerlegungen in eine Summe zweier Primzahlen, welcher $2N$ fähig ist, so gilt für alle Werte von p ab $p = 4$, wobei $p = 4$ eingeschlossen ist
>
> $$n_{6p} > n_{6p-2} \qquad n_{6p} > n_{6p+2}$$
>
> Das heißt, dass die relativen Maxima von n in Dreierschritten für die Vielfachen von 6 im Bereich der gesamten Tabelle angenommen werden. Es wäre äußerst interessant zu wissen, ob diese Eigenschaft allgemein gilt; weiterhin wäre es sehr interessant in Ermangelung eines Beweises die Tabelle bis $2N = 2000$ weiterzuführen, um die Gesetzmäßigkeit zu bestätigen oder zu widerlegen.
>
> Georg Cantor (Halle a. Saale).[35]

---

[34] [Aubry 1903].

[35] *L'Intermédiaire des mathématiciens*, 2 (1895), Frage 574, S. 179. Man bemerkt, dass hier die lokalen Maxima von n mit echten Ungleichungen beschrieben werden im Unterschied zu dem, was Cantor in seiner Korrespondenz sagt. Französisches Original der Frage Cantors: „Dans la table que j'ai publiée au congrès de Caen [Association Française 1894] pour vérifier le théorème de Goldbach (que tout nombre pair $2N$ est de plusieurs façons la somme de deux nombres premiers), table que j'ai poursuivie jusqu'à $2N = 1000$, je remarque empiriquement que, si j'appelle n_{2N} le nombre de décompositions en une somme de deux nombres premiers dont $2N$ est susceptible, on a pour toute valeur de p, à partir de $p = 4$ et y compris $p = 4$

Die Diskussion

Auf französischer Seite rief die gestellte Frage Reaktionen bis ins Jahr 1903 hervor; ebenfalls 1903 zeigte eine Mitteilung von Cantor in der Zeitschrift *L'Intermédiaire*, dass sein Interesse für die Arbeiten, die er angeregt hatte, weiter vorhanden war. Die Antworten erfolgten in Gestalt neu berechneter Tabellen, die umfangreicher waren als diejenige von Cantor. Einige Antworten enthielten auch Überlegungen zu den Schwankungen der Psi-Funktion, die einer natürlichen geraden Zahl die Anzahl ihrer Goldbach-Zerlegungen zuordnet.

Cantors Wunsch nach Erweiterung seiner Tabelle wurde rasch erfüllt. Victor Aubry erstellte eine neue (unveröffentlichte) Tabelle der Goldbach-Zerlegungen für die geraden Zahlen zwischen 1002 und 2000; dabei bestätigte er sowohl die Vermutung Goldbachs als auch diejenige Cantors über die Vielfachen von 6.[36]

1902 belebte eine neue, von Guillaume de Rocquigny aufgeworfene Frage, die Diskussion: „Kann man eine gerade Zahl > 2 angeben, die nur auf genau eine Art Summe zweier Primzahlen ist? (1 wird als Primzahl betrachtet)?"[37]

Gestützt auf die Tabellen, welche Cantor und er selbst erstellt hatten, konnte Aubry feststellen, dass die Minima der Anzahlen n von Goldbach-Zerlegungen einer geraden Zahl im Mittel wachsen, allerdings langsamer als die Maxima: folglich ist die induktiv gewonnene Antwort auf die von Guillaume de Rocquigny gestellte Frage negativ.[38]

Léon Ripert bemerkte seinerseits 1903: Wenn es keinerlei Kontinuität in der Abfolge der Primzahlen gäbe, wäre die Kontinuität des Anwachsens der Maxima oder Minima der Zahl n der Zerlegungen (im Mittel) offenkundig ein Argument, das das Theorem von Goldbach bestätigt und die Existenz einer geraden Zahl $2N$ mit nur einer einzigen Zerlegung unwahrscheinlich macht.[39]

Andere empirische Eigenschaften wurden formuliert. So gelangte Léon Ripert zu der wichtigen Feststellung, wonach „die Anzahl der Zerlegungen einer geraden Zahl in eine Summe von zwei Primzahlen umso größer ist, als die Primfaktoren, die in sie eingehen, kleiner und zahlreicher sind."[40] Diese Bemerkung erlaubte es Ripert, ein Gegenbeispiel zur Vermutung Cantors über die Vielfachen von 6 zu finden:

$$n_{6p} > n_{6p-2} \quad n_{6p} > n_{6p+2}$$

c'est-à-dire que des maxima relatifs de n ont lieu de 3 en 3 pour les multiples de 6 dans toute l'étendue de la table. Il serait extrêmement intéressant de savoir si cette propriété est générale et aussi, à défaut de démonstration, de continuer la table jusqu'à $2N = 2000$ pour confirmer ou infirmer la loi.

George Cantor (Halle a. Saale)."

---

[36] *L'Intermédiaire des mathématiciens* 3 (1896), S. 75 und 4 (1897), S. 60.

[37] *L'Intermédiaire des mathématiciens* (1902), Frage 2411, S. 226.

[38] *L'Intermédiaire des mathématiciens* 10 (1903), S. 61–62. Aubry gibt die lokalen Maxima für die Anzahl der Zerlegungen der geraden Zahlen an, die Vielfache von 6, 30, 210 usw. sind, sowie die lokalen Minima für die geraden Zahlen der Form $2^k \cdot p$ mit einer Primzahl p.

[39] *L'Intermédiaire des mathématiciens* 10 (1903), S. 74, 76–77, 166–167.

[40] *L'Intermédiaire des mathématiciens* 10 (1903), S. 167.

Es handelt sich um die gerade Zahl 170170. „Ich habe gesagt, dass das von Herrn Cantor ausgesprochene Gesetz durch die Zahl $170170 = 2 \cdot 3 \cdot 5 \cdot 7 \cdot 11 \cdot 13 \cdot 17$ widerlegt wird, weil diese eine größere Anzahl von Zerlegungen besitzt als die beiden Vielfachen von 6, die sie einschachteln."[41]

Auch wenn sich das von Ripert angegebene Beispiel als inkorrekt erweisen sollte, hat es dennoch das Verdienst, die Anzahl der Goldbach-Zerlegungen einer geraden Zahl $2N$ mit der Teilbarkeit dieser Zahl durch zahlreiche „kleine" Primfaktoren in Zusammenhang gebracht zu haben.[42]

Cantor bediente sich 1903[43] erneut des *L'Intermédiaire* um anzukündigen, dass „die neueste und weitreichendste Arbeit über das Gesetz von Goldbach" von Robert Haussner stamme, einem Mathematikprofessor am Polytechnikum in Karlsruhe. Unter dem Titel „Tafeln für das Goldbach'sche Gesetz" hatte dieser die Cantorsche Tabelle bis zur Zahl 5000 weitergeführt.[44] Haussner studierte insbesondere die Minima der Psi-Funktion sowie deren Schwankungen. Dabei gelangte er empirisch zu folgendem wichtigen Resultat: Die Werte $\Psi(N)$ hängen von den Primfaktoren von N ab, aber nicht von der Ordnung ihrer Vielfachheit.

Eine Bemerkung drängt sich auf: Die empirischen Forschungen Cantors hatten gewiss Einfluss auf seine Zeitgenossen und veranlassten Arbeiten von bemerkenswerter Tiefe. Einige unter diesen Arbeiten, wie diejenige von Léon Ripert oder die von Robert Haussner, schlossen mit Aussagen von solcher Tragweite, dass sich die Frage stellt, wie diese gefunden worden sind. Handelte es sich um rein empirische Resultate? Welchen Teil des theoretischen Wissens umfassten sie? Es ist schwierig, diese Frage zu beantworten, da sowohl bibliographische Verweise als auch ausgearbeitete Kommentare der Autoren fehlen. Was die Arbeiten, die wir erwähnt haben, betrifft, so ist die Zeitschrift *L'Intermédiaire* bedauerlicherweise in beiden genannten Punkten schwach. Insbesondere erstaunt das Fehlen von Hinweisen auf die Arbeiten des englischen Mathematikers James Joseph Sylvester, der 1871 einen Näherungswert für die Anzahl der Zerlegungen vom Goldbach-Typus einer großen geraden Zahl in den *Proceedings of the London Mathematical Society* angegeben hatte.[45] Die

---

[41] *L'Intermédiaire des mathématiciens* 10 (1903), S. 167. Wir geben weiter unten die Werte der Psi-Funktion für die von Léon Ripert genannten Zahlen an, was zeigt, dass dessen Gegenbeispiel inkorrekt ist.

[42] Im *L'Intermédiaire des mathématiciens* 10 (1903), Frage 2541, S. 217–218 bemerkt Ripert ebenfalls, dass „jede gerade Zahl kleiner als 10.000 gleich der Summe einer Potenz einer ungeraden Zahl und einer Primzahl ist." Dieses empirische Resultat ähnelt ein wenig dem Theorem von Chen [Chen 1973/1978].

[43] *L'Intermédiaire des mathématiciens* 10 (1903), S. 168.

[44] [Haussner 1896] und [Haussner 1897]. Robert Haussner (1863–1948) war zuerst Privatdozent an der Universität Würzburg, um dann 1905 ordentlicher Professor an der Universität Jena zu werden. Er verließ 1944 Deutschland und starb in Stockholm.

[45] [Sylvester 1871]. James Joseph Sylvester [1814–1897] studierte in England und unterrichte anfänglich an der Universität London. Mehrere Aufenthalte führten ihn in die USA, wo er 1876 einen Lehrstuhl für Mathematik an der John Hopkins University in Baltimore annahm; dort gründete er 1878 das *American Journal of Mathematics*. Zurück in England erhielt er 1884 eine Professur in Oxford. Sein Werk bezieht sich auf die Theorie der Determinanten, die Frage nach den reellen

von Sylvester angegebenen Formeln, auf die wir weiter unten zurückkommen werden, sind wie man zugeben muss wenig geeignet zum Rechnen. Lässt sich diese Lücke durch die mangelnde Verbreitung der *Proceedings of the London Mathematical Society* in den europäischen Ländern mit Ausnahme von Großbritannien erklären? Diese Vermutung benötigt eine Bestätigung. Außerdem muss man festhalten, dass die von Léon Ripert und Robert Haussner formulierten Ergebnisse den Folgerungen, die der englische Mathematiker gezogen hatte, recht nahe kommen.

Die allgemeine Cantor-Vermutung

Die Verallgemeinerung, der sich Cantor widmete, nachdem er seine erste Vermutung ausgesprochen hatte, zeigt eine Ähnlichkeit zu den Vorgehensweisen, die ihr Autor bei der Ausarbeitung der Mengenlehre verwendet hatte. Wie wir gesehen haben, spielen im Rahmen der geraden Zahlen die Vielfachen von 6 eine besondere Rolle auf Grund der großen Anzahl von Goldbach-Zerlegungen, die sie besitzen. Cantor untersuchte nun die Teilmenge der Vielfachen von 6 auf dieselbe Art und Weise, wie er zuvor die geraden Zahlen untersucht hatte: auch hier suchte er wieder nach lokalen Maxima der Psi-Funktion; diese fand er bei den Vielfachen von 30. Der geschilderte Prozess läuft nun für die Vielfachen von 30 wieder ab, wo es die Vielfachen von 210 sind, die die lokalen Maxima der Psi-Funktion liefern. Wie bei der Konstruktion des Transfiniten lässt sich auch hier der Prozess in beinahe identischer Weise iterieren.

Brachte die Verwendung von Verfahren, die sich in der Mengenlehre bewährt hatten, in der Zahlentheorie neue wissenschaftliche Erkenntnisse? Diese für den Autor sehr wichtige Frage gibt den Vermutungen und weit reichenden Hypothesen, die Cantor in seiner französischen Korrespondenz und, auf deutscher Seite, in seinem Briefwechsel mit Klein äußerte, ihren Sinn und ihre Wichtigkeit.

Die Verbreitung dieser Fragen erlaubt es auch, die Wichtigkeit, welche Cantor dem wissenschaftlichen Dialog mit seinen Partnern beimaß, einzuschätzen. Ermöglichte es ihm der hieraus entstehende Austausch, einige der vorgebrachten empirischen Eigenschaften zu verfeinern? Obwohl die uns erhaltenen Dokumente keine Antwort auf diese Frage bieten, zeigen sie uns dennoch, dass Cantor sich bemühte, Anerkennung seitens seiner Partner für die Gültigkeit seiner Vermutung zu gewinnen.

Dies drückt sich in recht ähnlicher Weise in zwei Briefen vom November 1895 aus, von denen einer an Felix Klein, der andere an Charles Hermite gerichtet war.[46] Das nachfolgende Zitat stammt aus dem zweiten Brief:

Wurzeln einer Gleichung (Satz von Sturm), die Zahlen- und die Invariantentheorie. Vgl. hierzu [Parshall, Rowe 1994], [Parshall 2006].

[46] Brief an Klein, 27. November 1895 [Cantor 1991, S. 371], Brief 19 [Hermite, 30. November 1895].

Sucht man diejenigen Stellen, für die $\psi(N)$ ein relatives Maximum wird, d. h. für welche

$$\psi(N-1) \le \psi(N) \ge \psi(N+1),$$

so findet man, *von $N = 9$ an, ohne Ausnahme*, dass es diejenigen Stellen sind, für welche:

$$N \equiv 0 \bmod .3$$

Sucht man ebenso diejenigen Stellen, für welche die Funktion $\psi(3N)$ ein relatives Maximum wird, so findet man, *ohne Ausnahme*, dass bei ihnen

$$N \equiv 0 \bmod .5$$

Sucht man ferner diejenigen Stellen, für welche die Funktion $\psi(3 \cdot 5 \cdot N)$ ein relatives Maximum wird, so findet man *ausnahmslos*

$$N \equiv 0 \bmod .7$$

Vielleicht also gilt der Satz:

*Sind 3, 5, 7, 11, ..., p alle ungerade Primzahlen bis p und ist q die nächstgrössere Primzahl, setzt man das Product *3.5.7.11 ... p = P*, so sind die Stellen, für welche

$$\psi(P \cdot N)$$

ein relatives Maximum wird, diejenigen, für welche

$$N \equiv 0 \bmod .q.$$

Aber ich wiederhole das „Vielleicht".

Während er gegenüber Hermite vorsichtig betont, dass man, um die Richtigkeit dieser Vermutung beurteilen zu können, die Tabelle mindesten bis $2N = 10000$ fortführen müsste, beschließt Cantor seinen Brief an Klein mit folgenden Worten:

> Ich theile Ihnen und Hilbert dies Alles mit, weil ich weiss, dass Sie in diesem Semester Zahlentheorie lesen und daraus folgere, dass Sie mit ihm viel arithmetische Gespräche pflegen. Vielleicht kommen Sie beide auf den Grund dieser seltsamen Dinge.[47]

Der nächste Abschnitt beschäftigt sich damit, die Gültigkeit der Vermutungen für die von Cantor ausgewählten Mengen (der geraden natürlichen Zahlen unter 1000) und darüber hinaus (alle geraden Zahlen) zu untersuchen. Dennoch zeigt sich „der Grund dieser seltsamen Dinge" erst wirklich in Arbeiten, welche von den induktiven Vorgehensweisen recht weit entfernt waren.

---

[47] [Cantor 1991, S. 371].

Erste Betrachtung der Cantorschen Vermutungen

Die modernen informatischen Hilfsmittel erlauben es uns, die Vermutungen Cantors zu überprüfen und die erhaltenen Resultate mit denjenigen zu vergleichen, welche einige zeitgenössische Kommentatoren des Autors vorgelegt haben. Bezogen auf alle geraden natürlichen Zahlen sind Cantors Vermutungen falsch; schränkt man diese aber auf die Menge der natürlichen geraden Zahlen kleiner 1000 ein, so wird die erste Vermutung Cantors wahr.

Zuerst einmal ist zu bemerken, dass die Formulierung selbst der Vermutungen im Laufe der Korrespondenz Cantors einige Veränderungen erfahren hat. Diese können erklärt werde durch die weniger strengen Fassungen, die sich der Autor in seinen Briefen zugestand. So erscheint beispielsweise die Idee, dass die lokalen Maxima der Psi-Funktion angenommen werden, wenn N ein Vielfaches von 3 ist und folglich $2N$ ein Vielfaches von 6 (und nur dort), in einem an Felix Klein gerichteten Brief vom 30. April 1895, scheint aber wieder aufgegeben im Brief vom 27. November 1895, in dem Cantor sich damit begnügt festzustellen, dass „immer wenn $2N \equiv 0 \mod.6$ ist und von $2N = 24$ an, die Anzahl der Lösungen von $n = \psi(N)$ ein lokales Maximum annimmt." Dennoch taucht sie in einem Brief an Charles Hermite vom 30. November 1895 wieder auf, verschwindet aber letztendlich mit der 1895 im *L'Intermédiaire* publizierten Frage, wo man liest: „Die relativen Maxima von n treten in Dreierschritten für die Vielfachen von 6 im Bereich der ganzen Tabelle auf."

Tatsächlich hätte Cantor auf die Feststellung geführt werden können, dass es Zahlen N gibt, die nicht Vielfache von 3 sind und die dennoch die angegebene Eigenschaft besitzen. So verhält es sich z. B. für die Zahl $N = 17$, die in Cantors Tabelle auftritt.[48]

N	16	17	18	19...
$2N$	32	34	36	38...
$\psi(N)$	3	4	4	3...

Andererseits wird die Behauptung „Ist eine gerade Zahl Vielfaches von 6, so ist die Anzahl der Goldbach-Zerlegungen dieser Zahl größer oder gleich derjenigen ihrer beiden geraden Nachbarzahlen" von Cantors Tabelle in ihrem gesamten Umfang bestätigt. Man muss weit über die Tabellen von Cantor, Aubry und Haussner hinausgehen und zeitgenössische Rechentechniken verwenden, um feststellen zu können, dass gewisse Vielfache von 6 die von Cantor behauptete Eigenschaft nicht besitzen. Tatsächlich ist das erste Vielfache von 6, das Cantors Vermutung widerspricht, $2N = 80082$[49]:

---

[48] Die Folgerung $\{\psi(N)$ besitzt ein lokales Maximum $\Rightarrow N \equiv 0 \pmod 3\}$ ist in dem von Cantor untersuchten Abschnitt unzutreffend. Von der ursprünglichen Formulierung der Vermutung behält ihr Autor nur noch die Folgerung $\{N \equiv 0 \pmod 3 \Rightarrow \psi(N)$ hat ein lokales Maximum$\}$ bei.

[49] Jörg Richstein hat uns dieses Gegenbeispiel erstmals mitgeteilt.

N	40 039	40 040	40 041	40 042
$2N$	80 078	80 080	80 082	80 084
$\psi(N)$	503	1006	1005	495

Die Zahl $2N = 80082 = 2 \cdot 3^2 \cdot 1483$, ein Vielfaches von 6, erlaubt nur 1005 Goldbach-Zerlegungen, während $80080 = 2^4 \cdot 5 \cdot 7 \cdot 11 \cdot 13$ (kein Vielfaches von 6) deren 1006 besitzt. Gemäß einer äquivalenten Formulierung ist das erste Vielfache von 3, das kein lokales Maximum der Psi-Funktion liefert, die Zahl 40041. Somit muss man die Grenze 1000 von Cantor bzw. 5000 von Haussner weit überschreiten, um eine Ausnahme zur ersten Vermutung zu finden. Die Ende des XIX. Jhs. erstellten Tabellen erlaubten es nicht, diese zu finden; diese erste Vermutung wird interessanterweise erst für große gerade Zahlen widerlegt.

Man bemerkt, dass die Zahl 80800 viele „kleine" Primteiler besitzt, was bei 80082 nicht der Fall ist. Unter diesem Aspekt verdient das Gegenbeispiel, das Léon Ripert 1903 angegeben hat und das wir weiter oben betrachtet haben, besonderes Interesse. Obwohl Ripert keinen Kommentar zu seinem Beispiel publiziert hat und trotz der Tatsache, dass seine Bemerkung falsch war, zeigt es dennoch, dass ihm die Rolle der kleinen Primteiler von N, die diese bei der Ermittlung von Näherungen für die Anzahl der Goldbach-Zerlegungen spielen, nicht unbekannt war. Wie wir herausgestellt haben, wissen wir nicht, ob das Resultat Riperts von den Arbeiten Sylvesters und seiner Nachfolger, auf die wir zurückkommen werden, angeregt worden ist.

Der Brief an Hermite vom 30. November 1895 zeigt uns, dass Cantor die Folge der vorhergehenden Maxima $\psi(12), \psi(15), \psi(18), \ldots, \psi(3N), \ldots$ untersuchte, wobei er erneut lokale Maxima von ψ für die Vielfachen von 5 ermittelte. So gelangte der Autor zur der Annahme, dass unter den Vielfachen von 6 die Vielfachen von 30 mehr Goldbach-Zerlegungen besitzen als ihre unmittelbaren Nachbarn.

Beim Studium von Cantors Tabelle stößt man auf gewisse Zahlen, die nicht die vermuteten Eigenschaften besitzen:

N	153	154	155	156
$6N$	918	924	930	936
$\psi(3N)$	35	47	44	36

Die Zahl 930 – ein Vielfaches von 30 – besitzt 44 Goldbach-Zerlegungen; das sind weniger als bei der Nachbarzahl 924, welche auch ein Vielfaches von 6 aber nicht von 30 ist und die 47 derartige Zerlegungen zulässt. Cantors zweite Vermutung wird schon in der von ihm betrachteten Zahlenmenge (die geraden natürlichen Zahlen bis 1000) widerlegt. Gemäß einer äquivalenten Formulierung besitzt die Funktion $N \mapsto \psi(3N)$ ein lokales Maxima nicht für $N = 155$ (ein Vielfaches von 5) sondern für $N' = 154$.[50]

---

[50] Die Folgerung $\{N \equiv 0 \pmod{5} \Rightarrow \psi(3N)$ besitzt ein lokales Maximum$\}$ wird durch $N = 155$ widerlegt Dieses Gegenbeispiel findet sich in [Meschkowski 1967, S. 171].

Schließlich finden sich in der Tabelle Cantors Zahlen, die nicht Vielfache von 5 sind, für die aber $\psi(3N)$ ein lokales Maximum annimmt, wie beispielsweise $N = 28$.[51] Die Zahl 168, ein Vielfaches von 6 aber nicht von 30, lässt mehr Zerlegungen zu als die beiden Vielfachen von 6, die ihre Nachbarn sind:

N	27	28	29
$6N$	162	168	174
$\psi(3N)$	10	14	12

Die Vermutung, wonach diejenigen Zahlen N, die Vielfache von 5 sind, ohne Ausnahme lokale Maxima für die Funktion $N \mapsto \psi(3N)$ liefern, wird also durch Cantors eigene Tabelle widerlegt. Es scheint so, als wäre ihr Autor hier nicht aufmerksam genug gewesen. Man kann vermuten, dass diese Feststellung den Autor davon abgebracht hat, die Frage, die er 1895 in *L'intermédiaire* gestellt hatte, auf die Vielfachen von 30 zu erweitern.

Analytische Methoden

Eine ganz andere Orientierung kommt ins Spiel, wenn die Zahlentheorie analytische Methoden verwendet. So haben sich seit Legendre und Gauß viele Untersuchungen mit der Anzahl der Primzahlen in einem gegebenen Intervall der reellen Zahlen beschäftigt. Diese Arbeiten veranlassten Sylvester dazu, eine auf einer Funktion beruhende Approximation für die Anzahl der Goldbach-Zerlegungen einer geraden Zahl anzugeben. Dies geht in eine ganz andere Forschungsrichtung als jene, die Cantor 1894 eingeschlagen hat. Die modernen Beiträge von Hardy und Littlewood erlauben eine Synthese der beiden Richtungen. So wird es möglich, die Tragweite der empirischen Entdeckungen Cantors zu interpretieren und die Rolle der Induktion in dem betreffenden Gebiet zu bewerten.

Die Dichte der Primzahlen

Gegen Ende des XVIII. Jhs. formulierten die Arbeiten von Adrien-Marie Legendre das Gesetz, dass die Primzahlen immer seltener werden:

> Obwohl die Folge der Primzahlen extrem unregelmäßig ist, lässt sich dennoch mit einer sehr zufrieden stellenden Präzision feststellen, wie viele dieser Zahlen zwischen 1 und x liegen. Die Formel, die diese Frage beantwortet, lautet:[52]
>
> $$y = \frac{x}{\ln x - 1{,}08366}.$$

---

[51] Die Folgerung $\{\psi(3N) \text{ besitzt ein lokales Maximum} \Rightarrow N \equiv 0 \pmod{5}\}$ wird durch $N = 28$ widerlegt.

[52] [Legendre 1798 Band II; Neuauflage 1955, S. 65].

Aus der von Legendre angegebenen Formel ergibt sich, dass der Grenzwert für x gegen unendlich des Quotienten y/x Null ist; dieser Grenzwert drückt die Tatsache aus, dass die Primzahlen relativ gesehen immer „seltener" werden in einem Intervall, dessen Obergrenze gegen Unendlich geht.

Im Anschluss an Legendre haben viele Untersuchungen dessen Ergebnis weiter präzisiert. Man suchte nach Ausdrücken für die Funktion $x \mapsto \pi(x)$, wobei $\pi(x)$ die Anzahl der Primzahlen bedeutet, welche kleiner oder gleich x sind. So verbesserte 1851 Tchebychef das Resultat von Legendre, indem er zeigte, dass die Funktion $\frac{x}{\pi(x)} - \ln x$ für x gegen Unendlich nur den Grenzwert -1 haben kann. Das läuft darauf hinaus, in der Formel von Legendre 1,08366 für große x durch 1 zu ersetzen.[53]

Legendres Suche nach einem brauchbaren Ausdruck für $\pi(x)$ brachte gängige Funktionen ins Spiel. Bei Gauß fanden sie ihren Abschluss mit dem Integral einer klassischen Funktion. Gauß versuchte zuerst einmal, die „Dichte" der Primzahlen, das heißt, die Anzahl der Primzahlen in einem gegebenen Intervall bezogen auf dessen Länge, analytisch auszudrücken. Indem er die Verteilung der Primzahlen betrachtete, gelangte Gauß zu der Annahme, dass diese Dichte ungefähr $1/\ln x$ in der Umgebung von x sei. Diese Annahme führte ihn dazu, $\pi(m)$ – also die Anzahl der Primzahlen kleiner oder gleich m – durch den Integrallogarithmus

$$\pi(m) \approx \int_2^m \frac{dt}{\ln t}$$

zu approximieren.[54]

Für große Werte von m nähert sich der Integrallogarithmus $m/\ln m$ an: So gelangte Gauß für große m zu der Vermutung:

$$\pi(m) \approx \frac{m}{\ln m}.$$

Die Untersuchungen von Sylvester

Seit den Jahren 1865–1866 vertiefte James Joseph Sylvester die Frage der „geometrischen" Wahrscheinlichkeiten. Dabei geht es um die Lösung von Zufallsproblemen, bei denen geometrische Figuren auftreten. Sylvesters Beiträge zu diesem Thema setzten nach einem Kongress der *British Association for the Advancement of Science* ein; sie erschienen auch in Gestalt von *Mathematical Questions* in der Zeitschrift *Educational Times*. Eine der bekanntesten Fragen ist das Buffonsche Nadelproblem: Es ist die Wahrscheinlichkeit dafür zu berechnen, dass eine Nadel,

---

[53] [Tchebychef 1851, S. 38]. Tchebytchef (oder Chebyshev) lebte von 1821 bis 1894.
[54] Brief von Gauß an Johann Encke, 24. Dezember 1849 [Gauß 1863, S. 444–447]. In diesem Brief erklärt Gauß, dass er sich seit den Jahren 1792–1793 für die Dichte der Primzahlen interessiert habe.

die zufällig auf eine durch parallele äquidistante Geraden unterteilte Ebene geworfen wird, eine dieser Geraden kreuzt. Die Zeitschrift *Acta Mathematica* publizierte 1890 einen Beitrag Sylvesters zu diesem Thema.[55]

Sylvester beschäftige sich im Verlaufe seiner weit reichenden Überlegungen auch mit einer ganz anderen Frage, nämlich mit der Verwendung der Wahrscheinlichkeitsrechnung im Bereich der Zahlentheorie. Ein Artikel von Sylvester, der 1871 in den *Proceedings of the London Mathematical Society*[56] erschien, enthält in der Tat einige wahrscheinlichkeitstheoretische Überlegungen zur Goldbach-Vermutung.

Nach Sylvester wird die Wahrscheinlichkeit des „mittleren" Wertes für die Anzahl der Goldbach-Zerlegungen einer großen geraden Zahl A gegeben durch den Quotienten des Quadrats von $\pi(A)$ und A selbst. Unter Bezugnahme auf die Arbeiten seiner Vorgänger Legendre und Tchebychef (die Beiträge von Gauß werden nicht erwähnt) wird dieser mittlere Wert für große Werte von A approximiert durch:

$$\frac{\pi^2(A)}{A} \approx \frac{A}{(\ln A)^2}.$$

Dieser Ausdruck stellt eine mit A monoton wachsende Funktion dar; das gilt zumindest ab einer bestimmten Stelle. Schwankungen, welche die Anzahl der Goldbach-Zerlegungen für nahe beieinander liegende Werte von A aufweisen kann, werden vernachlässigt. Angesichts dieser Schwierigkeit schlug Sylvester vor, diese Schwankungen in Zusammenhang mit den Primteilern der Zahl A zu bringen. In der obigen Approximation wird der Faktor

$$\frac{\pi(A)}{A} = \frac{1}{(\ln A)}.$$

ersetzt durch

$$\prod_{2 \leq q < \sqrt{A}} \frac{q-2}{q-1},$$

wobei das Produkt über alle ungeraden Primzahlen q, die kleiner als die Wurzel aus A sind, zu bilden ist. Dabei müssen aber alle Primzahlen aus diesem Bereich, die Primfaktoren von A sind, übergangen werden.[57]

Wenn die Primfaktorzerlegung von A bekannt ist, schlägt Sylvester also vor, die Anzahl der Goldbach-Zerlegungen einer großen geraden Zahl A im Mittel durch den Ausdruck

---

[55] Dieser trug den Titel „On a Funicular Solution of Buffon's ‚Problem of the Needle'" [Sylvester 1890]. Zum Thema geometrische Wahrscheinlichkeiten vgl. man [Seneta, Parshall, Jongmans 2001].

[56] [Sylvester 1871].

[57] Diese Ergebnisse werden in der Publikation Sylvester 1871 ohne Beweis mitgeteilt. Im Anhang 4 werden wir eine Begründung dafür geben.

$$\frac{A}{\ln A} \prod_{p \in D_A} \frac{p-1}{p-2} \prod_{q \in P_A} \frac{q-2}{q-1}$$

anzunähern, wobei P die Menge der ungeraden Primzahlen kleiner $\sqrt{A}$ und D_A die Menge der ungeraden Primfaktoren von A darstellt.

Hieraus leitet der Verfasser insbesondere Folgendes ab: Sind zwei benachbarte große Zahlen A und A' von der Form $A = 6p$ und $A' = 2p'$ gegeben, wobei p und p' Primzahlen sind, so enthält das obige Produkt den Faktor $(3-1)/(3-2) = 2$ für A (wegen des Divisors 3) aber nicht für A'. Folglich gibt es etwa doppelt so viele Goldbach-Zerlegungen für die Zahl A als für die Zahl A'. Sylvester zeigt mit dieser Folgerung, dass ihm die Fülle der Zerlegungen, die die Vielfachen von 6 zulassen, nicht entgangen ist. Seine Rechnungen erlauben eine erste Interpretation dieser Feststellung, welche einige Jahre später die Grundlage für Cantors erste Vermutung liefern sollte.

Spätere Kommentare von Godfrey Harold Hardy und John Edensor Littlewood machten deutlich, dass die von Sylvester angegebene Annäherung für große Werte von A die folgende Form annimmt:

$$4Ke^{-C} \frac{A}{(\ln A)^2} \prod_{p \in D_A} \frac{p-1}{p-2}.$$

Hier ist C die Konstante von Euler-Mascheroni, K bezeichnet den Wert des unendlichen Produktes

$$K = \prod_{h \in P} \left(1 - \frac{1}{(h-1)^2}\right),$$

wobei P alle Primzahl größer als 2 umfasst. Die Arbeiten der beiden genannten Autoren machten deutlich, dass die angegebene Approximation ungenau ist bis auf einen Faktor $2e^{-C}$.[58]

Dank der Arbeiten Sylvesters wurden damit 1871 erstmals die Schwankungen in der Anzahl der Goldbach-Zerlegungen mit dem Vorhandensein von Primfaktoren in A in Zusammenhang gebracht worden. In der Tat werden diese Schwankungen gegeben durch das Produkt

$$\prod_{p \in D_A} \frac{p-1}{p-2},$$

---

[58] [Hardy und Littlewood 1923, S. 32–33]. Der englische Mathematiker Godfrey Hardy [1877–1947] widmete sein Werk der Zahlentheorie; er publizierte oft zusammen mit seinem jüngeren Kollegen John Edensor Littlewood [1885–1977]. Insbesondere machte Hardy ab 1913 die Arbeiten von Srinivasa Ramanujan in Europa bekannt.

das über alle ungeraden Primteiler von A läuft. Dieses Produkt ist umso größer je mehr „kleine" Primteiler wie 3, 5, 7, ... usw. die natürlich Zahl A enthält (wir haben diese Eigenschaft im Zusammenhang mit dem von Léon Ripert vorgeschlagenen Beispiel erwähnt).

Nach Cantor

Nachdem die AFAS seine eigenen Arbeiten publiziert hatte, verfolgte Cantor aufmerksam die Fortschritte der Forschungen im Bereich der Zahlentheorie. Das belegt seine Korrespondenz mit Laisant im Laufe des Jahres 1896, wo er hervorhebt: „Auch andere Gelehrte beschäftigen sich in Folge dieser Publication mit steigendem Eifer damit, den Goldbachschen Satz *zu beweisen*."[59] Man darf davon ausgehen, dass er seine Überlegungen zu diesem Thema fortführte, selbst wenn wir deren Inhalt nicht kennen. Jedenfalls beobachtete er aufmerksam die Beiträge seiner Zeitgenossen zu diesem Gebiet.

Das Jahr 1896 ist in der Tat reich an Beiträgen die Verteilung der Primzahlen und die Goldbach-Vermutung betreffend. Eines der bemerkenswertesten Resultate betraf den von Gauß angegebenen Ausdruck für die Funktion $m \mapsto \pi(m)$ für große Werte von m. Dieser wurde unabhängig voneinander 1896 durch Jacques Hadamard und Charles de La Vallée-Poussin bewiesen.[60] Die Vermutung von Gauß ist seitdem bekannt als der „Primzahlsatz".

Unter den Wissenschaftlern, die diese Überlegungen verfolgten, kann man den Namen von Paul Stäckel[61] hervorheben. Stäckel schlug 1896 eine neue Approximation für die Anzahl der Goldbach-Zerlegungen einer geraden Zahl A vor, welche sich auf die Tabelle seines Kollegen in Halle stützte. Stäckel verwandte hierbei die von Euler eingeführte φ-Funktion sowie die oben definierte Funktion π. So gelangte Stäckel zu der nachfolgenden Approximation für die Anzahl der Zerlegungen von A:

$$\frac{\pi^2(A)}{\varphi(A)} \approx \frac{A}{(\ln A)^2} \prod_{p \in \Delta_A} \frac{p}{p-1}$$

Dabei bezeichnet Δ_A die Menge der Primteiler von A.[62] Der deutsche Mathematiker Edmund Landau zeigte 1900, dass diese Approximation falsch ist.[63]

---

[59] Brief 33 [Laisant, 1. März 1896].

[60] [Hadamard 1896] und [La Vallée Poussin 1896].

[61] Paul Gustav Stäckel [1862–1919] war Mathematiker und Mathematikhistoriker. Er habilitierte sich 1891 und wurde Privatdozent in Halle, um schließlich an die Universität Heidelberg berufen zu werden. Nach Arbeiten zu Eigenschaften analytischer Funktionen und zur Lösung von Differentialgleichungen interessierte er sich für die Mengenlehre und die Zahlentheorie. Er war an der Herausgabe der Werke Eulers beteiligt.

[62] [Stäckel 1896]. Die Eulersche φ-Funktion gibt die Anzahl der zu der natürlichen Zahl n teilerfremden Zahlen kleiner n an; sie lässt sich ausdrücken durch $\phi(n) = n \prod_{p \in \Delta_n} \frac{p-1}{p}$, wobei Δ_n die Menge der Primteiler von A bezeichnet.

[63] [Landau 1920b]. Edmund Landau [1877–1938] besuchte das französische Gymnasium in Berlin und studierte dann an der dortigen Universität zusammen mit Georg Frobenius, wo er 1899 pro-

Die Intervention Cantors zur Goldbach-Vermutung beim Kongress der AFAS 1894 konnte James Joseph Sylvester nicht entgehen. Sylvester war seit vielen Jahren Mitglied der AFAS; er hatte sich aktiv an mehreren Kongresse dieser Vereinigung beteiligt. 1896 verknüpfte Sylvester eine Überlegung[64] zu den Partitionen einer Zahl, die er seit mehreren Jahren verfolgte, mit solchen, die sich im Umkreis der Goldbach-Vermutung anbieten. Eine Goldbach-Zerlegung der natürlichen Zahl $2N$ entspricht in der Tat einer Partition dieser natürlichen Zahl in zwei Primzahlen. Einer Methode folgend, die er für das Studium der Partitionen entwickelt hatte, schlug Sylvester in einem Artikel in der Zeitschrift *Nature*[65] vor, die folgende erzeugende Funktion zu verwenden:

$$\left(\frac{1}{1-x^p} + \frac{1}{1-x^q} + \ldots + \frac{1}{1-x^l} \right)^2$$

Dabei sind $p, q, \ldots, l$ alle Primzahlen kleiner als $2N$. Die Anzahl der Goldbach-Zerlegungen der natürlichen Zahl $A = 2N$ entspricht dem Koeffizient von x^{2N} in der Reihenentwicklung dieser Funktion. Der Beweis der Goldbach-Vermutung läuft dann darauf hinaus, zu zeigen, dass dieser Koeffizient ungleich Null ist. Sylvester beschränkte sich in seinen Untersuchungen auf Primzahlen, welche die Ungleichung $N/2 \leq p \leq 3N/2$ erfüllen. Diese nannte er *Mids-prims*. Er stellte klar, dass er empirisch bis 1000 die Tatsache verifiziert habe, dass jede gerade Zahl $2N$ Summe zweier *Mids-prims* sei (auf eine oder mehrere Arten). Folglich hätte die oben genannte erzeugende Funktion bezogen nur auf *Mids-prims* bei x^{2N} einen Koeffizienten ungleich Null. Allerdings skizziert Sylvester lediglich seine Beweisidee. Die Anzahl μ der *Mids-prims* kann mit der Anzahl der Goldbach-Zerlegungen der natürlichen Zahl $2N$ in Verbindung gebracht werden, für die Sylvester die Approximation μ^2/N vorschlug.

Eine Synthese: die Untersuchungen von Hardy und Littlewood

Die Untersuchungen von Godfrey Harold Hardy und John Edensor Littlewood ließen diese verschiedenen Arbeiten in einem neuen Licht erscheinen. Erstere erlaubten eine Synthese zwischen der Vorgehensweise, die Sylvester zu verdanken ist, und den empirischen Resultaten Cantors, zu deren Erklärung sie beitrugen.

---

movierte. 1903 präsentierte er einen einfachen Beweis für den Primzahlsatz von Hadamard und La Vallée Poussin, den er auch auf den Fall von idealen Primzahlen in einem algebraischen Zahlkörper verallgemeinerte [Landau 1903]. Als Nachfolger von Hermann Minkowski lehrte Landau ab 1909 an der Universität Göttingen, wo er Kollege von Felix Klein und David Hilbert wurde. Seine Arbeiten galten der analytischen Zahlentheorie [Landau 1909] und den komplexen Funktionen, wie etwa der Riemannschen ς-Funktion.

[64] Vgl. hierzu [Sylvester 1882–1884].
[65] [Sylvester 1896].

Nach den Beiträgen, die wir soeben dargestellt haben, trat 1919 in einem Artikel von N. M. Shah und Bertram Martin Wilson eine asymptotische Formel auf, die von Hardy und Littlewood stammte.[66] Sie gibt eine Approximation für die mittlere Anzahl von Zerlegungen einer natürlichen Zahl A in eine Summe zweier Primzahlen an. Die Anzahl dieser Zerlegungen wird bezeichnet durch

$$r(A) = \text{card } \{x \in N : x \text{ ist prim und kleiner/gleich } A; A - x \text{ ist prim}\}$$

Ihr Mittel wird dargestellt durch den wahrscheinlichkeitstheoretischen „Erwartungswert" $E[r(A)]$.[67]

Für eine Zahl A mit unbekannter Zusammensetzung wird der Erwartungswert für die Zahl $r(A)$ angenähert durch

$$\frac{\pi^2(A)}{A} \approx \frac{A}{(\ln A)^2},$$

woraus folgt:

$$E[r(A)] \approx \frac{A}{(\ln A)^2}.$$

Man bemerkt, dass dieses Ergebnis mit der „mittleren Anzahl" der Zerlegungen übereinstimmt, die Sylvester 1871 angegeben hatte.

Nimmt man an, A sei durch die Primzahl h teilbar (was wir als $A \equiv 0(\text{mod}.h)$ notieren), so ergibt sich dank des multiplikativen Faktors $h/(h-1)$, der stets größer 1 ist, die mittlere Anzahl der Goldbach-Zerlegungen aus dem Vorangehenden mit einer wahrscheinlichkeitstheoretischen Überlegung zu:

$$E[r(A)/A \equiv 0(\text{mod}.h)] \approx \frac{h}{h-1} \cdot \frac{A}{(\ln A)^2}.$$

Ist insbesondere A gerade, so erhält man:

$$E[r(A)/A \equiv 0(\text{mod}.2)] \approx \frac{2A}{(\ln A)^2}.$$

---

[66] [Shah, Wilson 1919]. Andere Arbeiten aus den Jahren 1906 bis 1915, u. a. von Allan Cunningham und von Viggo Brun, werden in [Echeverria 1996] untersucht. Man kann anmerken, dass der englische Mathematiker Bertram Martin Wilson [1896–1935], der an der Universität Liverpool, später dann an der Universität von Dundee lehrte, einer der Herausgeber der *Collected Papers* von Ramanujan gewesen ist.

[67] Die wahrscheinlichkeitstheoretische Darstellung, die wir hier geben, ist absichtlich knapp gewählt. Der Leser, der sich in die Rechnungen vertiefen möchte, sei auf Anhang 4 verwiesen.

Ist andererseits die Zahl A nicht teilbar durch die Primzahl h, so erhält man die mittlere Anzahl der Zerlegungen aus dem ursprünglichen Resultat, indem man den multiplikativen Faktor

$$\frac{h(h-2)}{(h-1)^2}$$

einführt. Dieser lässt sich folgendermaßen umschreiben:

$$\frac{h(h-2)}{(h-1)^2} = 1 - \frac{1}{(h-1)^2}.$$

Dieser Faktor ist streng kleiner als 1.

$$E[r(A)/A \neq 0(\mathrm{mod}.h)] \approx \left(1 - \frac{h}{(h-1)^2}\right) \cdot \frac{A}{(\ln A)^2}.$$

Ist endlich die Primfaktorzerlegung der geraden Zahl A vollständig bekannt, so kann man zeigen, dass der multiplikative Faktor, den man einführen muss, um den ursprünglichen Erwartungswert auszudrücken, die Form

$$2K \prod_{p \in D_A} \frac{p-1}{p-2}$$

besitzt. Dabei ist D_A die Menge der Primfaktoren von A, welche größer als 2 sind, K ist die Konstante, welche durch das unendliche Produkt

$$K = \prod_{h \in P}\left(1 - \frac{1}{(h-1)^2}\right)$$

festgelegt ist, wobei P die Menge der Primzahlen größer als 2 bezeichnet.

Diese Interpretation erlaubt es, die Form, die Hardy und Littlewood 1923 ihrem Hauptresultat gaben, zu verstehen. Ist die gerade Zahl A groß, so lässt sich $r(A)$ „im Mittel" wie folgt approximieren:[68]

$$r(A)_{mitt} \approx K \frac{2A}{(\ln A)^2} \prod_{p \in D_A} \frac{p-1}{p-2}.$$

Die Konstante K wird als Hardy-Littlewood-Konstante bezeichnet, ihr Wert beträgt annähernd $K = 0{,}66016 \ldots$

---

[68] [Hardy, Littlewood 1923].

Interpretationen der Cantor-Vermutung

Diese Resultate erlauben es, Cantors Vermutungen bzgl. der Vielfachen von 6, 30, ... zu interpretieren; diese weisen besonders hohe Werte für die mittlere Anzahl von Goldbach-Zerlegungen auf.

Die Schwankungen der mittleren Anzahl von Zerlegungen hängen tatsächlich von dem multiplikativen Faktor

$$\prod_{p \in D_A} \frac{p-1}{p-2}$$

ab, in den die ungeraden Primteiler von A eingehen. Für diejenigen Zahlen A, die die Form 2^q und folglich keinen ungeraden Primteiler besitzen, kann man diesen Faktor gleich 1 setzen. Die Vermutung liegt nahe, dass die Zweierpotenzen nur relativ kleine Werte für die mittlere Anzahl an Goldbach-Zerlegungen liefern werden.

Besitzt die gerade Zahl A nur den ungeraden Primteiler $p = 3$, so ist der multiplikative Faktor gleich 2. Ist die gerade Zahl A durch 3 und durch 5 teilbar, also durch 15, so beträgt der Wert des Faktors $2 \cdot \frac{4}{3} = 2,\overline{6}$. Ist A durch 3, 5 und 7 teilbar, also durch 105, so ergibt sich für den Faktor $2 \cdot \frac{4}{3} \cdot \frac{6}{5} = 3,2$. Der multiplikative Faktor wird also umso größer, umso mehr „kleine" Primteiler vorhanden sind; die mittlere Anzahl von Goldbach-Zerlegungen wächst entsprechend (große Primteiler p beeinflussen wenig das Maß, in dem sich der Quotient $(p-1)/(p-2)$ dem Wert 1 annähert; die Vielfachheit der Teiler hat keinen Einfluss).

So lässt sich der relative Reichtum an Zerlegungen erklären, die die Vielfachen von 6, von 30, von 210 usw. besitzen. Weiterhin kann man die mittleren Werte dieser Anzahlen von Zerlegungen miteinander vergleichen.

Ist eine große gerade Zahl A Vielfaches einer ungeraden Primzahl h, so enthält, wie wir gesehen haben, die mittlere Anzahl von Zerlegungen den multiplikativen Faktor $h/(h-1)$, während sie im Falle, dass A kein Vielfaches von h ist, den Faktor

$$1 - \frac{1}{(h-1)^2}$$

besitzt. Diese Bemerkung erlaubt es, die Vermutungen von Cantor zu interpretieren.

Für eine gerade Zahl, die ein Vielfaches von $h = 3$ ist, beträgt der multiplikative Faktor 3/2, während er sich für eine gerade Zahl, die kein Vielfaches von $h = 3$ ist, auf 3/4 beläuft. Da 3/2 das Doppelte von 3/4 ist, darf man erwarten, dass man „im Mittel" doppelt so viele Goldbach-Zerlegungen für Vielfache von 6 finden wird als bei deren geraden Nachbarn, die keine Vielfachen von 6 sind. Diese Eigenschaft besagt, dass die erste Vermutung von Cantor „im Mittel" im betrachteten Intervall gilt; sie ist in der Tabelle Cantors erkennbar, wenn die gerade Zahl größer als 100 wird[69]:

---

[69] Shah und Wilson bemerken die besonders große Anzahl von Goldbach-Zerlegungen bei den Vielfachen von 6 sowie die geringe Anzahl von Zerlegungen bei den Zweierpotenzen. [Shah, Wilson 1919, S. 239].

Eine Synthese: die Untersuchungen von Hardy und Littlewood 127

$2N = A$	124	126	128	...	178	180	182	...	298	300	302	...	934	936	938
$\psi(N)$	5	10	4	...	7	15	7	...	11	21	9	...	20	36	19

Gleiches gilt für eine gerade Zahl, die Vielfaches von h = 5 ist. Die mittlere Anzahl von Zerlegungen enthält den multiplikativen Faktor 5/4, während sie für eine gerade Zahl, die kein Vielfaches von 5 ist, den Faktor 15/16 aufweist. Folglich gibt es im Mittel 5/4 · 16/15 = 4/3 = 1,33... mal mehr Zerlegungen für die Vielfachen von 30 als für die anderen Vielfachen von 6 (die nicht Vielfache von 5 sind), die sie umgeben. Die zweite Vermutung von Cantor ist somit ebenfalls „im Mittel" verifiziert.

Die Ausnahmen von diesen Vermutungen

Die von Hardy und Littlewood angegebene Abschätzung erlaubt es, den mittleren Wert für die Anzahl der Goldbach-Zerlegungen einer geraden Zahl abzuschätzen und die Cantorschen Vermutungen „im Mittel" zu bestätigen. Andererseits ist es nicht erstaunlich, dass man punktuell Ausnahmen von diesen Vermutungen findet.

Die Zahl $2N = 80082$ stellt die erste Ausnahme im strengen Sinne von der ersten Vermutung Cantors über die Vielfachen von 6 dar. Wie wir schon gesehen haben, ist die Anzahl der Goldbach-Zerlegungen von 80080 größer als diejenige von 80082:

N	$2N$	$\psi(N-1)$	$\psi(N)$	$\psi(N+1)$
40041	80082	1006	1005	495

Wie wir bereits hervorgehoben haben, ist der Nachbar der an Primteilern armen Zahl $40041 = 3^3 \cdot 1483$ die Zahl $40040 = 2^3 \cdot 5 \cdot 7 \cdot 11 \cdot 13$; ohne teilbar durch 3 zu sein, weist die letztere Zahl eine reiche Struktur von kleinen Primteilern auf. Man kann festhalten, dass das unendliche über die Menge P aller ungeraden Primzahlen erstreckte Produkt

$$\prod_{p \in P} \frac{p-1}{p-2}$$

für den Übergang gegen $+\infty$ divergent ist. Besitzt eine gerade Zahl $A = 2N$ viele einigermaßen kleine ungerade Primfaktoren, so kann der ihr zugeordnete multiplikative Faktor

$$\prod_{p \in D_A} \frac{p-1}{p-2}$$

denjenigen der benachbarten Vielfachen von 6 deutlich übertreffen. Diese Bemerkung erlaubt es, zahlreiche Gegenbeispiele gegen die erste Vermutung von Cantor zu konstruieren.[70]

Der zur Zahl $A = 2N$ gehörige multiplikative Faktor

$$\prod_{p \in D_A} \frac{p-1}{p-2}$$

ist gleich 2, wenn 3 der einzige ungerade Primteiler von A ist. Ist A ein Vielfaches von $5 \cdot 7 \cdot 11 \cdot 13 \cdot 17$, so ergibt sich für diesen Faktor der Wert

$$\frac{4}{3} \cdot \frac{6}{5} \cdot \frac{10}{9} \cdot \frac{12}{11} \cdot \frac{16}{15} = \frac{1024}{495} > 2.$$

So fällt die Wahl auf diejenigen natürlichen Zahlen N, die Vielfache von $5 \cdot 7 \cdot 11 \cdot 13 \cdot 17$ sind, welche als Nachbar ein Vielfaches von 3 besitzen. Anders gesagt geht es darum, unter den Zahlen N, die Vielfache von 3 sind, diejenigen Zahlen $N-1$ zu suchen, die Vielfache von $5 \cdot 7 \cdot 11 \cdot 13 \cdot 17$ sind:

$$N \equiv 0 \,(\mathrm{mod}.3) \text{ und } N \equiv 1 \,(\mathrm{mod}.5 \cdot 7 \cdot 11 \cdot 13 \cdot 17).$$

Von $N - 1 = 5 \cdot 7 \cdot 11 \cdot 13 \cdot 17 = 85085$ an – also vom Vielfachen $N = 85086$ von 3 an – kann man die Cantorsche Tabelle der Funktion ψ mit einer Schrittweite gleich $255255 = 3 \cdot 5 \cdot 7 \cdot 11 \cdot 13 \cdot 17$ konstruieren. Wir beschränken uns auf die Zahlen kleiner als $5 \cdot 10^6$:

N	$\psi(N-1)$	$\psi(N)$	$\psi(N+1)$
85086*	1902	1937	947
340341	6086	5955	2923
595596	9734	9403	4756
850851	13165	12557	6565
1106106	16532	15842	7932
1361361	19631	19134	9462
1616616	24275	21828	10983
1871871	25973	24934	12417
2127126*	28810	30302	14611
2382381	31730	31644	15208
2637636	35882	33916	18273
2892891	37540	36139	18184
3148146	41464	39211	19901
3403401	43223	41657	21862
3658656	47082	46547	22254
3913911	50948	47209	23527
4169166	51410	50026	25940
4424421	54018	52566	26325
4679676	56679	55805	27327
4934931	61713	57951	28832

---

[70] Ich danke Don Zagier für die zahlreichen Erläuterungen, die er mir großzügigerweise gewährt hat, sowie für seine Methode zur Konstruktion von Tabellen mit Ausnahmen zu den Cantorschen Vermutungen, der wir hier folgen.

Die obige Tabelle zeigt 18 Resultate, die die erste Vermutung von Cantor widerlegen und zwei, die sie bestätigen; diese beiden sind mit einem Stern * gekennzeichnet. Wir haben darauf hingewiesen, dass Léon Ripert als Ausnahmen zur Cantorschen Vermutung die gerade Zahl $170170 = 2 \cdot 5 \cdot 7 \cdot 11 \cdot 13 \cdot 17$ angegeben hat, die mehr Goldbach-Zerlegungen besitzen würde als ihr Nachbar (ein Vielfaches von 6) $170172 = 2^2 \cdot 3^2 \cdot 29 \cdot 163$. Vergleicht man die Werte, die die Funktion ψ für $N = 85086$ und $N - 1 = 85085$ annimmt, so kann feststellen, dass diese Behauptung falsch ist.

Man kann beweisen, dass die erste Cantorsche Vermutung unendlich viele Ausnahmen erleidet. Dennoch ist es bemerkenswert, dass die erste derartige Ausnahme im strengen Sinn des Wortes erst für die Zahl $N = 40041$ auftritt.

Auch die Cantorschen Vermutungen höherer Stufen erlauben Ausnahmen, die allerdings für wesentlich kleinere Werte der Variable N auftreten. Für die Konstruktion dieser Ausnahmen verweisen wir den Leser auf den Anhang 4.

Anstatt einer Schlusses

Man muss hervorheben, dass die Suche nach analytischen Ausdrücken für die Anzahl der Goldbach-Zerlegungen nach den Arbeiten von Sylvester aus dem Jahre 1871 eine neue Dimension annahm, insbesondere nach der Publikation von Cantors empirischen Verifikationen im Jahr 1894. Georg Cantor erfand bei diesem Anlass eine Vorgehensweise, die die Induktion mit der Methode verband, welche in der Mengenlehre so erfolgreich gewesen war und die darin besteht, einen Prozess der Mengenbildung analog angepasst immer wieder zu iterieren, dessen Definition bei jedem Schritt erneuert wird. Diese Methode hatte ihre Nützlichkeit im Rahmen der Konzeption der Alephs bewiesen, wie Cantor an Dedekind am 28. Juli 1899 schreibt:

> Man überzeugt sich, dass dieser Bildungsprocess der Alefs und der ihnen entsprechenden Zahlenklassen [...] absolut grenzenlos ist.[71]

Das Vertrauen, das der Autor in seine iterative Methode hatte, war so groß, dass er ihre Verbreitung bei seinen französischen Briefpartnern mit bohrender Ausdauer betrieb. Die induktive Sicht Cantors ist hier beispielhaft. Obwohl die Vermutungen, zu denen er geführt wurde, zum Teil dank moderner Rechentechniken als falsch erkannt wurden, zeigten sie dennoch, dass die Rolle, die der Induktion zukommt nicht einer starken, historisch bedingten Einschränkung entgeht: Die Stärke der verfügbaren Rechenhilfsmittel macht sich bemerkbar. Zudem stellt diese Sichtweise in jedem Fall ein Problem für die Interpretation dar. Die Wahrheit, die ihr trotz allem zukommt, zeigt sich erst in dem Moment, in dem sich die anfängliche Sichtweise ändert. Im vorliegenden Fall gibt ihr die wahrscheinlichkeitstheoretische Auswertung der „mittleren" Anzahl von Goldbach-Zerlegungen von geraden Zahlen Sinn.

---

[71] [Cantor 1932, S. 446].

Kapitel 6
Das ist schön, was innerlich schön ist

Eine der Facetten der Persönlichkeit von Georg Cantor, die am meisten verblüfft und die in seiner französische Korrespondenz deutlich wird, ist sein aktives Engagement in der Welt der Verbände und Vereinigungen. Der deutsche Mathematiker, der bei der Gründung der Deutschen Mathematiker-Vereinigung engagiert gewesen ist, war in Frankreich mit Mitgliedern der *Association française pour l'avancement des sciences* verbunden. Seine Aktivitäten zielten darauf ab, den friedlichen Austausch zwischen Wissenschaftlern als Garant des wissenschaftlichen Fortschritts in einem Zeitalter, in dem die internationalen politischen Beziehungen spannungsreich blieben, zu sichern. Dieser Einsatz führte Cantor zu dem Versuch, die nationalen Antagonismen zu überbrücken; seinen krönenden Abschluss fand er in der Einrichtung der Internationalen Mathematikerkongresse und in der Durchführung des ersten dieser Kongresse im Jahre 1897.

Cantors Engagement ist von seinen Bemühungen um die Verbreitung und Anerkennung seines mathematischen Werks nicht zu trennen. In der Tat erlaubte es ihm die internationale Anerkennung, die Widerstände des akademischen Milieus in Deutschland zu überwinden; die Verbände verschafften ihm sowohl in Deutschland als auch in Frankreich den Zugang zu einem jungen begeisterungsfähigen wissenschaftlichen Publikum; in Frankreich ging es dabei vor allem um die junge Generation der *Ecole Normale Supérieure*.

Die Handlungsmöglichkeiten, die Cantor entwickelte, widerlegten den Pessimismus von Gösta Mittag-Leffler, der dem deutschen Mathematiker nach Jahren, in denen er ihn unterstützt hatte, 1885 riet, seine Arbeiten erst dann zu veröffentlichen, wenn er „positive Resultate" erhalten habe. Andernfalls drohe die Mengenlehre in Misskredit zu fallen. In diesem Falle, so prophezeite er, „hätten Sie keinerlei signifikanten Einfluss auf die Entwicklung unserer Wissenschaft ausgeübt".[1]

Diesem Urteil kann man dasjenige von Arnaud Denjoy gegenüber stellen. Anlässlich seiner Analyse der in den Arbeiten von Borel, Baire und Lebesgue enthaltenen theoretischen Entwicklungen, stellte er 1965 fest:

Cantor ist der Vater der modernen Theorie der reellen Funktionen.[2]

---

[1] Brief von Mittag-Leffler an Cantor, 9 März 1885 [Cantor 1991, S. 241].
[2] Brief an Paul Lévy, 17. September 1965 [Denjoy 1980, S. 54].

Ein weiteres Kennzeichen der Korrespondenz Cantors ist die Vielfalt seiner Exkurse in Gebiete, in denen sowohl die Naturwissenschaften als auch die Theologie oder die Philosophie eine Rolle spielen. Wir haben hervorgehoben, wie sich Cantor bemühte, einem wissenschaftlich gebildeten aber auch einem Laienpublikum in Frankreich die Theorie der transfiniten Mengen und die Folgerungen aus der Goldbach-Vermutung in der Zahlentheorie nahe zu bringen. Diese lassen sich nicht von seinen philosophischen Betrachtungen zum freien Willen und zur Freiheit angesichts des Determinismus, der das naturwissenschaftliche Denken seiner Zeit beherrschte, trennen. Seine Zugänge hierzu zeigen die tiefe Einheit des Cantorschen Denkens in der Suche nach einem Fundament für die Mathematik. Die Einheit dieser Reflexion wird von Cantor eingefordert in Anbetracht eines anerkannten und akzeptierten Dualismus, dem die assoziierten Begriffe des Idealismus und Realismus Bedeutung verleihen.

Für Cantor ist der Dualismus zwischen idealer und realer Welt keiner von ontologischer Natur. Alle seine Bemühungen zielen darauf ab, die Harmonie, die zwischen diesen beiden Niveaus herrscht, zu betonen. Das betrifft sowohl die Metaphysik als auch die Wissenschaft. Metaphysisch betrachtet findet die Verbindung des idealen und des realen Bereiches ihren Ausdruck in der Einheit des „Alles", an dem unser Denken Anteil hat. Ihm entspricht eine Auffassung der Wissenschaft, der zu Folge die ideellen Theorien der Physik und die reale Ordnung der Natur in einer „organischen" Synthese zusammenfinden. Für Cantor kann diese Synthese unter der Ägide der Mengenlehre stattfinden; letztere gewährt die Möglichkeit, neue vereinheitlichende Begriffe hervorzubringen. Diese ambitionierte umfassende Sichtweise wird in der französischen Korrespondenz Cantors klar ausgedrückt:

> Nicht, dass sie [die Arbeiten von Cantor] sich etwa direct auf Etwas über der Natur beziehen; vielmehr bezwecken sie eine genauere, vollständiger, feinere Erkenntnis *der Natur selbst* [...].[3]

Dennoch enthält die Natur Rätsel. Hinter diesem Ausdruck verbirgt sich eine faszinierende Welt, die sich nicht auf einen Schlag entdecken lässt. Die Beobachtung, das Eindringen in diese Geheimnisse werden tatsächlich zu Akten des Glaubens an das, was unserem Denken zugänglich ist. Diese Faszination rechtfertigt die esoterische Vision, aber auch die Theologie der Freiheit und die Physik. Sie umschließt die Welt der Zahlen, eine Welt von Realitäten, die „außerhalb von uns" existiert, und die Rätsel, die diese bereithält. Im Zuge eines vagen Analogieschlusses, einer globalen Intuition, denkt Cantor die Zahlen, die Theologie, die Esoterik und den Aufbau der Materie im Sinne seiner Unendlichkeiten. Handelt es sich hierbei nicht um jene Haltung, die Émile Borel unter der Bezeichnung „Cantorscher Romantizismus" fassen sollte?

Schließlich können wir nach dem Wesen des wissenschaftlichen Schöpfungsprozesses fragen, der in den Schriften Cantors angesprochen wird. Lässt es die Vorgehensweise, die der Autor nahe legt, zu, einige Geheimnisse desselben zu entschlüsseln?

---

[3] Brief 3 (Valson, 31. Januar 1886).

Eine Antwort wird in der philosophischen Debatte über den freien Willen, an der Cantor sich beteiligte, angedeutet. Wir treffen Cantor darin als den Prediger der „freien" Mathematik an, die er gegen die „gehemmte" Mathematik als Verteidiger des freien Willens gegen den Determinismus vertritt.

Diese Vision schließt in keiner Weise die Zwänge der Logik aus, denen sich der Mathematiker in Jahren der Forschung unterworfen hat, um ihn „fast wider meinen Willen" – wie Cantor in den „Grundlagen" treffend formulierte[4] – zur Zulassung des Aktualunendlichen in der Mathematik zu führen.

Das Geheimnis der wissenschaftlichen Schöpfung entzieht sich gewiss jeder einseitigen Interpretation. Die Schönheit der Abstraktionen, die Georg Cantor geschaffen hat, verleiht ihnen eine Existenz in geschichtsträchtiger Freiheit. Andererseits ist es offenkundig, dass sich der Autor einer inneren Notwendigkeit verpflichtet fühlte, die er – vielleicht vergeblich – seinen skeptischen und positivistisch eingestellten Briefpartnern zu erklären suchte.

Liegt die Wurzel des wissenschaftlichen Schöpfungsprozesses in dieser komplexen Spannung, die innere Notwendigkeit und Freiheit in kontradiktorischer Weise einander entgegensetzt und damit verbindet? Die Ähnlichkeiten zwischen den Antworten, welche Künstler auf diese Frage geben, mit jener, die Cantor selbst gibt, ist verblüffend. So schreibt Wassily Kandinsky über die künstlerische Freiheit:

> Heute ist der Tag einer Freiheit, die nur zur Zeit einer keimenden großen Epoche denkbar ist. Und im selben Augenblick, ist diese selbe Freiheit eine der größten Unfreiheiten, da alle diese Möglichkeiten zwischen, in und hinter den Grenzen aus einer und derselben Wurzel wachsen: aus dem kategorischen Rufen der *inneren* Notwendigkeit.[5]

Die Schöpfer scheinen von einer Art intimem Zwang geleitet zu sein, welche sie berechtigter Weise oder nicht als ideale Realitäten oder als reale Idealitäten nehmen, die sie in der Schönheit transzendieren:

Das ist schön, was seiner inneren seelischen Notwendigkeit entspringt. Das ist schön, was innerlich schön ist.[6]

Sowohl die Schönheit der abstrakten Aquarelle Kandinskys als auch die der transfiniten Zahlen Cantors zeugen zugleich von vollkommener Freiheit und von einer realen Notwendigkeit.

---

[4] [Cantor 1883a, Teil V, S. 555–556] oder [Cantor 1932, S. 175].
[5] [Kandinsky 1952, S. 127–128].
[6] [Kandinsky 1952, S. 137].

Kapitel 7
Die Korrespondenz

Wir verweisen auf Anhang 1, wo die von uns verwendeten Fundstellen für die Briefe Cantors angegeben sind.

Herrn Barthélémy St. Hilaire, Sénateur in Paris[1]

17 Januar 1886

Hochwürdiger Herr,

Gestatten Sie mir, Ihnen beifolgend eine kleine gedruckte Note zuzustellen, in welcher ich mich gegen gewisse Richtungen in der Wissenschaft zu vertheidigen suche, die ich seit Jahren ihren Weg habe gehenlassen und auf die ich auch jetzt nur aus dem Grund eingehe, weil ich gefunden habe, dass durch die Polemik meiner Gegner ein Theil der Jugend, welche ich zu unterrichten habe, irre geführt wird.[2]

Ich ergreife diese Gelegenheit, Ihnen meinen tiefgefühlten Dank für die vielfache Belehrung auszusprechen, welche ich aus Ihren berühmten Schriften geschöpft habe.

Genehmigen Sie den Ausdruck vorzüglicher Hochachtung und Verehrung.

G.C.

ANMERKUNGEN

[1] Jules Barthélémy Saint-Hilaire (1805–1895) war Professor am *Collège de France* und Akademiemitglied. Er beherrschte Griechisch und Sanskrit; sein philosophisches Anliegen war, eine vollständige Übersetzung der Werke von Aristoteles zu erstellen. Dieser Aufgabe widmete er den größten Teil seiner Arbeit an der Universität. 1840 arbeitete er mit Minister Victor Cousin im Erziehungsministerium (*Ministère de l'instruction publique*) zusammen; er protestierte gegen den Staatsstreich im Dezember 1851, indem er den Eid auf Kaiser Napoleon III verweigerte. Nach dem Krieg von 1871 nahm die Laufbahn von Barthélémy Saint-Hilaire eine wichtige neue Wendung: Er wurde in der Regierung Thiers Kabinettschef. Er war Senator auf Lebenszeit und Berichterstatter beim *Conseil supérieur de l'instruction publique* (Bildungsrat). 1880 wurde er Außenminister im Kabinett Jules Ferry. In dieser Eigenschaft unterschrieb er insbesondere den Vertrag von Bardo, der das französische Protektorat über Tunesien einrichtete.

[2] Wir konnten die Note, auf die sich Cantor hier bezieht, nicht ermitteln. Übrigens hat Leopold Kronecker, der den wissenschaftlichen Neuerungen Cantors feindlich gegenüber stand, letzteren in privaten Gesprächen beschuldigt, die Jugend zu verderben [Schönflies 1927, S. 2]

2

Kopie der Antwort von Barthélémy Saint-Hilaire

Paris, Boulevard Flandrin 4.

20. janvier 1886

Je vous remercie de la communication que vous avez bien voulu me faire dans votre lettre du 17 de ce mois. J'espère que votre réponse fera cesser les critiques injustes dont vos théories sur l'infini sont l'objet; vous avez d'ailleurs bien fait de vous adresser à la jeunesse, dont l'inexpérience peut si facilement s'égarer.

Je saisis cette occasion, cher Monsieur, de vous offrir tous mes souhaits de bonne année, avec l'assurance de ma considération très distinguée.

B. St. Hilaire

Übersetzung:

Paris, Boulevard Flandrin 4

20. Januar 1886

Ich danke Ihnen für die Mitteilung, welche Sie mir in Ihrem Brief von 17. dieses Monats machten. Ich hoffe, dass Ihre Antwort die ungerechtfertigte Kritik an Ihren Theorien, die das Unendliche zum Gegenstand haben, beendet. Im Übrigen haben Sie gut daran getan, sich an die Jugend zu wenden, deren Unerfahrenheit sie so leicht fehlen lässt.

Ich ergreife diese Gelegenheit, lieber Herr, um Ihnen meine besten Wünsche zum neuen Jahr zu übermitteln, und verbleibe hochachtungsvoll
Ihr

B. St. Hilaire

3

Herrn Professor C. A. Valson, in Lyon, 25 rue du Plat[1]

Halle 31 Januar 1886

„*Certissimum est atque experientia comprobatum, leves gustus in philosophia movere fortasse ad atheismum, sed pleniores haustus ad religionem reducere*"
(Verulamii: *De dignitate et augmentis scientiarum*)[2]

„*Gewiss ist, und die Erfahrung bestätigt dies, dass ein oberflächlicher Kontakt mit der Philosophie zum Atheismus verleitet, beschäftigt man sich aber tiefgreifender mit ihr, so führt sie zur Religion zurück.*"

Hochverehrter Herr College,

Die Beantwortung Ihres liebenswürdigen Schreibens v. 18 Jan. 86 habe ich deshalb verzögert, weil es meine Absicht war, ausführlich zu antworten; leider bin ich dazu noch immer zu sehr mit vielerlei Arbeiten überhäuft und ich will daher nicht mehr warten, indem ich Ihnen meinen verbindlichsten Dank für das ebenso ehrenvolle, wie interessante Geschenk Ihres Werkes über André-Marie Ampère[3], sowie auch für Ihren Brief hiermit ausspreche.

Der „Discours préliminaire" in Ihrem Buch wird mich nicht weniger fesseln, als der übrige Theil, weil ich, wie Sie wissen, den Werth aller Anstrengungen zu schätzen weiss, welche darauf gerichtet sind, die Wissenschaft auf einen idealeren Standpunkt zu erheben, als sie durch den puren Rationalismus erlangen kann, der von den glänzenden Talenten eines Lagrange, Laplace, Gauss, etc. zur Ausbildung und Blüthe geführt worden ist und dessen Einfluss sich selbst Cauchÿ und viele andere, noch heute lebende Geometer, bei denen der Herzenszug, wenn ich mich so ausdrücken darf, nach einer andern Seite geht, nicht ganz zu entziehen gewusst haben.

Ueber dieses Alles könnte ich viel sagen, beschränke mich aber auf das Eine, dass, meiner Ueberzeugung nach, die grosse Leistung Newtons, die *Principia mathematica philosophiae naturalis*, an welche sich die ganze neuere Entwicklung der Mathematik und mathem. Physik anschliesst, in Folge grober metaphysischer Mängel und Verkehrtheiten seines Systemes, gegen die wohlmeinenden Absichten des Urhebers, als die eigentliche Ursache des zu einer Art Monstrum gediehenen, im strahlenden Gewande der Wissenschaft stolzierenden Materialismus oder Positivismus der Gegenwart, vorzugsweise in den Metropolen und ihren weltberühmten Akademien vertreten, anzusehen ist.

So sehen wir, dass die grösste Leistung eines Genies, trotz subjectiver Religiosität des Autors, wenn sie nicht mit wahrem philosophischen und historischen Geiste vereint ist, zu Wirkungen führt und, ich behaupte sogar, nothwendig hinzuführen muss, bei denen es höchst fraglich erscheint, ob nicht das Gute an ihnen von dem Bösen, das sie gleichzeitig dem menschlichen Geschlecht zuführen, bedeutend übertroffen wird; und zu dem *Allerbösesten* scheinen mir die Irrthümer des für „positiv" sich haltenden, auf Newton, Kant, Comte und andere sich berufenden modernen Skepticismus zu gehören.[4]

Ich wollte Ihnen auch einige metaphysischen Thesen zur Prüfung für Herrn Abbé Elie Blanc mitschicken, allein ich muss auch dies auf eine spätere Zeit verschieben.

Noch danke ich Ihnen herzlich für den Auszug aus dem *Traité de Mécanique de Poisson* über das „infiniment petit".[5] Sie geben mir hiermit die erwünschte Gelegenheit zu erklären, dass es keinen entschiedeneren Gegner der betreffenden Poissonschen Conceptionen, die voller Widersprüche in sich sind, giebt als mich und dass ich diese Art von „Infiniment petit ou grand", welche ich in beifolgender Note gleich im Anfang das „L'infini actuel illégitime" nenne, aufs höchste perhorrescire; es hat dasselbe nur zur Verkennung des „Infini actuel légitime" geführt. Vielmehr halte ich diejenige Auffassung des gewöhnlich in der Mathematik vorkommenden, nur potenzialen Unendlichen, welche sich namentlich durch die überaus bedeutenden Arbeiten Cauchy's Bahn gebrochen hat (obwohl bei Leibniz schon dieselbe Auffassung der Differentiale vorkommt) für die *allein richtige*.[6] Meine Arbeiten betreffen eine ganz andere und der Hauptsache nach neue *mathematische* Ordnung von Ideen, was aber bis jetzt nur von Wenigen bemerkt worden ist. Nicht dass sie sich etwa direct auf Etwas über die Natur beziehen; vielmehr bezwecken sie eine genauere, vollständigere, feinere Erkenntniss *der Natur selbst,* als sie durch die Newtonschen Principien zu erreichen ist, allerdings nicht ohne Fühlung mit Dem, der über der Natur steht, da sie seine freiwillige Schöpfung ist.

Könnten Sie mir vielleicht einen jüngeren Mann nennen, der genug Philosoph und Mathematiker wäre und die Liebenswürdigkeit hätte, kleine sachgemässe Auszüge aus Schriften für mich herzustellen, die ich in Deutschland nicht finden kann, die aber möglicherweise in Lẏon oder Paris in den Bibliotheken leicht zu haben sein werden? Sie würden mich damit zu neuem Dank verbinden.

Genehmigen Sie, mein Herr, den Ausdruck meiner ausgezeichneten Hochachtung und Verehrung.

Ihr ergebenster,

Georg Cantor.

ANMERKUNGEN

[1] Claude-Alphonse Valson (1826–1901) stand 1886 an der Spitze der katholischen Fakultät von Lyon. Nach einer Promotion in Naturwissenschaften beschäftigten sich seine naturwissenschaftlichen Arbeiten mit der Kapillarität in der Physik und mit der Anwendung der Gaußschen Koordinatenmethode zur Bestimmung der Planetenbahnen. Valson verfasste eine Biographie von Augustin-Louis Cauchy [Valson 1868], zu der Charles Hermite das Vorwort schrieb und deren apologetischer Charakter von Joseph Bertrand korrigiert wurde [Bertrand 1869]. Valson schrieb auch eine Biographie von André-Marie Ampère [Valson 1886] (vgl. hierzu die Kap. 3 und 4).

[2] Das Motto dieses Briefes entstammt einem Werk von Francis Bacon (1623), Baron von Verulam und Vicomte von Saint Alban: *De dignitate et augmentis scientiarum* [Bacon 1623, Buch I § 5, S. 67]; dieses Werk ist eine lateinische Ausgabe des 1605 in englischer Sprache erschienenen Buches: *Of the Proficience and Advancement of learning.* Um das Argument zu widerlegen, die Naturwissenschaft führe zum Atheismus, greift Francis Bacon in seinen Schriften oft auf die im Motto enthaltene Idee zurück. In der Version von 1623 von *De dignitate* ersetzte Bacon die englische Sprache durch die lateinische, um die Verbreitung und das Studium seiner Schrift auf dem europäischen Kontinent zu erleichtern. Das zuletzt genannte Motiv sowie der Wunsch, die Römische Zensur zu umgehen (das sagt er explizit), veranlassten Bacon dazu, alle Passagen der ursprünglichen Fassung, welche aus der Sicht des Römischen Katholizismus anstößig sein konnten, zu korrigieren oder zu streichen. Diese Korrekturen machen die wichtigsten Unterschiede zwischen der englischen Version von 1605 und der lateinischen von 1623 aus.

[3] Es geht hier um das Werk *La vie et les travaux de André-Marie Ampère* [Valson 1886], dessen Hauptthese schon in dessen Einleitung folgendermaßen formuliert wird (Brief an den Kardinal Erzbischof von Lyon, Monseigneur Caverot): „Erst in dem Moment, in dem er [Ampère] endgültig zum Christen wurde, gelangte sein zuvor gelähmter Genius zur vollen Entfaltung, was ihm seine unsterblichen Entdeckungen ermöglichte."

[4] Das Bild, das Cantor hier vom Werk Newtons entwirft, ist geprägt von der rationalistischen Sichtweise, welche in den positivistischen Kreisen seiner Epoche gängig war: Newton wird dort gefeiert, weil er den Übergang von einer metaphysischen Konzeption zu einer positiven oder wissenschaftlichen Konzeption in der Erklärung der physikalischen Phänomene vollzogen habe. Nachdem zwischen 1960 und 1970 der größte Teil der theologischen Manuskripte Newtons zugänglich geworden war, wurde diese Sichtweise revidiert [Panza 2003, S. 115–130]. Gemäß dieser Revision hat Newton seine Erklärung der Welt in Gestalt einer Kette von formalen Ursachen, welche die Bewegung der Gestirne und das Verhalten der Lichtstrahlen beschreibt, gegeben, ohne zu behaupten, damit die Wirkursachen dieser Phänomene zu erreichen. Indem er die Vorstellung davon, was eine wissenschaftliche Theorie sei, veränderte, konnte Newton dieses neue wissenschaftliche Ideal propagieren und gleichzeitig die Theologie pflegen. So gesehen strebt die Wissenschaft danach, die Phänomene in möglicherweise partieller aber dennoch vollständig autonomer Weise zu erklä-

ren, während die Theologie diese Erklärungen in ein umfassenderes Bild integriert. Bis auf den heutigen Tag gilt Newtons Behauptung eines autonomen Gebietes für die Wissenschaft als einer seiner wichtigsten Beiträge zur Aufklärung.

⁵ Der *Traité de mécanique* von Denis Poisson [Poisson 1811] ist geprägt von dem Bestreben des Autors, analytische Methoden zur Lösung zahlreicher physikalischer Probleme zu verwenden. Die letzte Auflage (1833) enthält in der Einleitung folgende Definitionen: „Eine unendlich kleine Größe ist eine Größe, die kleiner ist als jede vorgegebene gleichartige Größe" (S. 14) und „Das Differential dx einer unabhängigen Variablen x ist der unendlich kleine Zuwachs, welchen man dieser Variable zukommen lässt; das Differential dy einer Funktion von x ist der zugehörige Zuwachs dieser Funktion; dieser wird auf dieselbe Größenordnung wie der Zuwachs der unabhängigen Variablen reduziert, indem man unendlich kleine Größen höherer Ordnung unterdrückt. Hieraus ergibt sich, dass dieses Differential dy immer die Form Xdx besitzt, wobei X eine weitere Funktion von x ist." (S. 16)

Diese Auffassung befindet sich in Übereinstimmung mit der Leibnizschen Differentialrechnung und mit der *Théorie des fonctions analytiques* von Lagrange [Lagrange 1797]. Um für die Physik nützlich zu bleiben, ignoriert sie den von Cauchy angegebenen strengen Begriff des Grenzwertes [Cauchy 1821] und die hieraus folgende Definition einer unendlich kleinen Größe als einer Nullfolge. In der Tat schrieb Cauchy 1831, dass es für die Grundlegung der Infinitesimalrechnung besser sei, „die unendlich kleinen Größen als variable Größen" zu betrachten, „die gegen Null gehen"; so „verschwinden die Schwierigkeiten, die die Theorie der unendlich kleinen Größen aufweist." [Cauchy 1831, S. 183]

⁶ Bezüglich des Unterschiedes zwischen Aktual- und potentiell Unendlichem verweisen wir den Leser auf Anhang 2. Cantor hat mehrfach seine Ablehnung einer Einführung von unendlich kleinen Größen – also von positiven Größen im Stile Poissons, die kleiner sind als alle positiven Zahlen – in die Mathematik ausgedrückt. Zudem kann man mit Cauchy Variablen betrachten, die unendlich klein werden, das heißt Größen, die potentiell unendlich klein sind. Cantor ging so weit, dem italienischen Mathematiker Guilio Vivanti am 13. Dezember 1893 zu schreiben, die Mathematik sei durch Johannes Thomae (1842–1905), Autor des „Abriss einer Theorie der complexen Functionen und der Thetafunctionen einer Veränderlichen" [Thomae 1870], und Paul du Bois-Reymond, Autor von „Die allgemeine Functionenlehre" [du Bois-Reymond 1882], mit dem „Cholera-Bacillus" der unendlich kleinen Größen infiziert worden. Vgl. hierzu [Meschkowski 1965, S. 504–505].

Für Cantor stand die Einführung unendlich kleiner Größen in Widerspruch mit dem „Begriff der linearen numerischen Größe" (das heißt mit dem Axiom von Archimedes: Zu jedem Paar reeller positiver Zahlen a und b mit $b > a$ gibt es eine natürliche Zahl n, derart, dass $na > b$ ist). In dieser Hinsicht ist der Brief von Cantor an Benno Kerry vom 4. Februar 1887 [Cantor 1991, S. 275–276], in dem er die Unmöglichkeit, die Zahl $1/\omega$ zu begreifen, (ω bezeichnet die erste transfinite Zahl) begründet, erhellend.

Die Frage der unendlich kleinen Größen wird auch in einem Brief von Cantor an Goldschneider vom 13. Mai 1887 angesprochen (Archiv Universität Göttingen [Cod. Ms 16]) und in dem Brief an Weierstraß vom 16. Mai 1887 sowie in dem Brief an Veronese vom 7. September 1890 [Cantor 1991, S. 288 und 326–327].

4

Herrn Abbé Élie Blanc in Lÿon.[1]

Halle a/S, d. 22ten Mai 1887.

Hochgeehrter Herr,

Es sind mehrere Monate verflossen, dass ich Ihre Schrift *Théorie du libre arbitre* erhalten habe. Ich wollte Ihnen nicht eher meinen Dank für diese freundliche Sendung aussprechen, als bis ich Zeit gefunden, Ihre interessante Brochüre genau zu lesen, was nun geschehen ist. So bin ich in der angenehmen Lage, Ihnen hierdurch nebst meiner Erkenntlichkeit für Ihre liebenswürdige Aufmerksamkeit zugleich die Uebereinstimmung *vor Allem mit Ihrem Standpunkt in dieser schwierigen Frage*, sodann aber auch mit den wesentlichen Theilen Ihrer scharfsinnigen Argumentation aussprechen zu können.

Erst bei dieser Gelegenheit habe ich aus Besprechungen, welche ich über Ihre Arbeit mit einigen Collegen gehabt, gesehen, wie gross die Zahl der Deterministen ist; hier in Halle wenigstens bin ich unter den jüngeren Philosophen unserer Universität der einzige Indeterminist, letzteres ganz in dem Sinne, wie er von Ew. Hochwürden so klar und schön umgrenzt worden ist. Nur kann ich hinzufügen, dass ich aus den Prinzipien der von mir ausgebildeten Lehre vom „Transfinitum in natura creata" noch mehr Argumente für den Indeterminismus, noch stärkere Gründe gegen den absoluten Determinismus herleiten zu können glaube.[2]

Seit 1 1/2 Jahren habe ich von unserm hochverehrten Collegen, Herrn C. A. Valson nichts Briefliches gehört; nur einmal erhielt ich von ihm eine interessante akademische Abhandlung über Ampère, für welche ich Sie ersuche, ihm meinen herzlichen Dank auszusprechen.

Mein letzter Brief an ihn ist vom 31ten Januar 1886. Es kann sein, dass er meine darin über Newton gemachten Bemerkungen nicht gern gesehen hat; ich würde dies bedauern; bei aller Anerkennung, welche ich den *mathematischen*, *physikalischen* und *astronomischen* Verdiensten Newtons spende, kann ich doch nicht umhin, zu glauben, dass er der Philosophie indirect *sehr geschadet* hat und dass seine *Metaphÿsik* der Hauptsache nach ganz falsch ist.[3] In letzterer Hinsicht stand, meines Erachtens, sein grosser Rivale *Leibniz* der Wahrheit unendlich mal näher.

Hoffentlich wird die momentan in Paris eingetretene Ministerkrisis einen für Ihr Land relativ möglichst günstigen Ausgang nehmen. Wenn ich mich nicht täusche, so ist, bei den obwaltenden Verhältnissen, noch am ehesten von *Herrn von Freÿcinet* zu erwarten, dass er nicht nur für die materiellen, sondern auch für die *geistigen, namentlich die religiösen Bedürfnisse* Ihrer Nation Verständnis und guten Willen hat.[4]

Mit dem Ausdruck vorzüglicher Hochachtung habe ich die Ehre zu zeichnen

Ew. Hochwürden
ganz ergebenster
Georg Cantor.

P. S. Sollten Sie die Abhandlung von *Aurelius Adeodatus* (Pseudonÿm): *Die Philosophie und Cultur der Neuzeit und die Philosophie des h. Thomas von Aquino* (Köln, 1887, bei Bachem) noch nicht gelesen haben, so kann ich sie Ihnen empfehlen. Sie macht grosses Aufsehen in Deutschland, zumal da man hört, dass der Verfasser *Protestant* sein soll. Vielleicht eignet sich die Arbeit zur Uebersetzung in das Französische und zur Aufnahme in Ihre Zeitschrift.

ANMERKUNGEN

[1] Abbé Élie Blanc (1846–1926) war an der Gründung der katholischen Fakultät von Lyon beteiligt, wo er 1887 die Funktionen eines Philosophieprofessors wahrnahm. Er verteidigte die scho-

Die Korrespondenz 141

lastische Philosophie, der er ein voluminöses Werk widmete [Blanc 1893]; er verfasste zahlreiche Artikel, insbesondere zum Problem des freien Willens [Blanc 1886], zur sozialen Frage, zum Geburtenrückgang und zur Hypnose [Blanc 1898]. Blanc gab auch eine Philosophiegeschichte heraus.

[2] Die in Frankreich geführten Debatten über den Determinismus und den freien Willen sowie die von Abbé Blanc in dem von Cantor zitierten Werk vertretene Position werden im Kap. 4 untersucht.

[3] Vgl. Brief 3 an Valson.

[4] Louis Charles de Saulces de Freycinet (1828–1923) entstammte einer protestantischen Familie; er absolvierte die *Ecole Polytechnique* und wurde Bergwerksingenieur. Seine berufliche Laufbahn begann er bei der *Compagnie des Chemins de Fer du Midi*. Dem Regime von Napoleon III ablehnend gegenüber stehend näherte er sich ab 1870 Gambetta.

Freycinet war mehrfach Präsident des *Conseil*, eine Position, die er neben der des Außenministers oder des Kriegsministers innehatte. Seit seiner ersten Präsidentschaft (von Dezember 1879 bis September 1880) unterstützte er die von Bildungsminister Jules Ferry verteidigte Politik, die ihren Ausdruck in der Annahme der Gesetze zur Laisierung des höheren Bildungswesens und in den Dekreten gegen die nicht-autorisierten Kongregationen fand. 1882, beim Sturz Gambettas, erreichte er mit Ferry die Einführung der allgemeinen Schulpflicht. Vom 7. Januar bis zum 10. Dezember 1886 war Freycinet erneut Präsident des *Conseil*; er berief dann General Boulanger ins Kriegsministerium und ließ am 30. Oktober 1886 das Gesetz über die Laisierung der öffentlichen Schulen abstimmen.

Nach dem Sturz Freycinets, der das Ende des Jahres 1886 prägte, wurde die Präsidentschaft des *Conseil* vom 11. Dezember 1886 bis zum 18. Mai 1887 für kurze Zeit René Goblet anvertraut. Cantors Brief ist inmitten der „Ministerkrise" angesiedelt, welche am 30. Mai 1887 durch die Ernennung von Maurice Rouvier gelöst wurde – und nicht etwa, wie Cantors Brief vermuten lässt, durch die Wiedereinsetzung von Freycinet. Rouvier blieb bis zum 12. Dezember 1887 Präsident des *Conseil*. Seine Demission hing mit der des Präsidenten der Republik, Jules Grévy, zusammen und war eine Folge des Skandals um den Handel mit gefälschten Orden.

5

Georg Cantor à Paul Tannery[1]

Halle a. d. Saale, den 7. August 1888.

Mein lieber Herr College,

Vor einigen Tagen sandte ich Ihnen eine Postkarte des Inhalts, dass ich Ihnen gern die gewünschten Mittheilungen machen werde, sobald es meine, momentan durch andere Obliegenheiten stark in Anspruch genommene Zeit, erlauben wird.

Nun würde es mir sehr lieb sein, wenn Sie mir baldigst schreiben wollten, zu welchem *Zeitpunkte* Sie *spätestens* die betreffende Information brauchen, resp. bis zu welchem Buchstaben die Ausgabe der „Grande Encyclopédie" gelangt ist und wann mit dem Druck von *Ca* begonnen werden wird. Vielleicht würde ausserdem das Zeichen *Ens.* für ein Artikel über die „Théorie des ensembles" in Betracht kommen.

Schliesslich erwähne ich, dass vermutlich in einem der nächsten Hefte der neuen Ausgabe von „A. Gubernatis. Dictionnaire international des écrivains du jour" (Florence, L. Nicolaï)[2] eine kurze Biographie von mir erscheinen wird, da sich Herr Gubernatis vor einigen Monaten die nötigen Daten dazu von mir erbeten und sie erhalten hat.

Genehmigen Sie, verehrter Herr College, den Ausdruck meiner

besonderen Hochachtung
Georg Cantor.

ANMERKUNGEN

[1] Paul Tannery war 1888 Direktor der Tabakmanufaktur in Bordeaux. Er hatte den Auftrag, die Artikel „Cantor" und „Menge" für die *Grande Encyclopédie, inventaire raisonné des sciences, des lettres et des arts* zu verfassen, welche von Marcelin Berthelot herausgegeben wurde. Dieser Aspekt der Aktivitäten von Paul Tannery wird in Kap. 2 analysiert.

[2] Eine kurze Biographie von Georg Cantor findet sich in dem Werk von d'Angelo de Gubernatis [Gubernatis 1891, S. 500–501].

6

Georg Cantor à Paul Tannery

Halle a. d. Saale, den 5. Okt. 1888.

Mein lieber Herr College,

Erst heute komme ich dazu, Ihnen beifolgende von Ihnen gewünschte Angaben, welche sich auf meine Person und Publikationen beziehen, zu übersenden. Wollen Sie es gütigst entschuldigen, dass diese Mittheilung in Folge verschiedener Reisen, die ich in letzter Zeit gemacht habe, so spät erst in Ihre Hände kommt. Ich wäre durchaus nicht abgeneigt, Ihrer freundlichen Aufforderung zu entsprechen und für die „Grande Encyclopaedie" einen Artikel über die „Théorie des ensembles" zu liefern. Sie schreiben mir, dass ich damit ungefähr ein Jahr Zeit haben würde. Es wäre mir lieb, dieserhalb von Ihnen einen bestimmten Termin gesetzt zu sehen, sowie auch eine Angabe zu erhalten, bis zu welcher Grösse dieser Artikel gehen könnte. Andererseits möchte ich es *mit Freuden* begrüssen, wenn Sie selbst bereits in dem Biographischen Artikel unter *Ca* eine Characteristik dessen geben wollten, was ich in der „Théorie des ensembles" versucht und erstrebt habe. Denn Ihr vor drei Jahren in der *Ribotschen Revue philosophique* (Okt. 1885) erschienener gelehrte Artikel: „Le concept scientifique du Continu"[1] gibt mir eine Gewähr dafür, dass Ihre Besprechung meiner Arbeiten ebenso nachsichtig und wohlwollend wie sachkundig ausfallen würde. In Anknüpfung an diese Ihre Arbeit gestatten Sie mir einige Bemerkungen:

1. Wenn Sie mich pag. 406 als „pur idéaliste, comme principes et comme méthodes" (reinen Idealisten, sowohl was die Prinzipien als auch was die Methoden betrifft) bezeichnen, so haben Sie von einem *gewissen* Gesichtspunkte aus gewiss Recht; doch dem *modernen Idealismus*, wie er sich seit Kant entwickelt hat, stehe ich durchaus fern; mein Idealismus ist verwandt mit dem Aristotelisch-Platonischen, welcher wie Sie wissen zugleich *Realismus* ist. Ich bin ebensowohl *Realist*, wie *Idealist*.[2]
2. Mit Recht heben Sie hervor, dass ich gewissermassen die Auffassung der *Pythagoräer* erneuere, sofern ich eine reale Zusammensetzung des geometrischen Continuums aus *getrennten Punkten*, als geometrischen Einheiten lehre, analog dem,

wie der Wald aus Bäumen zusammengesetzt ist; aber während von den Pythagoräern das Continuum als eine *Summe von Punkten* gefasst wird, gegen welche die Beweise *Zenos von Elea* volle Kraft besitzen, ist es bei mir eine *Punktmenge* (ensemble de points) von bestimmter, genau angegebener Beschaffenheit.[3]
Meine Fassung des geometrischen (und zeitlichen) Continuums ist eine solche, welche die *Vorzüge der Aristotelischen* mit dem, *was an der Pythagoreischen Auffassungsweise* wahr ist, *harmonisch vereinigt*, sodass es keinem Zeno gelingen wird, mir in meinem wohlerwogenen Continuumsbegriffe *irgendwelche Widersprüche* nachzuweisen.

3. Im Gegensatz zu Aristoteles und seinen Anhängern vertrete ich in weitestem Umfange die *Realität des actualen Unendlichen in Natura*, welches ich *Transfinitum* nenne. In dieser Beziehung bitte ich Sie, meine jüngsten Aufsätze in der *Zeitschrift für Philosophie und philosophische Kritik* Bd. 88, 91 und 92 zu berücksichtigen. Dort gebe ich nicht nur die positiven Bestimmungen und Gründe meiner Theorie, sondern widerlege auch alle mir bisher entgegengetretenen Einwände, namentlich der *Scholastik*, mit der ich im übrigen den Boden des strengen Theismus gemein habe.
Dort finden sich die Grundlagen der Theorie der *Ordnungstypen*, von denen die transfiniten Ordnungszahlen (ω, $\omega + 1$, ..., Ω, $\Omega + 1$, ...) spezielle Fälle sind. Es sind nämlich die letzteren nichts anderes, als die Typen wohlgeordneter Mengen.[4]

4. Gegenüber Ihrer Bemerkung (pag. 408) dass die Irrationalität $\sqrt{2}$ durch die Diagonale eines Quadrates eine Realität gewinne, welche beispielsweise der Ordnungszahl ω nicht zuerkannt werden könne, bitte ich Sie zu erwägen, dass ω Ordnungstyp *realer* wohlgeordneter Mengen ist, z. B. der *realen* Punktmenge mit steigenden Abszissen $= 0, \frac{1}{2}, \frac{3}{4}, \frac{7}{8}, ..., \frac{2^n-1}{2^n}$.

Das Gleiche gilt von den übrigen Zahlen der zweiten Zahlenklasse.[5]

Kommt also der endlichen Zahl 7 oder der irrationalen Zahl $\sqrt{2}$ in gewissem Sinne *Realität* zu, so stehen die transfiniten Zahlen sowohl die transfiniten Kardinalzahlen (= puissances) wie auch die transfiniten Ordnungszahlen und Ordnungstypen an *Realität* gewiss nicht nach.

Nur von dem in jeder Hinsicht unhaltbaren Standpunkte eines *rohen Finitismus* wie er neuerdings z. B. von *Kronecker* vertreten wird, kann an der Realität der transfiniten Zahlen und Ordnungstypen gezweifelt werden.

Mit vorzüglicher Hochachtung bin ich, mein lieber College,

Ihr ergebenster

Georg Cantor.

ANMERKUNGEN

[1] Es handelt sich um den Artikel „Le concept scientifique du continu: Zénon d'Elée et Georg Cantor" [Tannery Paul 1885], der in der *Revue philosophique de la France et de l'étranger* erschien, welche von Théodule Ribot herausgegeben wurde. Théodule Ribot (1839–1916) trat 1862 in die *Ecole Normale Supérieure* ein. Er war Naturphilosoph und leitete seit 1876 die *Revue philosophique*, die er auf die Förderung der Naturwissenschaft ausrichtete, vor allem, indem er Arbeiten ver-

öffentlichte, die den Evolutionismus behandelten. Ansonsten unterrichtete Ribot an der Sorbonne und am *Collège de France*, wo er den Lehrstuhl für experimentelle und vergleichende Psychologie inne hatte.

[2] Diese wichtige philosophische Position wird im Kap. 4 kommentiert.

[3] Die von Cantor gewählte Definition des Kontinuums wird in Kap. 3 behandelt. Dieser Begriff tritt in den „Grundlagen" [Cantor 1883a, Teil V, S. 575–576] oder [Cantor 1932, S. 194] auf.

[4] Zu den Begriffen „geordnete" und „wohlgeordnete Menge", die zur Definition der transfiniten Ordinalzahlen, insbesondere der transfiniten Zahl ω führen, vgl. man Anhang 3. Gleiches gilt für die Begriffe Kardinalzahl und Ordnungstyp.

[5] Zwischen der Menge N der natürlichen Zahlen und der Menge der reellen Punkte

$$F = \left\{ u_n = \frac{2^n - 1}{2^n}, n \in N \right\}$$

lässt sich eine Bijektion herstellen, indem man der natürlichen Zahl n das Element u_n zuordnet. Diese Bijektion respektiert die übliche Ordnung, da aus $n < p$ die Beziehung $u_n < u_p$ folgt. Folglich gehört zu den gemäß der üblichen Ordnung wohlgeordneten Mengen F et N dieselbe Ordinalzahl ω.

7

À Monsieur Papus[1] à Paris,
rue de Strasbourg n°14.

Halle a/ Saale, d. 16ten Juli 1891.

Sehr geehrter Herr,

Sie werden vor einigen Tagen einige Schriften mathematisch-philosophischen Inhalts von mir erhalten und daraus auf mein grosses Interesse für Ihre synthetischen Arbeiten im Occultismus geschlossen haben.

Es ist dafür gesorgt worden, dass Ihr Werk *Traité méthodique de science occulte*[2] von unsrer Universitätsbibliothek gekauft worden ist und so sind Sie mir bekannt geworden. Sollten Sie ein Exemplar des Werkes für meinen privaten Gebrauch übrig haben, so würde ich Ihnen dafür dankbar sein.

Sind Sie im September dieses Jahres in Paris anwesend? Es kann sein, dass ich von England kommend, wohin ich Anfangs August fahre, über Paris reise und Sie dort aufsuche.

Empfehlen Sie mich aufs Angelegentlichste Herrn *Adolphe Franck*[3], dem grossen Gelehrten, dessen Schriften ich bewundernd studirt habe.

Freundschaftlichst
Ihr ergebener
Georges Cantor (Abb. 7.1)

ANMERKUNGEN

[1] Papus, ein Pseudonym von Gérard Encausse (1865–1916), war Mitglied des Direktoriums des 1888 von Stanislas de Guaïta gegründeten kabbalistischen Ordens der Rosenkreuzer (wir verweisen den Leser auf Kap. 3).

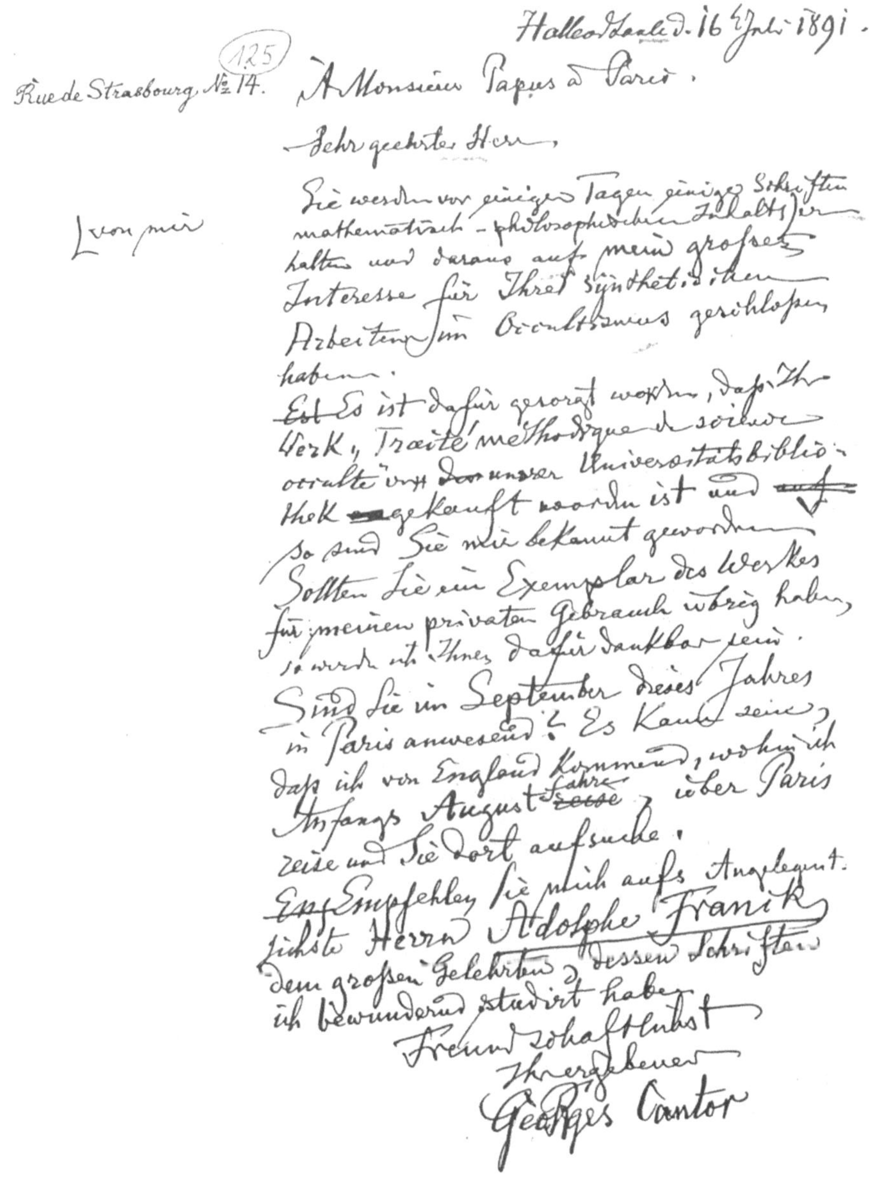

Abb. 7.1 Brief an Papus. (Archiv Göttingen [Cod. Ms. G. Cantor 18])

---

[2] [Papus 1891]. Papus schlägt in seinem *Traité* eine Definition der okkulten Wissenschaften vor und gibt ein breites Panorama derselben. Das erklärte Ziel der okkulten Wissenschaften ist es, eine Synthese zu finden, welche alle Zweige des menschlichen Wissens umfasst, und so dessen Einheit wieder herzustellen. Das Ziel ist ehrgeizig: Es geht um eine Allianz von Wissenschaft und Glauben verbunden in ihrem einmaligem Wahrheitsstreben. Nach Papus untersucht die zeitgenössische Wissenschaft die wahrnehmbare Welt mit Hilfe analytischer und experimenteller Methoden; da

das Sichtbare die Manifestation des Unsichtbaren ist,beschäftigt sich die okkulte Wissenschaft mit dem intelligiblen Verborgenen, dessen Synthese sie mit Hilfe der „analogischen" Methode anstrebt. Diese analogische Wissenschaft findet ihre Bezugstellen im Überfluss in der Antike: bei den Pythagoreern, in der hebräischen Tradition, der Kabbala, dem Hinduismus. Sie strebt eine Annäherung an die wissenschaftlichen Studien des 19. Jhs. zum Magnetismus, zur Hypnose und zum Spiritismus an.

[3] Adolphe Franck (1809–1893) war Professor der Philosophie am *Collège de France* und Akademiemitglied. Er ist der Autor des Buches *La Kabbale ou la philosophie religieuse des Hébreux* [Franck 1843] und Herausgeber des *Dictionnaire des sciences philosophiques par une société de professeurs et savants* [Franck 1844–1852]. Cantor kannte insbesondere die Schriften von Franck zur Kabbala.

Der *Traité* von Papus enthält einen Einleitungsbrief [Papus 1891, S. V–X], welcher von Adolphe Franck, Präsident der nationalen Liga gegen den Atheismus, unterzeichnet ist. Obwohl er gesteht, „nicht an die Existenz einer von der gewöhnlichen Wissenschaft verschiedenen okkulten Wissenschaft zu glauben" – für ihn eine Idee, „die vollkommen irrational, das heißt anti-wissenschaftlich" ist (S. V–VI) – erkennt Franck dennoch an, dass die okkulte Wissenschaft die Intuition einer universellen Ordnung der Natur habe beruhend auf der Ähnlichkeit der Gesetze des Universums und des menschlichen Denkens. Diese Art und Weise, die Einheit der Gesetze des Universums mit jenen des Denkens zu sehen, reklamiert für sich die antike Wissenschaft; sie besitzt das Verdienst, „einen der größten Fehler des Positivismus" zu widerlegen, dessen Sichtweise dazu neige, die Einheit des menschlichen Geistes zu zerstören (S. VII). Obwohl er die Übertreibungen des Okkultismus bedauert, zögert Franck nicht, zu schließen (S. IX): „Verglichen mit der Kurzsichtigkeit des Positivismus, dem Nichts der atheistischen Wissenschaft und der mehr oder weniger heuchlerischen Hoffnungslosigkeit des Pessimismus ziehe ich bei weitem diese wagemutigen Spekulationen vor."

8

Zu diesem Brief gibt es eine Anmerkung in Französisch sowie ein Nota Bene, das wir vor dem eigentlichen Brief wiedergeben.

Ch. Henrÿ, né à Bollwiller (Alsace) 16 mai 1859, vint à Paris 1875, suivit les cours scientifiques de la Sorbonne, du Collège de France et du Muséum d'histoire naturelle, travailla dans plusieurs laboratoires, notamment chez Claude Bernard.

Fut chargé d'une mission scientifique en Italie 1882–1883 à l'effet de rechercher les manuscrits de Fermat.[1]

N.B. Dieser Brief ist nicht abgeschickt worden.

Herrn Charles Henrÿ, Bibliothécaire à la Sorbonne,
Boulevard St. Michel 137, à Paris.

Halle a/Saale, 4ten October 1891.

Sehr geehrter Herr College,

Vor einigen Jahren übersandte mir Herr Eneström[2] aus Stockholm einige Ihrer mich interessirenden Arbeiten, für welche mir das volle Verständnis erst aufgegangen ist, nachdem ich vor zwei Monaten aus dem epochemachenden Werke des Herrn Papus (der, wenn ich recht informirt bin, identisch ist mit Herrn Gérard Encausse) *Traité méthodique de science occulte*[3] ersehen habe, dass Ihr Gedankengang sich an Hoené Wronski[4] und Lacuria[5] unmittelbar anschliesst.

Meine Interessen in der Mathematik sind keineswegs auf die actuelle Entwicklung unsrer Wissenschaft beschränkt, sondern ich beschäftige mich auch eingehend mit ihrer Geschichte, wenn ich auch darüber noch nichts publicirt habe. In dieser Beziehung widme ich unter anderm die grösste Theilnahme der von Ihnen und Herrn Paul Tannerÿ besorgten Ausgabe der *Œuvres de Fermat*.

Ich beabsichtige im nächsten Frühjahr auf einer Reise nach London auch nach Paris zu kommen, um mit Ihnen einige Ideen zu besprechen, welche die eventuelle Auffindung verloren gegangener Briefe und Manuscripte Fermats betreffen.

Heute aber habe ich folgendes Anliegen. Sie kennen zweifelsohne Herrn Papus, der dem „Suprême Conseil de la Rose † Croix" angehört.

Sagen Sie ihm gefälligst vertraulich, dass ich in Bezug auf die *Geschichte der Rosenkreuzer* namentlich im 16ten und 17ten Jahrhunderte in Besitz von Aufschlüssen zu sein glaube, durch welche die *fable convenue* der Autorschaft des württemberger Theologen *Johann Valentin Andreae* völlig *umgestossen* wird.[6]

Aus dem Manifest der französischen Rosenkreuzer v. 5ten August dieses Jahres (in Betreff der durch Herrn Jos. Péladan herbeigeführten Secession) ersehe ich, dass die Herren Stan. de Guaïta, Jacques Papus, F. Ch. Barlet, Paul Adam, Julien Lejaÿ, Oswald Wirth[7] von dem wahren Sachverhalte bezüglicher der *Fama Fraternitatis R.C. und Confessio Fra. R. C.* nichts wissen. Woher sollten sie auch damit vertraut sein, da doch selbst in Deutschland und England allgemein an die Autorschaft Andreaes geglaubt wird?

Wenn die französischen Brüder Werth daraufzulegen, in dieser Frage auf den Grund zu kommen, so würde ich mit Freuden, soweit ich kann, ihnen dazu behilflich sein.

Auch bitte ich Sie Herrn Papus zu der ihm zu verdankenden eleganten Beseitigung der Soc. théosophique in Frankreich meine Glückwünsche auszusprechen. Ich habe mit grossem Vergnügen die daraufbezüglichen Berichte in seiner Zeitschrift *L'Initiation* gelesen und namentlich über den letzten erfolglosen Besuch des Colonel Olcott in Paris herzlich gelacht.[8]

Genehmigen Sie, mein Herr, den Ausdruck vorzüglicher Hochachtung

Ihres Ergebenen
G. C.

P.S. Auch ersuche [ich] Sie, Ihrem verdienstvollen Mitherausgeber der *Œuvres de Fermat* Herrn Paul Tannerÿ, dessen gelehrte Beiträge zum *Archiv für d. Geschichte d. Philosophie* ich mit hohem Interesse verfolge, meine achtungsvollen Grüsse zu bestellen.

ANMERKUNGEN

[1] Text der Anmerkung: „Ch. Henry wurde am 16. Mai 1859 in Bollviller (Elsaß) geboren, 1875 gelangte er nach Paris, wo er naturwissenschaftlichen Vorlesungen an der Sorbonne, am Collège de France und am Naturhistorischen Museum belegte; er arbeitete in verschiedenen Laboratorien, insbesondere bei Claude Bernard.

1882–1883 wurde er mit einer wissenschaftlichen Mission in Italien betraut, um die Manuskripte von Fermat zu suchen." Charles Henry (1859–1926) war Preparator an den Laboratorien von Claude Bernard und von Paul Bert, danach war er Bibliothekar an der Sorbonne. Als Mitglied der AFAS kam er beim

Kongress der Vereinigung in Reims 1880 mit Gaston Darboux in Kontakt, der erwog, ihn als Wissenschaftshistoriker in die Redaktion des *Bulletin des sciences mathématiques et astronomiques* aufzunehmen. Ab 1891 besorgte Charles Henry zusammen mit Paul Tannery eine neue Ausgabe der Werke von Fermat [Fermat 1891–1912], nachdem Charles-Ange Laisant von der *Chambre* die für diese Arbeit nötige Finanzierung zugesagt worden war. Diese Ausgabe wurde durch eine Mission in Italien, die dem Zahlentheoretiker Edouard Lucas und Charles Henry anvertraut wurde, vorbereitet. Dabei ging es darum, Manuskripte Fermats wieder aufzufinden, die das Akademiemitglied Libri veruntreut hatte. 1892 wurde Henry *Maître de conférence* an der *Ecole pratique des Hautes Etudes*, 1897 wurde er Direktor des Laboratoriums für Sinnesphysiologie dieser Institution. Henry ist bekannt für seine experimentellen Arbeiten zur Physiologie, zur Akustik und zur Optik sowie für seine Forschungen zur Fotometrie.

[2] Die Beziehungen zwischen Gustaf Eneström und Georg Cantor werden in Kap. 2 betrachtet.

[3] Der *Traité méthodique de science occulte* [Papus 1891] wird in den Kommentaren zu Brief 7 vorgestellt. Bezüglich einer Analyse der okkultistischen Bewegungen verweisen wir den Leser auf Kap. 3

[4] Josef Hoëné-Wronski (1776–1853), ein gebürtiger Pole, war naturalisierter Franzose. Sein Werk ist ungewöhnlich vielfältig. In seiner ersten französischen Schrift von 1803 machte er in Frankreich die kritische Philosophie von Kant bekannt. 1810 reichte er bei der Akademie eine Abhandlung ein mit dem Titel „Premier principe des méthodes algorithmiques, comme base de la Technis des mathématiques" (Erstes Prinzip der algorithmischen Methoden, als Basis der Techniken der Mathematik), zu welcher Lagrange und Lacroix ein summarisches Gutachten verfassten. Anschließend entfaltete Wronski eine heftige Polemik gegen die Akademie. Nach Wronski lässt jede Funktion eine Reihenentwicklung zu, die n weitere beliebige und unabhängige Funktionen $g_1, g_2, ..., g_n$ verwendet. Die Koeffizienten dieser Reihe lassen sich mit Funktionaldeterminanten ausdrücken, die seither „Wronski-Determinanten" genannt werden und die die Funktionen g_i enthalten. In den 1830iger Jahren begann Wronski sich mit der Mechanik in Gestalt einer Abhandlung zur „spontanen Lokomotion" zu beschäftigen; er versuchte ein Dampf getriebenes Fahrzeug als Konkurrent zur Eisenbahn zu entwickeln, kam aber nie über den Prototyp hinaus.

Die esoterische und messianische Philosophie Wronskis fühlt sich berufen, alle theoretischen und praktischen Probleme unter Berufung auf die Offenbarung eines universellen „höheren Gesetzes" und auf ein etwas obskures Absolutes zu lösen. Ähnlich verhält es sich mit dem höchsten Gesetz der Mathematik, dessen primitiver Algorithmus die allgemeinste Reihenentwicklung ist. Angemerkt sei, dass der *Traité méthodique de Science occulte* von Papus auf Hoëné-Wronskis Schriften über die Dampfmaschine und die spontane Lokomotion verweist.

[5] Abbé Paul-François-Gaspard Lacuria (1808–1890) war Hermetiker und Autor der *Harmonies de l'être exprimées par les nombres, ou les lois de l'analogie, de la psychologie, de l'éthique, de l'esthétique et de la physique expliquées les unes par les autres et ramenées à un seul principe* [Die in Zahlen ausgedrückten Harmonien des Seins oder die durcheinander erklärten und auf ein einziges Prinzip zurückgeführten Gesetze der Analogie, der Psychologie, der Ethik, der Ästhetik und der Physik] (2 Bde., Paris, 1847).

[6] Die Rolle, welche Johann Valentin Andreae bei der Gründung der Rosenkreuzerbewegung gespielt haben soll, wurde zur Zeit Cantors in Zweifel gezogen. Auf der Basis von alten Manuskripten, die sich im Besitz von Karl Kiesewetter, einem deutschen Okkultisten, der mit Cantor eine Korrespondenz hatte, befanden, gingen einige Kritiker davon aus, dass die Rosenkreuzerschriften *Fama fraternitatis, Confessio fraternitatis* und *Chymische Hochzeit von Christian Rosenkreutz aus dem Jahre 1459* wesentlich vor Andreaes Zeit entstanden seien. Diese Behauptung stützt sich auf die Tatsache, dass die ersten Rosenkreuzertraktate anonym publiziert wurden (Andreae erkannte nur seine Urheberschaft für die *Chymischen Hochzeit* an). Die Manuskripte im Besitz Kiesewetters erwiesen sich als Kopien, die aus dem XVIII. Jh. stammten. Vgl. hierzu [Edighoffer 1982a, S. 207–210].

[7] Der *Traité* von Papus etablierte innerhalb der esoterischen Bewegung eine Unterscheidung zwischen der hermetisch-kabbalistischen Richtung von Stanislas de Guaïta, der katholischen Richtung von Joséphin Péladan und der naturwissenschaftlichen Richtung von Papus und Julien Lejay. Alle diese Richtungen waren im 1888 durch Stanislas de Guaïta gegründeten kabbalistischen Orden

Die Korrespondenz 149

vom Rosenkreuz präsent und wurden durch die Zeitschrift *L'Initiation* vertreten, welche im gleichen Jahr von Papus, Barlet und Lejay gegründet worden war. Guaïta selbst wurde von Oswald Wirth in die Lehre der Rosenkreuzer eingeführt. 1890 spaltete sich Péladan aus religiösen Gründen ab und gründete einen katholischen Rosenkreuzerorden. Paul Adam (1862–1920) war ein sehr produktiver Verfasser von esoterischen Romanen, während François-Charles Barlet das Pseudonym von Albert Faucheux (1838–1921) war. Nach dem Tod von Stanislas de Guaïta folgte Barlet diesem an die Spitze des Ordens, der wenig später zu existieren aufhörte. Barlet war der Verfasser von *La science secrète* (Paris 1890).

[8] Die theosophische Gesellschaft wurde 1875 in New York von Helena Petrovna Blavatsky und Henry Steel Olcott (1832–1907) gegründet. Helena Blavatsky arbeitete nach zahlreichen Indienreisen in New York als professionelles Medium. Die t*heosophische Gesellschaft* steht in der Tradition östlicher, insbesondere hinduistischer, Spiritualität; sie widmete sich psychischen und metaphysischen Fragen. Kolonel Olcott beschäftigte sich mit der Geschichte der Religionen und des Okkultismus, er schrieb *À la découverte de l'occulte: histoire des débuts de la Société théosophique* (ins Französische übersetzt von La Vieuville, veröffentlicht von der Société théosophique de France, 1976).

Im *Traité* (S. 997) von Papus wird die *theosophische* Gesellschaft als eine Sekte von Scharlatanen vorgestellt, welche von einem russischen Medium angeführt werde und deren Ziel es sei, die westlichen Schulen der okkulten Wissenschaft zu verdrängen.

9

Dieser nicht datierte Brief wurde durchgestrichen.

Herrn Charles Hermite,
Membre de l'Institut, à Paris

Halle a/Saale d.

Hochzuverehrender Herr College,

Auf Ihr gütiges Schreiben v. 11 Jan. 1893 hätte ich Ihnen schon längst geantwortet, wenn ich nicht einige Zeit nach Empfang desselben durch einen schweren Trauerfall in meiner Familie betroffen worden wäre. Wir verloren im Mai dieses Jahres ganz unerwartet an den Folgen von Influenza den ältesten Bruder meiner Frau, den Sanitätsrath Dr. Paul Guttmann in Berlin der, erheblich älter als seine einzige Schwester und selbst unverheirathet geblieben, von ihrer frühesten Jugend an, in liebevollster, aufopferndster Weise Vaterstelle bei ihr vertreten hatte. Er war auch in der medicinischen Wissenschaft ein sehr ansehener Mann und Director eines der grössten Krankenhäuser in Berlin.

10

Die französischen Passagen im nachfolgenden Brief finden sich im Original.

À Monsieur Charles Hermite
Membre de l'Institut à Paris, rue de la Sorbonne 2.

Haale a/Saale 22 Januar 1894

Hochverehrtester Herr,

Empfangen Sie meinen tiefgefühltesten Dank für die Uebersendung Ihrer neuesten Abhandlung: „Sur la généralisation des fractions continues algébriques."[1]

Ich danke Gott, dem Allmächtigen, dass er Ihnen die Kraft erhalten hat, mit immer erneuter Jugendfrische die mir so liebe Mathematik (*mon premier amour*) mit hochbedeutenden neuen Untersuchungen und Resultaten zu bereichern.

Meine Dankbarkeit für Ihre liebenswürdige Aufmerksamkeit ist um so grösser, als ich mir bewusst bin, dieselbe nur in geringem Masse zu verdienen. *Car il y a déjà plus de vingt ans (dès le Concile du Vatican[2]) que dans l'empire de l'Esprit les mathématiques ne sont plus le seul et encore moins sont-elles l'essentiel amour de mon âme.*[3]

Metaphysik und Theologie haben, ich will es offen bekennen, meine Seele in solchem Grade ergriffen, dass ich verhältnismässig wenig Zeit für meine *erste Flamme* übrig habe.[4]

Wäre es nach meinen Wünschen vor fünfzehn, ja sogar noch vor acht Jahren gegangen, so hätte man mir einen grösseren mathematischen Wirkungkreis, etwa an der Universität Berlin oder in Göttingen gegeben, und ich würde vielleicht meine Sache dort nicht schlechter gemacht haben als die Fuchs, Schwarz, Frobenius, Felix Klein, Heinrich Weber, etc. etc.[5]

Allein nun danke ich Gott, dem Allweisen und Allgütigen, dass er mir die Erfüllung dieser Wünsche für immer versagt hat, denn so hat er mich gezwungen durch ein tieferes Eindringen in die Theologie Ihm und seiner heiligen römisch-katholischen Kirche besser zu dienen, als ich es, nach meinen warscheinlich schwachen mathematischen Talenten, durch die *ausschliessliche* Beschäftigung mit der Mathematik hätte thun können.

So erstreckt sich meine durchaus irenische[6], universelle und cosmopolitische Thätigkeit schon seit Jahren hauptsächlich nach zwei Richtungen.

Erstens wirke ich nach Kräften auf die Geistlichkeit[7], mit der ich innigst befreundet bin[8] und zwar handle ich da nach den Worten:

„Ihr seid mein Lehrer in der Religion und Theologie, ich Euer dankbarer Sohn und Schüler. Von Euch und Eurem guten Willen hängt es allein ab, dass ich Euer Lehrer werde in den weltlichen Wissenschaften und so eine goldene Brücke schlage von Euch zu uns, von uns zu Euch."

Zweitens wende ich mich an den Kreis der bebildeten Laien, ohne Zelotismus und frei von Ostentation, mit der nöthigen Auswahl, Vorsicht und Klugheit, um sie von den grassirenden Verirrungen des Skepticismus, des Atheismus, Materialismus, Positivismus, Pantheismus etc. abzubringen und sie allmälig dem allein vernunftgemässen *Theismus* wieder zuzuführen.[9] Dass der blosse Theismus ohne Kirche noch nicht genügt, weiss ich sehr wohl; allein weiter zu gehen, erlauben mir meine schwachen Kräfte nicht, das Weitere überlasse ich dem Walten der allgütigen Vorsehung.

Wenn ich sehe, wie die meisten unserer hochtalentierten und verdienstvollen mathematischen Collegen, *nur das eine* Bestreben haben, sich in der Wissenschaft durch ihren Fleiss und Scharfsinn Verdienst, Ruhm und Anerkennung zu verschaffen, so thut mir dies im Herzen wehe, denn ich muss an die Worte denken:

„Quid prodest magna cavillatio de occultis et obscuris rebus, *de quibus non arguemur in judicio, quia ignoravimus?*" (*Imit. Chr.* I cap. III).[10]

Aber was würden unsere hochberühmten Collegen dazu sagen, wenn ich wohlwollend es wagen wollte, sie an dieses Wort zu erinnern? Ein Theil würde mich mit Verachtung strafen, ein andrer mich bemitleiden, ein dritter würde vielleicht einen infernalischen Hass auf mich werfen. Darum will ich diesen gegenüber lieber schweigen.

Und nun genug von mir!

Wie geht es den katholischen „Universités libres" in Frankreich, für die ich mich sehr interessire? Vor mehreren Jahren habe ich mit Herrn Valson[11] correspondirt, allein er hat nun lange nichts mehr von sich hören lassen. Es würde mich sehr freuen, einen gedruckten Bericht über diese Institute wieder einmal zu erhalten. Ich betrachte übrigens dieselben nur als einen Nothbehelf (*faute de mieux comme expédient et comme moyen dilatoire*)[12] und bin der Ansicht, dass in Frankreich sowohl wie in Spanien die *sämtlichen Universitäten wieder die nothwendige Vollzahl aller vier Facultäten zurückerhalten müssen*; dann erst werden sie auch wieder anfangen zu blühen, *wie in früheren Zeiten*!

Um aber endlich auch auf die uns theure Mathematik noch mit einem Worte zurückzukommen, so weiss ich nicht, ob Ihnen Herr E. Lemoine den Brief gezeigt hat, den ich ihm am 18ten Nov. 1893 geschrieben habe; wenn nicht, *so lassen Sie sich denselben kommen*. Ich würde Ihnen dankbar sein, wenn Sie mir Ihre Ansichten über den dort von mir gemachten Vorschlag schreiben wollten![13]

In vorzüglicher Hochachtung und Verehrung bleibe ich Ihr unwürdigster College und Freund

Georg Cantor

ANMERKUNGEN

[1] [Hermite 1893]
[2] Es geht hier um das im Juli 1870 unter Papst Pius IX abgehaltene Vatikanische Konzil, bei dem das Dogma der Unfehlbarkeit verkündet wurde.
[3] Übersetzung des französischen Textes: „Denn seit mehr als zwanzig Jahren (seit dem Vatikanischen Konzil) ist die Mathematik im Reich des Geistigen nicht mehr die einzige und noch viel weniger die hauptsächliche Liebe meiner Seele."
[4] Gestrichen: Dies würde noch stärker sein, wenn ich nicht das grosse Glück hätte, mit sechs Stunden kräftigen Schlafes auszukommen, so dass ich gewöhnlich schon um 5 Uhr morgens, oft aber auch schon früher mein Tagewerk beginnen kann. Dann aber werde ich auch durch mein Amt als Professor der Mathematik an unsrer Universität immer in Beziehung zu dieser mir theuer gebliebenen Wissenschaft erhalten.
[5] Alle Mathematiker, die Cantor an dieser Stelle aufführt, gingen aus angesehenen deutschen Universitäten in den Jahren 1880–1895 hervor. Lazarus Fuchs (1833–1902) war seit 1884 Professor an der Berliner Universität. 1892 gesellten sich ihm Hermann Amandus Schwarz (1843–1921) als Nachfolger von Weierstraß, und Georg Frobenius (1849–1917) zu. Felix Klein (1849–1925) wurde 1886 an die Universität Göttingen berufen. Seine Karriere führte Heinrich Weber (1842–1913) von Zürich u. a. nach Göttingen und schließlich 1895 an die Universität Straßburg im Elsaß.
[6] Gestrichen: friedliche.
[7] Gestrichen: natürlich nur auf die katholische.
[8] Gestrichen: die protestantische ist viel zu hochmüthig, um von mir Belehrung annehmen zu wollen.
[9] Diese wichtigen Positionen sind Gegenstand der Kommentare in Kap. 4.

¹⁰ Richtig heisst das Zitat: „Quid prodest magna cavillatio de occultis et obscuris rebus, de quibus nec arguemur in judicio, quia ignoravimus?" (Wozu dienen diese subtilen Dispute über verborgene und obskure Fragen, da uns am Tage des Jüngsten Gerichts gewiss nicht vorgeworfen werden wird, diese nicht gekannt zu haben?). Dieser Satz stammt aus dem I. Buch (Kap. 3, § 1) von *De imitatione Christi* [Thomas a Kempis 1933, S. 20–21].

Das dritte Kapitel dieses Buchs trägt den Titel „Von der Doktrin der Wahrheit"; es versichert, dass die Wissenschaft als solche gut und in Gottes Ordnung vorgesehen sei. Allerdings stellt der Text klar (S. 24):

„Am Tage des Jüngsten Gerichts wird man nicht fragen, was wir gelesen haben, sondern was wir getan haben, noch, mit welchem Talent wir gesprochen haben, sondern mit welcher Heiligkeit wir gelebt haben. Sage mir: Wo sind alle diese Magister und alle diese Doktoren, die zu ihren Lebzeiten noch wohlbekannt waren, zu denen sie in ihrer Wissenschaft brillierten? [...] Während sie lebten, schien das etwas zu bedeuten, aber heute spricht man nicht mehr darüber. Oh, wie schnell vergeht der Ruhm der Welt!"

¹¹ Vgl. Brief 3.

¹² In Ermangelung eines Besseren als Ausweg und Aufschub.

¹³ Wahrscheinlich geht es um den Émile Lemoine unterbreiteten Vorschlag, einen internationalen Mathematiker-Kongress zu organisieren, der in späteren Briefen wieder auftaucht. (Zu dieser wichtige Frage vgl. Kap. 2).

11

Herrn E. Lemoine[1], 5 rue Littré.

Halle 7 Juli 1894

Lieber Herr und Freund,

Mit Freuden begrüsse ich den Vorschlag des Herrn Laisant, welcher dahin geht, die den Goldbachschen Satz bis zu 1000 vollauf bestätigende Tabelle dem Congress zu Caen im August d. J. vorzulegen, um sie dann in den Papieren des Congresses[2] zu veröffentlichen!

Hierdurch wird, wie ich glaube, jede Berechtigung, an der Wahrheit des Satzes zu zweifeln, verschwinden.

Ich habe mir die von Ihnen bezeichnete Arbeit des Herrn Lionnet (*Nouv. Annales de Math.* 1879 page 356)[3] von der grossen Bibliothek in Berlin verschrieben, um sie mir anzusehen und ich werde Ihnen dann, sobald dies geschehen sein wird, mein Urtheil über seine Argumentation schreiben. *Ich kann nicht glauben, dass er etwas Stichhaltiges gegen den Satz vorgebracht haben wird. Es wird wohl auf einem Sophisma* beruhen.

Was sagt Herr Poincaré, der Fragesteller, zu meiner so weit getriebenen Induction?[4]

Mit freundlichen Grüssen an Sie und Herrn Laisant

Ihr ganz ergebenster
G. C.

Für die freundliche Aufnahme der Notiz meines Schülers Hurwitz[5] besten Dank.

Vor einigen Tagen erhielt ich auch einen sehr liebenswürdigen Brief von Herrn Vassilieff[6], mit dem ich mich freue, nun in Verbindung zu stehen.

ANMERKUNGEN

[1] Émile Lemoine (1840–1912) ist wie Charles-Ange Laisant Absolvent der *Ecole Polytechnique*. Er war Ingenieur später *Inspecteur* bei den Pariser Gaswerken und Mitglied der *Société mathématique de France* sowie der *Association française pour l'avancement des sciences*. Seine wissenschaftlichen Arbeiten bezogen sich auf die Geometrie des Dreiecks, wo er auf einen merkwürdigen Punkt hinwies, der fortan seinen Namen trug (der „Lemoine-Punkt"), sowie auf die „Geometrographie" (vgl. hierzu Kap. 2).

[2] Es geht hier um den 1894 in Caen abgehaltene Kongress der *Association française pour l'avancement de sciences*, dem Cantor eine Tabelle mit seinen empirischen Ergebnissen zur Goldbach-Vermutung vorlegte (Kap. 5 behandelt diese wichtige Frage).

[3] Eugène Lionnet (1805–1884), Mathematiklehrer am Gymnasium *Louis-le-Grand* in Paris, bezweifelte die Gültigkeit der Goldbach-Vermutung in seinem Artikel [Lionnet 1879].

[4] Die Zeitschrift *Revue de métaphysique et de morale* hatte soeben einen Artikel von Henri Poincaré [Poincaré 1894] über das Wesen des mathematischen Denkens veröffentlicht, in dem dieser die Rolle der Induktion hervorhob. Die Zeitschrift L'Intermédiaire des mathématiciens publizierte im selben Jahr eine Frage der Mathematiker Eugène Catalan und Henri Poincaré, die Goldbach-Vermutung betreffend (*L'Intermédiaire des mathématiciens*, 1 (1894), question 161, S. 91).

[5] [Hurwitz 1894].

[6] Alexandre Vassilief (1853–1929) studierte in Sankt Petersburg. Er führte seine Studien in Berlin fort, wo er Vorlesungen von Weierstraß und Kronecker hörte. 1874 promovierte er ein erstes Mal in Kasan. Nach zwei weiteren Dissertationen, die er 1880 und 1884 vorlegte, wurde er 1887 Professor in Kasan. Vassilief stand den neuen Ideen in der Mathematik sehr offen gegenüber; er trug zur Verbreitung der Gruppentheorie und der Mengenlehre bei; nach 1900 interessierte er sich für die Relativitätstheorie. Von 1884 bis 1907 war er Präsident der physico-mathematischen Gesellschaft von Kasan. Diese Gesellschaft organisierte unter anderem die Feierlichkeiten anlässlich des hundertsten Geburtstags von Nicolai Lobatchevski im Oktober 1893 (vgl. hierzu Brief 14).

12

Herrn C. A. Laisant[1],
162 avenue Victor Hugo, Paris

Halle a/Saale 25ten April 1895

Mein lieber Herr College,

Vor einigen Tagen wurde mir ein Separatabzug der in der *Association française* publicirten Tabelle zum Goldbachschen Theorem überschickt; die von mir bestellten *50 Exemplare* sind aber noch nicht in meinen Händen.[2] Ich weiss nicht, ob etwa die Einsendung des Betrages vorher erwartet wird. Die Höhe des Betrages ist mir aber auch nicht bekannt.

In der Tabelle mache ich Sie auf folgende sehr auffallende Erscheinung aufmerksam, die Sie vielleicht in Ihrem *Intermath* hervorheben wollen.[3]

Die *relativen Maxima*[4] der Anzahl n finden sich, wenn man von dem *kleinen Anfangsabschnitt $2N < 24$ absieht*, von $2N = 24$ an, *ausnahmslos* an den Stellen wo $2N$ durch 6 *theilbar* ist; so dass *jede dritte Zahl* n ein relatives Maximum ist: in der That haben sie von $2N = 20$ an die folgende Reihe für n:

3, 3, 4; 3, 2, 4; 3, 4, 4; 3, 3, 5; 4, 4, 6; 4, 3, 6; 3, 4, 7; 4, 5, 6; 3, 5, 7; 6, 5, 7; 5, 5, 9; 5, 4, 10; 4, 5, 7; 4, 6, 9; 6, 6, 9; 7, 7, 11; 6, 6, 12;

und so geht es *ausnahmslos* bis zum Schluss der Tabelle fort.
Ist dies nicht merkwürdig?
Es wäre ungemein interessant, wenn die Tabelle noch bis 2000 fortgesetzt würde?
Wie geht es unserem Plane der internationalen Mathematikercongresse?
Bei Gelegenheit der Centenarfeier der *Ecole Normale* wird die Sache zur Sprache gekommen sein.
Aus den Zeitungen habe ich gesehen dass Hermann „Amandus" Schwarz auch da gewesen ist; ebenso Fuchs.[5] Der „grosse" *Felix Klein* soll sich übrigens sehr für die Congressidee interessiren.
Mit freundlichen Grüssen an Herrn Lemoine
Ihr hochachtungsvoll ergebener

G. Cantor

ANMERKUNGEN

[1] Charles-Ange Laisant (1841–1920), ein Absolvent der *Ecole Polytechnique*, hatte ab 1893 keine öffentlichen Ämter mehr inne. Er lehrte an verschiedenen Institutionen und war Examinator an der *Ecole Polytechnique*. Seine militärische Karriere, seine Rolle in den Wissenschaften und seine politische Entwicklung werden im Kap. 2 analysiert.

[2] Der Beitrag Cantors beim Kongress der *Association française pour l'avancement des sciences* in Caen und die Vermutungen, welche in diesem Brief ausgesprochen werden, werden im Kap. 5 analysiert.

[3] Es geht hier um die Zeitschrift *L'Intermédiaire des mathématiciens*, in der die von Cantor aufgeworfenen Frage (Question 574, S. 17) 1895 publiziert wurde. Es sei daran erinnert, dass die Bemühungen von Charles-Ange Laisant und Émile Lemoine bezüglich der Popularisierung der Wissenschaften wichtig waren; insbesondere begründeten die Beiden 1894 die Zeitschrift *L'Intermédiaire des mathématiciens*. Diese diente dem Informationsaustausch in Gestalt von Fragen und Antworten und wandte sich an professionelle und Amateurmathematiker.

[4] Cantors „relatives Maximum" wird heute als lokales Maximum bezeichnet.

[5] Das hundertjährige Bestehen der *Ecole Normale Supérieure*, das 1895 gefeiert wurde, sollte den republikanischen Ursprung dieser Schule mit Nachdruck verdeutlichen. Als Nachfolger von Fustel de Coulanges war zu dieser Zeit Georges Perrot, Archäologieprofessor an der Sorbonne, Direktor der Schule. Perrot war ein erfahrener Hellenist und Germanist, der sich für die Geschichte und die Philologie, so wie diese in Deutschland gepflegt wurden, interessierte. Der Direktor für wissenschaftliche Studien war zu jener Zeit Jules Tannery, der zu diesem Zeitpunkt von der Bedeutung der deutschen Wissenschaft überzeugt war. Diesem Direktorium war die Anwesenheit der deutschen Wissenschaftler Lazarus Fuchs und Hermann-Amandus Schwarz zu verdanken, die Cantor erwähnt. Cantor verfolgte aufmerksam das öffentliche Leben in Frankreich; dieser vom 25. April datierende Brief kommentiert die Feierlichkeiten zum hundertsten Jubiläum, die am 23. April mit der Enthüllung einer Plakette Louis Pasteurs gefolgt von einer Rede Perrots begannen. Die Festlichkeiten wurden mit einer „Revue" (einer von Schülern präsentierten Satire) und einem Festbankett unter dem Vorsitz des Erziehungsminister der Republik, Raymond Poincaré, fortgesetzt. Den Abschluss bildete ein Ball in den Salons der Sorbonne in Anwesenheit des Präsidenten der Republik, Félix Faure.

13

Georg Cantor à Camille Jordan

Halle a.d. Saale, 5ten Aug. 1895
Händelstrasse 13.

Lieber Herr College[1],

Es hat mich sehr gefreut, aus Ihrem Briefe vom 26ten Juni zu ersehen, dass Sie nicht nur Ihren Ausflug nach Deutschland glücklich zurückgelegt, sondern auch die besten Eindrücke davon mitgebracht haben. Besonderen Dank weiss ich Ihnen dafür, dass Sie mich auf dieser Tournée nicht vergessen haben und ich hoffe, dass es nicht das letzte mal gewesen sein wird, dass wir uns gesehen und gesprochen haben.

Die Publication meiner grösseren Arbeit „Beiträge zur Begründung der transfiniten Mengenlehre" (Théorie des ensembles transfinis)[2] ist nun soweit fortgeschritten, dass der *erste Artikel*, zwei Bogen stark, in den *Mathem. Annalen* gesetzt ist und in einigen Wochen im IV[ten] Heft des 46ten Bds erscheinen wird.

Bei dem Interesse, welches man der „Théorie des ensembles" in Frankreich entgegenbringt, wäre es mir angenehm, wenn die Arbeit gleichzeitig im *Liouvilleschen Journal* in französischer Uebersetzung erscheinen könnte. Ich habe bis jetzt keine persönlichen Beziehungen zu dem Herausgeber dieses Journals[3]. Würden Sie vielleicht die Güte haben, denselben zu fragen, ob ihm die Ausführung dieses Planes genehm wäre und in diesem Falle einen stilistisch gewandten jungen Collegen ausfindig zu machen, der die Freundlichkeit hätte, sich der Mühe der Uebersetzerarbeit zu unterziehen?

Sollte dies sich realisiren lassen, so würde ich mir erlauben, Ihnen schon jetzt eine gedruckte Copie des Artikels für diesen Zweck zu übersenden.

Mit den besten Grüssen
Ihr ergebenster
Georg Cantor

ANMERKUNGEN

[1] Camille Jordan (1838–1921) war Professor an der *Ecole Polytechnique*, wo er 1876 Nachfolger von Charles Hermite wurde; ab 1883 lehrte er auch am *Collège de France*, wo er Joseph Liouville ersetzte. Als Nachfolger von Henri Résal gab er das *Journal de mathématiques pures et appliquées* (*Journal de Liouville*) seit 1885 heraus.

[2] [Cantor 1895a].

[3] Die Redaktion des *Journal de Liouville,* die Camille Jordan anvertraut war, profitierte auch von der Mitarbeit von Maurice Lévy, Professor am *Collège de France*, und von Henri Résal sowie Amédée Mannheim, beide Professoren an der *Ecole Polytechnique*. Auch Henri Poincaré und Émile Picard, Professoren an der Universität von Paris, waren Mitarbeiter. Mit Ausnahme von Picard gingen alle Personen, die Jordan in der Redaktion des *Journal de Liouville* unterstützten, aus der *Ecole Polytechnique* hervor. Wir verweisen den Leser auf Kap. 2, wo wir die Reaktionen von Poincaré und Picard auf die Ideen Cantors analysieren sowie Jordans Entwicklung in diesen Fragen.

14

À Monsieur C.A. Laisant, Docteur ès Sciences
Paris, 162 Avenue Victor Hugo

Halle a/S 22 Sept. 1895

Sehr geehrter Herr College

Es würde mir sehr lieb sein, von Ihnen zu hören, welche Fortschritte die Congressidee bei Ihnen in Frankreich gemacht hat. Ich muss Ihnen nämlich gestehen, dass ich in dieser Sache keineswegs müssig gewesen, sondern, natürlich mit der nöthigen Vorsicht, in Deutschland dafür thätig gewesen bin. Vor einer Woche bin ich sogar soweit gegangen, den in Lübeck versammelten deutschen Mathematikern[1] brieflich von hier aus, geradezu den Vorschlag zu machen

1. Die *constituirende Versammlung* 1897 in Zürich abzuhalten (wozu mehr Neigung ist als für Brüssel)
2. Den *ersten wirklichen Congress* 1900 in Paris bei Gelegenheit der dortigen Weltausstellung zu arrangiren.

Ich werde nächstens erfahren, welchen Eindruck diese Proposition dort gemacht hat und Ihnen dann darüber schreiben!

1896 nach Kasan werden wohl nur wenige deutsche Mathematiker gehen; immerhin mag auch diese von Herrn Vassilief[2] vorgeschlagene Versammlung zur *Vorbereitung des Congresses von* 1900 *von Nutzen sein*.

Die von mir bestellten 50 Exemplare der publicirten Tabelle für den Goldbachschen Satz, habe ich leider *nicht erhalten*. Sollte es noch möglich sein, dieselben zu bekommen, so würde es mir lieb sein.

Mit vorzüglichstem Gruss an Herrn Lemoine

Ihr hochachtungsvollergeber
G. Cantor

ANMERKUNGEN

[1] Es geht hier um die Jahresversammlung der *Deutschen Mathematiker-Vereinigung* (vgl. hierzu Brief 30).

[2] Die physico-mathematische Gesellschaft von Kasan lud unter ihrem Präsidenten Alexander Vassilief (Brief 11) zu einem internationalen Treffen im September 1896 ein, um eine Lobatchevski-Stiftung zu gründen. Bei diesem Anlass wurde ein mathematischer Preis ausgelobt und ein Denkmal zu Ehren von Lobatchevski eingeweiht. Der erste Träger dieses Preises war Sophus Lie.

15

Von den beiden uns überlieferten Versionen des Briefes von Georg Cantor an Camille Jordan drucken wir diejenige ab, die sich im Archiv der Ecole Polytechnique findet[1] *Auf die Version der Göttinger Briefbücher wird in den Anmerkungen eingegangen.*

À Monsieur C. Jordan à Paris

Halle a. d. Saale, 22ten Sept. 1895

Hochgeehrter Herr College,

Von einer Reise zurückgekehrt, finde ich Ihr gefälliges Schreiben vom 2ten Sept. vor und beeile mich, Ihnen zu schreiben, dass mich Ihre Gründe gegen die Aufnahme einer *Uebersetzung* meiner, aus einer längeren Reihe von Artikeln bestehenden Arbeit[2] (die zunächst in den *Mathem. Annalen* erscheint und wovon der erste Artikel demnächst herausgekommen wird) *vollkommen überzeugt* haben.[3] Gelegentlich werde ich mir die Ehre geben, Ihnen andere Originalarbeiten zur Aufnahme in Ihr Journal zu offeriren.

Ich interessire mich sehr für die Verwirklichung der internationalen Mathematikercongressidee, und dass der *erste* Mathematikercongress *1900* in *Paris*, bei Gelegenheit der dortigen Weltausstellung, abgehalten werde. Vor bald zwei Jahren correspondirte ich darüber mit den Herren Laisant, Lemoine und auch mit Herrn Hermite, der sich auch *dafür* aussprach.

Welche Auffassung haben Sie von dieser Sache? Sie würden mich durch Mittheilung Ihrer darauf bezüglichen Ansichten sehr verbinden!

Herrn Henrÿ Poincaré bitte ich Sie, meine wärmsten Grüsse zu bestellen!

In ausgezeichneter Hochachtung
Ihr ergebenster
Georg Cantor

ANMERKUNGEN

[1] Archiv der *Ecole Polytechnique* [cote VI-2-a$_2$-Camille Jordan].

[2] Camille Jordan weigerte sich, den ersten Teil der „Beiträge zur Begründung der transfiniten Mengenlehre" [Cantor 1895a] im *Journal de mathématiques pures et appliquées* (*Journal de Liouville*) zu veröffentlichen, dessen Herausgeber er war. Die Gründe hierfür sind unbekannt. Dennoch lässt der Sinn des Briefs Cantors vermuten, dass Jordan auf der Originalität der für das *Journal de Liouville* auszuwählenden Artikel insistierte und sich deshalb weigerte, die Übersetzung einer bereits in Deutschland gedruckten Abhandlung zu publiziern. Vgl. hierzu Kap. 2 und Brief 13.

[3] Variante der *Briefbücher*: […] und beeile mich, Ihnen zu schreiben, dass mich Ihre Gründe gegen die Aufnahme einer Uebersetzung meiner, aus einer *längeren Reihe* von Artikeln in den *Mathem. Annalen* zusammengesetzten Arbeit, vollkommen überzeugt haben. Der erste dieser Artikel wird in dem IV^{ten} Hefte der *Math. Annalen* nächstens herauskommen und ich werde mir dann erlauben, Ihnen einen Separatabzug davon zu übersenden.

16

Herrn Paul Tannerÿ in Paris
Directeur de la manufacture des Tabacs – Pantin
2 square du Roule

Halle a/ Saale d. 28ten Oct. 1895
Händelstrasse 13.

Sehr geehrter Herr College,

Erst in diesen Tagen habe ich Ihren gelehrten Aufsatz „Sur le concept du Transfini" in der *Revue de métaphysique et de morale* mit grossem Interesse gelesen.[1] Ich habe mir von Ihrem sehr geschätzten Freunde Herrn E. Lemoine Ihre Adresse schreiben lassen und wende mich nun an Sie, weil mir Einiges, was mit Ihrer Arbeit in Beziehung steht, am Herzen liegt.

Ist es Ihnen bekannt, dass die beiden Arabischen Philosophen *Avicenna* und *Algazel* das actuale Unendliche vertheidigt haben? Ich weiss dies nur aus Citaten von Scholastikern, im Besonderen aus S. Thomas von Aquino: *Summa theologiae*, Pars I quaest. VII art. IV[2], und zwar beziehen sich diese Citate auf:

Avicenna Metaph. tract. VI, cap. II; tract. VIII, cap. I[3];

Algazel Philosophiae lib. I, tract. I, cap. XI.

Leider habe ich die lateinischen Uebersetzungen dieser Autoren nicht bekommen können und des Arabischen bin ich leider nicht mächtig.

Es würde mich aber sehr interessiren zu erfahren, was diese arabischen Autoren über die Sache gebracht haben.

Ihnen wird es vermuthlich in Paris ein Leichtes sein, sich darüber zu informiren und Sie würden mich zu Dank verpflichten, wenn Sie mir alsdann das Nöthige schrieben.

Könnte ich wohl die von Ihnen erwähnte „thèse de doctorat de M. G. Milhaud" erhalten?[4]

Und dann möchte ich Sie noch um eins bitten!

Haben Sie N° 1 meiner jetzt erscheinenden Abhandlung „Beiträge zur Begründung der transfiniten Mengenlehre"[5] erhalten? Ich habe sie Ihnen geschickt, aber *unter Ihrer früheren Adresse und weiss daher nicht, ob sie richtig in Ihre Hände gelangt ist.* Ich wünsche nun sehr, dass diese Arbeit in's Französische übersetzt würde.

Könnten Sie mir Jemanden nennen, der diese Uebersetzung gern und geschickt ausführte?[6]

Würde vielleicht die *Revue de métaphÿsique et de morale* diese Uebersetzung aufnehmen?

Genehmigen Sie, Herr College, den Ausdruck der vorzüglichsten Hochachtung

Ihres ergebensten
G. Cantor

ANMERKUNGEN

[1] [Tannery Paul 1894].

[2] Thomas von Aquin schreibt hierzu: „Einige, wie Avicenna und Algazel, behaupten, dass es eine unendliche Vielheit an sich nicht geben könne sondern nur eine unendliche Vielheit per Akzidenz." [Thomas von Aquin 1984, S. 200]. Die Scholastik unterschied zwischen der unendlichen Vielheit „an sich", welche zur ihrer Existenz unendlich vieler Vorbedingungen bedarf und den unendlichen Vielheiten „per Akzidenz", bei denen dies nicht der Fall ist (vgl. hierzu Kap. 4).

[3] Es handelt sich um *La Métaphysique du SHIFÀ* [Avicenne 1985, Buch 6, Kap. 2, S. 19–22; Buch 8, Kap. 1, S. 71–74].

Die Diskussion des 6. Buches (Kap. 2) der *Metaphysik* des Avicenna bezieht sich auf Ursachen und Wirkungen: „Deshalb muss es bei den einzelnen Dingen so sein, dass die ihnen vorangehenden Dinge – durch welche die Dinge aktual existieren, aktual notwendig werden – in unendlicher Zahl sind. Deshalb kommt die Frage ‚warum?' in ihrem Falle niemals und in keiner Hinsicht zu einem Ende." Buch 8 (Kap. 1) stellt eine Reflexion über die Unendlichkeit der Ursachen und die Notwendigkeit einer ersten Ursache dar.

[4] Nach einem Mathematikstudium verteidigte Gaston Milhaud (1858–1918) 1893 eine philosophische Dissertation. Unter dem Titel *Essai sur les conditions et les limites de la certitude logique* (Versuch über die Bedingungen und die Grenzen der logischen Gewissheit) [Milhaud 1894] beschäftigte sich diese, Émile Boutroux gewidmete Dissertation mit dem Prinzip der Widerspruchsfreiheit; insbesondere analysiert sie den Kantschen Kritizismus im Lichte der seinerzeit aktuellen Fortschritte der mathematischen Wissenschaften. Der Autor arbeitet die Wichtigkeit von Konventionen in der wissenschaftlichen Arbeit heraus; der Konventionalismus wurde dann von Henri Poincaré, der ein Schwager von Boutroux war, verteidigt; später wurde er von Pierre Duhem wieder aufgegriffen.

Was das mathematische Unendliche anbelangt, so kritisiert Gaston Milhaud die Konzeption von Charles Renouvier ohne sich auf die Arbeiten Cantors zu beziehen (das haben wir im Kap. 2

Die Korrespondenz 159

hervorgehoben). Dennoch muss Milhaud diese gekannt haben; er beherrschte die deutsche Sprache, was die Tatsache belegt, dass er einer der französischen Übersetzer des Werkes *Die allgemeine Functionentheorie* (*Théorie générale des fonctions*) [Du Bois-Reymond 1882] gewesen ist. Weiterhin konnten ihm die Artikel sowohl von Paul als auch von Jules Tannery über die Arbeiten des deutschen Mathematikers nicht entgehen. Die Tatsache, dass Henri Poincaré, der in den 1890iger Jahren der Wendung, die die Arbeiten von Cantor nahmen, sehr zurückhaltend gegenüberstand, Mitglied in der Jury von Milhauds Promotion war, könnte diese Lücke erklären.

[5] [Cantor 1895a].
[6] Neben dem *Journal de Liouville*, das von Camille Jordan herausgegeben wurde, verweigerte auch die *Revue de Métaphysique et de Morale*, deren Chefredakteur Xavier Léon war, die Publikation der Abhandlung Cantors (vgl. hierzu Brief 20 sowie Kap. 2).

17

Herrn Professor H. Poincaré in Paris

Halle a. d. Saale d. 29ten Oct. 1895

Lieber Herr College

Besten Dank für Ihr Schreiben v. August und die Empfehlung meiner Arbeit[1] an Herrn C. Jordan. Derselbe hat mir sehr liebenswürdig geschrieben, allein wir haben uns vollkommen darüber geeignet[2], dass es nicht gut geht, die französische Uebersetzung einer Abhandlung aus den *Math. Annalen* im Liouvilleschen *Journal*[3] erscheinen zu lassen.

Sie werden inzwischen N° 1 der Arbeit von mir erhalten haben.

Ich reise heute Abend auf einige Tage nach Berlin, wo wir den 31ten Oct. den 80sten Geburtstag von Weierstrass feiern werden.[4]

Beifolgend erlaube ich mir, Ihnen mein Bild zu verehren, mit der Bitte, mir auch von Ihnen eine Photographie zu schicken.

Mit freundlichem Grusse

Ihr ergebenster

G. Cantor

ANMERKUNGEN

[1] Es geht um die Abhandlung „Beiträge zur Begründung der transfiniten Mengenlehre" [Cantor 1895a].
[2] Es sollte wohl „geeinigt" heißen.
[3] Bezüglich der Gründe, die Jordan dazu bewegten, den Abdruck der Abhandlung Cantors im *Journal de mathématiques pures et appliquées* (Journal de Liouville) abzulehnen, vgl. man die Briefe 13, 15, 16 sowie Kap. 2. Diese Ablehnung lässt sich vielleicht rechtfertigen durch die Tatsache, dass die Abhandlung Cantors bereits in Deutschland erschienen war und somit keine Originalarbeit mehr darstellte. Man kann festhalten, dass die Mathematischen Annalen zu jener Zeit von Felix Klein in Göttingen herausgegeben wurden, der von den Berliner Mathematikern nur wenig geschätzt wurde. Das gilt insbesondere für Lazarus Fuchs, der seit 1892 das Journal für die reine und angewandte Mathematik herausgab. Verweigerte Camille Jordan auf diese Art und Weise einer führenden deutschen mathematischen Schule eine herausgehobene Stellung? Diese Frage kann man sich berechtigterweise stellen.
[4] Weierstraß wurde 31 Oktober 1815 geboren.

18

À Monsieur Charles Hermite à Paris, rue de la Sorbonne 2.

Halle a.d. Saale, 17ten Nov. 1895

Hochverehrter Herr College,

Gestatten Sie mir, heute eine Bitte an Sie zu richten!
Sie wissen, dass ich neben meinen mathematischen Studien, immer auch noch andere wissenschaftliche Interessen habe! Nun bin ich unter Anderm auch seit über 10 Jahren mit der genaueren Erforschung von Lehre und Leben des englischen Staatsmannes und Philosophen *Francis Bacon*, Baron of Verulani, Viscount St. Albans beschäftigt.[1]

Ich habe die Ueberzeugung, dass in Frankreich's Archiven viele auf Francis Bacon bezügliche Dokumente liegen und beabsichtige, mich an Herrn Leopold Delisle[2] zu wenden mit der Bitte, dass er mir mit Rath und That behülflich sei, diese Sachen zu finden.

Da ich nun aber Herrn Delisle persönlich nicht bekannt bin, so ersuche [ich] Sie, mich demselben vorher zu empfehlen und ihn darauf vorzubereiten, dass ich nächstens mich in der bezeichneten Richtung an ihn wenden werde.

Jüngst, am 31ten Oct. war ich in Berlin, um Herrn Weierstrass im Namen der hiesigen philos. Facultät zu seinem 80ten Geburtstag zu gratuliren. Wir haben die grosse Freude gehabt, ihn geistig sehr frisch und munter vorzufinden.[3]

Der für Sie bestimmte Separatabzug des 1ten Artikels meiner in den *Math. Annalen* begonnenen Publication: „Beiträge zur Begründung der transfiniten Mengenlehre"[4] wird hoffentlich in Ihre Hände gekommen sein.

Sie würden mich, hochverehrter Herr und Freund, sehr glücklich machen, wenn Sie mir Ihre Photographie verehren wollten!
Mit den freundschaftlichsten Grüssen
Ihr hochachtungsvoll ergebenster

G.C.

ANMERKUNGEN

[1] Zu Francis Bacon vergleiche man den an Valson gerichteten Brief 3 sowie den für Hermite bestimmten Brief 19.

[2] Nach einer Ausbildung an der *Ecole des Chartres* wurde Léopold Delisle (1826–1910) 1874 Generaldirektor der *Bibliothèque Nationale*, was er bis 1905 blieb. Er rief den *Catalogue général des imprimés* ins Leben, 1881 dann den Katalog der Handschriften der BN. Als Spezialist für das Mittelalter galt er zu seinen Lebzeiten als die größte Autorität auf dem Gebiet der Manuskripte. 1883 gehörte Léopold Delisle der Kommission an, die einen Teil des Erbes eines berühmten Sammlers, des Comte d'Ashburnham, ankaufte. Dieser umfasste Manuskripte, welche aus französischen Bibliotheken gestohlen und jenseits des Kanals nach 1848 durch das Akademiemitglied Guglielmo Libri verkauft worden waren.

[3] Wir erinnern daran, dass Weierstraß am 31. Oktober 1815 geboren wurde. Weiter verweisen wir den Leser auf den an Hermite gerichteten Brief 22, der eine Einschätzung Cantors der wissenschaftlichen Rolle Weierstraß enthält.

[4] Es geht hier um [Cantor 1895a].

19

Herrn Prof. Charles Hermite in Paris

Halle 30ten Nov. 1895.

Hochverehrter Herr College,

Empfangen Sie meinen herzlichsten Dank für die Empfehlung, welche Sie mir bei Herrn Delisle haben zu Theil werden lassen.[1]

Ihnen darf ich im Vertrauen die Hauptursache meines grossen Interesses für Francis Bacon verrathen.

Ein genaues Studium seiner Schriften hat mich zu der Ueberzeugung geführt, dass dieser, in meinen Augen, *grösste Engländer* nicht nur durch und durch von der christlichen Religion erfüllt und durchdrungen war, sondern, dass seine Ueberzeugungen, etwa von seinem 40sten Lebensjahre an, vielleicht aber auch schon erheblich früher, progressiv bis zu seinem Tode im Jahre 1626 (er wurde 65 Jahre alt) dem *echten römisch katholischen Standpunkte* sich immer mehr genähert haben![2]

Diese Thatsache ist von den Historikern, namentlich im Jahrhundert der Encyclopädisten, absichtlich verschleiert oder sogar in's Gegentheil gefälscht worden.

Sie können sich hiervon leicht überzeugen, wenn Sie sich folgende Werke aus der Nationalbibliothek verschaffen wollen:

Bacon, tel qu'il est, ou dénonciation d'une traduction française des œuvres de ce philosophe, publiée à Dijon par M. Ant. La Salle, par J. A. de Luc, Paris 1800.

(Es ist dies der berühmte Geologe und Meteorologe[3])

Ferner:

Émerÿ[4], *Christianisme de Bacon*, 2 vol. in 12°, Paris 1799.

Dieses letzte, ausserordentlich lesenswerthe Werk findet sich auch in der Sammlung von *Migne*:

Œuvres complètes de M. Émerÿ, (Supérieur général de Saint Sulpice), Paris 1857. Tome unique.

Namentlich empfehle ich Ihnen, sich die wundervolle „Confessio fidei" von F. Bacon genau anzusehen, welche Sie in der Migneschen Ausgabe pag. 468 in französischer Uebersetzung finden.

Schreiben Sie mir gefälligst dann, ob Sie in dieser „Confessio" irgend Etwas gefunden haben werden, was dem Dogma der heil. röm. catholischen Kirche nicht gemäss wäre.[5] Emerÿ hat nichts derartiges entdecken können und er spricht sich verwundert wie folgt aus (pag. 398, Ed. Migne):

„Cette confession met dans la plus parfaite évidence la religion de Bacon; elle donne encore la mesure de l'élévation de son génie, elle abonde en idées véritablement sublimes; et ce qui est encore singulier dans cette pièce, c'est que, quoique l'auteur vécût dans la communion de l'Église protestante, il serait difficile d'y trouver quelque article qui ne pût être avoué par un théologien de l'Église romaine."[6]

Bemerkenswerth ist es auch, dass, wie Sie sehen werden, der erhabene Gedankengang der ersten §§ dieser „Confessio" im Wesentlichen derselbe ist, mit welchem Pius IX, in der Encyclica *Ineffabilis Deus*,[7] seine „Constitutio qua definitur B. Mariae immaculata conceptio" (v. 7 Dec. 1854) einleitet.

Sollte Monseigneur d'Hulst von diesen Dingen noch nicht Kenntniss haben, so würde ich mich freuen, wenn Sie ihn darauf aufmerksam machen wollten!

Ich bin ganz erschreckt und unglücklich, von Ihnen zu hören, dass N° 1 meiner jetzt in den *Mathem. Annalen* erscheinenden Arbeit: „Beiträge zur Begründung der transfiniten Mengenlehre"[8] nicht in Ihre *Hände* gekommen ist.

Sie waren einer *der Ersten*, denen ich vor etwa 8 Wochen ein Exemplar geschickt habe! Gleichzeitig sandte ich auch ein Exemplar an Ihren Schwiegersohn, Herrn Picard.[9] Nun habe ich leider keine anderen Exemplare mehr davon!

Allein es wird gerade jetzt auf Wunsch des Herrn Peano in Turin eine von Prof. Gerbaldi in Palermo angefertigte sehr gute italienische Uebersetzung gedruckt.[10] Ich werde so frei sein, Ihnen hiervon später ein Exemplar zu schicken.

Sie sagen sehr schön in Ihrem Briefe vom 27ten Nov.: „Les nombres (entiers) me semblent constituer comme un monde de réalités qui existent en dehors de nous avec le même caractère d'absolue nécessité que les réalités de la nature dont la connaissance nous est donnée par nos sens etc".[11]

Gestatten Sie mir aber dazu zu bemerken, dass mir die Realität und absolute Gesetzmässigkeit der ganzen Zahlen eine *viel stärkere* zu sein scheint, als die der Sinnenwelt. Und dass es sich so verhält, hat einen einzigen, sehr einfachen Grund, nämlich diesen, dass die ganzen Zahlen sowohl getrennt wie auch in ihrer actual unendlichen Totalität als ewige Ideen in intellectu Divino im höchsten Grade der Realität existiren.[12] Ich habe einen dem Ihrigen ähnlichen Gedanken im Jahre 1869 in meiner Habilitationsschrift „De transformatione formarum ternariarum quadraticarum" (Halis Saxonum typis Hendeliis[13]) ausgesprochen. Von den drei Thesen, welche ich bei dieser Gelegenheit öffentlich vertheidigte, heisst die 3te wörtlich wie folgt:

„Numeros integros *simili modo atque corpora coelestia totum quoddam* legibus et relationibus compositum efficere."[14]

Viel später habe ich gesehen, dass im Wesentlichen derselbe Gedanke vom heil. Augustin in dem Werke *De civitate Dei*, lib. XII, cap. 19 (contra eos, qui dicunt ea, quae infinita sunt, nec Dei posse scientia comprehendi[15]) vorkommt. Ich habe dieses ganze Capitel aus dem wundervollen Werke des heil. Kirchenvaters in einer Note meiner Schrift „Zur Lehre vom Transfiniten" Halle 1890, pag. 42, abgedruckt.[16] Sie werden diese Schrift damals von mir erhalten haben! Andernfalls steht Ihnen ein Exemplar derselben zur Verfügung.

Sehr erfreut bin ich über das Interesse, mit welchem Sie meine Tabelle für den Goldbachschen Satz bis $2N = 1000$ aufgenommen haben. Möchten Sie doch Jemanden finden, der die Tabelle weiter fortsetzt. Was Sie über die wahrscheinliche Unbrauchbarkeit der Reihe

$$\sum_p \frac{1}{x^p}$$

(wo *p* alle *unge*raden Primzahlen 1, 3, 5, 7 … durchläuft) sagen, leuchtet mir ein, denn ich wüsste nicht, wie diese Function von *x* durch uns bekannte Transzendenten auszudrücken oder ihre Eigenschaften sonstwie erkennbar wären.[17]

Es wird also nichts anderes übrig bleiben, und dies war der Grund meiner Publication, als die zahlentheoretische Function $n = \psi(N)$ zu studieren, wo n die Anzahl der Lösungen der Gleichung $x + y = 2N$ bedeutet, wenn $x \leq y$ und x, y beide Primzahlen sein sollen.

In dieser Beziehung erlaube ich mir, Sie auf folgende Erscheinungen in meiner Tabelle aufmerksam zu machen.

Sucht man diejenigen Stellen, für welche $\psi(N)$ ein relatives Maximum[18] wird, d. h. für welche:

$\psi(N - 1) \leq \psi(N) \geq \psi(N + 1)$

so findet man, *von $N = 9$ an, ohne Ausnahme*, dass es diejenigen Stellen sind, für welche:

$N \equiv 0 \mod. 3$

Sucht man ebenso diejenigen Stellen, für welche die Function $\psi(3N)$ ein relatives Maximum wird, so findet man, *ohne Ausnahme*, dass bei diesen

$N \equiv 0 \mod. 5$.

Sucht man ferner diejenigen Stellen, für welche die Function $\psi(3.5.N)$ ein relatives Maximum wird, so findet man *ausnahmslos*:

$N \equiv 0 \mod. 7$

Vielleicht also gilt der Satz:

* „Sind 3, 5, 7, 11, …, p alle ungeraden Primzahlen bis p und ist q die nächstgrössere Primzahl, setzt man das Product $3.5.7….p = P$, so sind die Stellen, für welche

$\psi(P.N)$

ein relatives Maximum wird, diejenigen, für welche:

$N \equiv 0 \pmod{q}$"

Aber ich wiederhole das „Vielleicht". Um ein sicheres Urtheil über die Richtigkeit dieses Satzes zu gewinnen, müsste die Tabelle mindestens bis $2N = 10000$ fortgeführt werden.[19]

Ich habe schon seit Jahren den grossen Wunsch, sowohl nach Rom, wie auch auf dem Rückwege nach Paris zu kommen; allein es fehlt mir dazu am Nöthigsten. Das Gehalt, welches ich von der Regierung bekomme, ist ein verhältnissmässig geringes, und meine 6 heranwachsenden Kinder, von denen das älteste im 21ten Jahre steht, brauchen mit jedem Jahre mehr zu ihrer Ausbildung.

Mit den herzlichsten Grüssen

Ihr hochachtungsvollst ergebener

G. Cantor (Abb. 7.2)

ANMERKUNGEN

[1] Zur Rolle von Léopold Delisle an der *Bibliothèque Nationale* verweisen wir den Leser auf Brief 18.

[2] Es sieht so aus, als habe Francis Bacon aus seinen Schriften alle Passagen herausgenommen, die mit dem römischen Katholizismus in Widerspruch standen, um die Verbreitung seiner Werke auf dem Kontinent zu erleichtern und um die römische Zensur zu umgehen.

[3] Jean André De Luc (1727–1817) war ein Physiker und Naturforscher aus Genf, der sich auch politisch betätigte. Er verbrachte einen Teil seines Lebens in London, wo er Mitglied der *Royal*

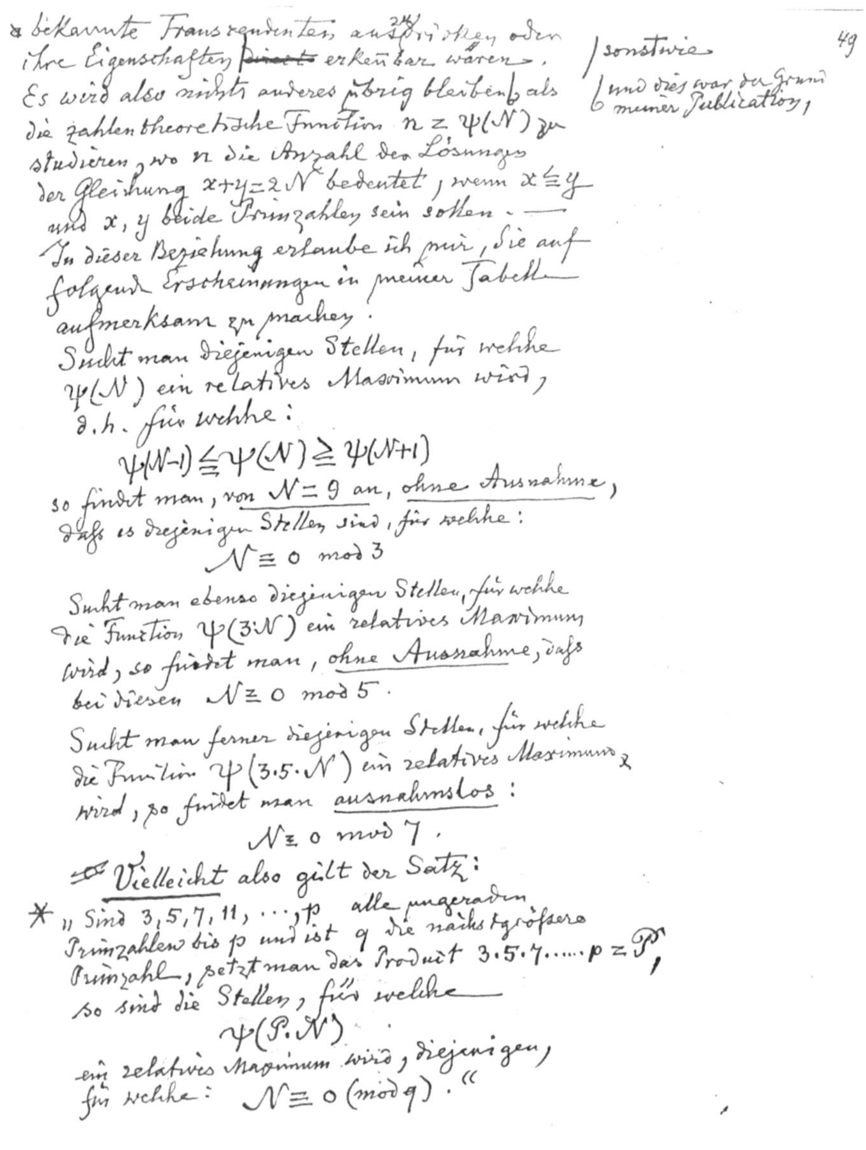

> *bekannte Transcendenten, ausdrücken oder ihre Eigenschaften erkennbar wären. Es wird also nichts anderes übrig bleiben als die zahlentheoretische Function $n = \psi(N)$ zu studieren, wo n die Anzahl der Lösungen der Gleichung $x+y=2N$ bedeutet, wenn $x \leqq y$ und x, y beide Primzahlen sein sollen. — sonstwie und dies war der Grund meiner Publication.*
>
> *In dieser Beziehung erlaube ich mir, Sie auf folgende Erscheinungen in meiner Tabelle aufmerksam zu machen:*
>
> *Sucht man diejenigen Stellen, für welche $\psi(N)$ ein relatives Maximum wird, d.h. für welche:*
>
> $$\psi(N-1) \leqq \psi(N) \geqq \psi(N+1)$$
>
> *so findet man, von $N=9$ an, ohne Ausnahme, dass es diejenigen Stellen sind, für welche:*
>
> $$N \equiv 0 \mod 3$$
>
> *Sucht man ebenso diejenigen Stellen, für welche die Function $\psi(3 \cdot N)$ ein relatives Maximum wird, so findet man, ohne Ausnahme, dass bei diesen $N \equiv 0 \mod 5$.*
>
> *Sucht man ferner diejenigen Stellen, für welche die Function $\psi(3 \cdot 5 \cdot N)$ ein relatives Maximum wird, so findet man ausnahmslos:*
>
> $$N \equiv 0 \mod 7.$$
>
> *Vielleicht also gilt der Satz:*
>
> ∗ *„Sind $3, 5, 7, 11, \ldots, p$ alle ungeraden Primzahlen bis p und ist q die nächstgrößere Primzahl, setzt man das Product $3 \cdot 5 \cdot 7 \cdots p = \mathfrak{P}$, so sind die Stellen, für welche*
>
> $$\psi(\mathfrak{P} \cdot N)$$
>
> *ein relatives Maximum wird, diejenigen, für welche: $N \equiv 0 \pmod{q}$."*

Abb. 7.2 Brief an Charles Hermite. (Archiv Göttingen [Cod. Ms. G. Cantor 18])

Society und Lektor der Königin wurde. Neben zahlreichen Werken zur Geologie und Meteorologie widmete er mehrere Jahre seines Lebens dem Studium der atmosphärischen Erscheinungen im Hochgebirge, wobei er Messinstrumente vervollkommnete (Barometer, Thermometer, Hygrometer). Sein Werk über die Philosophie von Francis Bacon sollte Antoine Lassalle widerlegen, den als inkorrekt angesehenen Übersetzer des englischen Philosophen.

[4] Jacques-André Émery (1732–1811) war Vorsteher der Predigergemeinschaft von Saint Sulpice. Während der Französischen Revolution wurde er zum Bezugspunkt des französischen Klerus, der

von Rom abgeschnitten auf nationalem Territorium geblieben war. Nach dem Sturz des Thrones leistete Émery den Eid auf Freiheit und Gleichheit. Nach der Missbilligung durch den Heiligen Stuhl war er gezwungen, sich zurückzuziehen. Im Juli 1793 wurde er verhaftet, aber nicht verurteilt, um nach dem Thermidor wieder frei zu kommen. Seine konziliante Haltung gegenüber der Republik brachte ihm Feindseligkeiten seitens der royalistischen und ultrakonservativen Katholiken ein. Émery wirkte am religiösen Werk des Konsulats mit, widersetzte sich aber mit dem Seminar von Saint Sulpice nachdrücklich dem Kaiserreich, indem er die Unabhängigkeit der Kirche verteidigte.

In seinen Werken *L'esprit de Leibniz* [Émery 1772] und *Christianisme de Bacon* [Émery 1798–99] versuchte Émery nachzuweisen, dass der Wissenschaftler nicht zum Unglauben in religiösen Dingen verurteilt sei.

[5] Georg Cantor publizierte 1896 in Halle eine Ausgabe der *Confessio fidei* von Francis Bacon, die er mit einem in Latein verfassten Vorwort ausschmückte [Cantor 1896].

[6] „Die *Confessio* macht die Religion Bacons vollkommen deutlich; sie zeigt auch sein Genie und enthält zahlreiche wahrhaft geniale Ideen. Was an diesem Werk noch einmalig ist, ist, dass es bei diesem Autor, obwohl er in der Gemeinschaft der protestantischen Kirche lebte, schwierig ist, auch nur einen Abschnitt zu finden, der nicht von einem Theologen der katholischen Kirche unterschrieben werden könnte."

[7] Die Enzyklika *Ineffabilis Deus* von 1854 proklamierte die unbefleckte Empfängnis Marias. Ihr folgte im Dezember 1864 die Enzyklika *Quanta cura* zusammen mit dem *Syllabus*, welche unter anderem den Rationalismus, den Liberalismus und den Sozialismus verurteilte. Im Juli 1870 vollendete das Vatikanische Konzil das Werk Pius IX durch die Proklamation der päpstlichen Unfehlbarkeit.

[8] Es geht hier um den ersten Teil der „Beiträge zur Begründung der transfiniten Mengenlehre" [Cantor 1895a].

[9] Émile Picard (1856–1941), Absolvent der *Ecole Normale Supérieure*, war Professor an der Sorbonne und Akademiemitglied.

[10] Es geht um [Cantor 1895b].

[11] „Die (natürlichen) Zahlen bilden meiner Ansicht nach eine reale Welt, die außerhalb von uns existiert mit dem selben Charakter von Notwendigkeit wie die Realitäten der Natur, deren Kenntnis uns durch unsere Sinne vermittelt wird etc."

[12] Die philosophischen Positionen von Charles Hermite und von Georg Cantor werden im Kap. 4 analysiert.

[13] [Cantor 1869] in [Cantor 1932, S. 51–62].

[14] [Cantor 1932, S. 62]. Die dritte These, welche Cantor anlässlich seiner Habilitation verteidigte, lud dazu ein, „die ganzen Zahlen wie auch die Himmelskörper als ein nach Gesetzen und Relationen geordnetes Ganzes zu betachten". Die beiden anderen Thesen lauten: These I: „Eodem modo litteris atque arte animos delectari posse." („Die Geister können sich an der Literatur erfreuen wie an der Kunst") und These II: „Iure Spinoza mathesi (Eth. pars. I. prop. 36, app.) eam vim tribuit, ut hominibus norma et regula veri in omnibus rebus indagandi sit." („Spinoza hat zu Recht der Mathematik die Möglichkeit zugeschrieben, für den Menschen eine Norm und eine Regel bei jeglicher Wahrheitssuche zu sein." (*Ethik*, Teil I, Proposition 36, Anhang))

[15] „Die Meinung wird bestritten, daß Gottes Wissen Unbegrenztes nicht auffassen könne." Diese Worte leiten einen Paragraphen des Werkes *De civitate Dei* von Augustinus ein, in dem er folgende Frage diskutiert: Umfasst die Wissenschaft von Gott das Unendliche? Augustinus zeigt, dass die Folge der Zahlen unendlich ist; da man Gott die Wissenschaft von den Zahlen nicht verweigern kann, kennt Gott das Unendliche:

„Illud autem aliud quod dicunt, nec Dei scientia quae infinita sunt posse comprehendi: restat eis, ut dicere audeant atque huic se voragini profundae inpietatis inmergant, quod non omnes numeros Deus noverit. Eos quippe infinitos esse, certissimum est. [...] Omnis infinitas quodam ineffabili modo Deo finita est, quia scientiae ipsius incomprehensibilis non est." („Der andere Einwand, den sie geltend machen, dass Gottes Wissen Unbegrenztes nicht umfassen könne, versenkt sie nachgerade in den tiefsten Abgrund der Gottlosigkeit, und es bleibt ihnen nichts anderes übrig, als die verwegene Behauptung, dass Gott nicht alle Zahlen wisse. Denn die sind unbegrenzt, das ist ganz sicher; [...] dann ist wahrlich auch alle Unbegrenztheit für Gott in unaussprechlicher Weise begrenzt, weil sie für sein Wissen nicht unerfassbar ist." [Augustinus 1979, Buch 12, § 19, S. 823],

[16] [Cantor 1890]. Vgl. hierzu auch Anmerkung 3 zum Brief von Cantor an Albert Eulenburg vom 28. Februar 1886 [Cantor 1932, S. 401–404].

[17] Die am Ende dieses Briefes angesprochenen mathematischen Fragen werden in Kap. 5 behandelt.

[18] Aus heutiger Sicht ist Cantors Ausdruck „relatives Maximum" durch „lokales Maximum" zu ersetzen.

[19] Der nachfolgende Satz wurde gestrichen:
Wäre es nun aber nicht indicirt, zunächst einmal im Allgemeinen zahlentheoretische Functionen $\psi(N)$ zu untersuchen, für welche das im Theorem (*) ausgesprochene Gesetz gilt? und zu zusehen, welches dann die Eigenschaften der Function

$$\sum_{N=1,2,3,\ldots} \psi(N) \frac{1}{x^{2N}}$$

werden???

20

À Monsieur Paul Tannerÿ
Directeur de la Manufacture des Tabacs – Pantin
2 Square du Roule, Paris.

Halle a/S. den 8ten Dec. 1895

Sehr geehrter Herr College,

Entschuldigen Sie gütigst, dass ich Ihre liebenswürdigen Briefe v. 31ten October und 1ten Dec. erst heute erwidere.

An Herrn Brunel[1] in Bordeaux habe ich vor einigen Tagen ein Exemplar der N° 1 meiner „Beiträge" gesandt.[2] Ich danke Ihnen von ganzem Herzen, dass Sie die französische Uebersetzung meiner Arbeit in so vorzügliche Hände gelegt haben. Die italienische, von Herrn Professor Gerbaldi in Palermo, auf Wunsch des Herrn Peano ausgeführte Uebersetzung ist gedruckt und erscheint im nächsten Hefte der *Rivista*.[3]

Es freut mich unendlich, bei Ihnen ein Interesse für *Avicenna* und *Algazel* zu finden; hoffentlich führt dasselbe zu neuen Beiträgen zu der Serie Ihrer ausgezeichneten und berühmten Arbeiten in der Geschichte der Philosophie und Mathematik! Die Citate, welche ich Ihnen schrieb und welche *vollständig* diese sind:

Avicenna, Metaph. tract. VI, cap. II; tract. VIII, cap. I

Algazel, Philosophiae lib. I, tract. I, cap. XI

finden sich in der neuen *Leoninischen Ausgabe der Opera omnia S. Thomae Aquin.*, im IV[ten] Bde, pag. 79 (Romae 1888).[4]

Ich habe nun in Eduard Erdmann's[5] *Grundriss der Geschichte der Philosophie* gefunden, dass von *Avicenna* 1495 eine lateinische Ausgabe in *Venedig* erschienen ist und ebenso, dass man hat:

Logica et philosophia Algazelis Arabis Venet., 1506, übersetzt von Dominicus Archidiaconus von Segovia, gedruckt von Petrus Liechtenstein.

Ich finde es durchaus *begreiflich* und *richtig*, dass der Herausgeber der *Revue de Métaphysique et de Morale*, Herr Xavier Léon (den ich Sie bitte, von mir bestens zu grüssen; ich werde ihm baldigst auf seine liebenswürdige Karte von 1ten Nov. und die Uebersendung Ihres Aufsatzes „Sur le concept du transfini."[6] antworten!) meine „Beiträge" *in dieser Form* nicht für seine Zeitschrift geeignet hält![7]

Es würde mir sehr lieb sein, wenn Sie meine „Beiträge" gründlich prüfen und mir dann schreiben wollten, ob Sie mit der in meinen Augen *wichtigsten* und *revolutionärsten* Neuerung innerhalb meiner „Théorie des ensembles", der Einführung der *transfiniten Cardinalzahlen* und der *transfiniten Ordnungstypen*, jetzt vielleicht einverstanden sind? Denn bisher haben Sie (seit 1885) *überall*, wo Sie sich über die „Théorie des ensembles" ausgesprochen haben, *gerade diesen Cardinalpunct* als einen *zweifelhaften* hingestellt.[8]

Sie würden mir eine grosse Freude durch Uebersendung Ihrer Photographie, wenn möglich in Cabinetsformat, bereiten.[9] Beifolgend erlaube ich mir, Ihnen mein Bild zu schicken.

In vorzüglichster Hochachtung,
Ihr ergebenster

Georg Cantor

ANMERKUNGEN

[1] Georges Brunel war ordentlicher Professor für Infinitesimalrechnung und Dekan der *Faculté des sciences de Bordeaux*. Er war in der *Société des Sciences Physiques et Naturelles de Bordeaux* aktiv, zu deren Mitgliedern Paul Tannery zählte. Im Dezember 1895 schlugen Paul und Jules Tannery Georges Brunel vor, die „Beiträge" Cantors in den Schriften dieser Gesellschaft zu veröffentlichen (vgl. hierzu Kap. 2 und Brief 26).

[2] [Cantor 1895a].

[3] Es geht um die *Rivista di Matematica*, in der die Abhandlung erschien [Cantor 1895b].

[4] Vgl. hierzu Brief 16.

[5] Johann Eduard Erdmann (1805–189?) war ordentlicher Professor für Philosophie an der Universität Halle und Autor des „*Grundriss der Geschichte der Philosophie*" [Erdmann 1866, Neuauflage 1896].

[6] [Tannery Paul 1894].

[7] Variante laut *Briefbücher*:

„Ich finde es durchaus begreiflich und richtig, dass der Herausgeber der *Revue de Métaphysique et de Morale* meine ‚Beiträge' nicht für seine Zeitschrift passend findet."

Xavier Léon gründete 1893 die Zeitschrift *Revue de Métaphysique et de Morale*, deren Sekretariat und Herausgeberschaft er versah. Der mathematische, von philosophischen Bezügen freie Charakter der „Beiträge" könnte erklären, warum Léon deren Publikation ablehnte.

[8] Bezüglich der Rezeption der Cantorschen Arbeiten durch Paul Tannery verweisen wir den Leser auf Kap. 2. Die Hypothese, die Paul Tannery in [Tannery Paul 1894] formuliert, nach der das Universum möglicherweise transfinit sei, scheint Cantor nicht vollständig zufrieden gestellt zu haben.

[9] „Photographie in Cabinetsformat", gemeint ist eine Fotografie, die auf einen Karton im Format einer Visitenkarte geklebt wurde (10 cm × 14 cm).

21

Herrn Professor Henri Poincaré in Paris

Halle a.d.S. 15 Dec 1895

Lieber Herr College,

Meinen herzlichsten Dank für Ihre Photographie in Cabinetsformat[1], welche auch von meiner ganzen Familie, in Erinnerung an Ihren freundlichen Besuch im vorigen Sommer, mit Freuden aufgenommen worden ist.

Unser letztes Wort bei Ihrer Abfahrt auf dem Bahnhofe in Halle war: „Auf Wiedersehen in Zürich im Herbst 1897 zum *constituirenden* internationalen Mathematikercongress."

In Anknüpfung hieran möchte ich die Frage an Sie richten, ob es Ihnen wohl recht wäre, wenn Sie und ich jetzt in einen Ideenaustausch über die Ziele und Aufgaben und *die zweckmässigste Art der Verwirklichung der „Internationalen Mathematikercongresse" eintreten*?

Mit der Bitte, mich unbekannterweise an Madame Poincaré auf's Beste zu empfehlen

Ihr sehr ergebener
Georg Cantor

ANMERKUNGEN

[1] Bezüglich der „Photographie in Cabinetsformat" verweisen wir auf Brief 20, Anmerkung 9.

22

Herrn Prof. Ch. Hermite in Paris, rue de la Sorbonne 2.

Halle a. d. S. 26ten Dec. 1895

Sehr verehrter Herr und Freund,

Unendlich erfreut es mich, aus Ihrem sehr lieben Brief v. 24 Dec. zu ersehen, dass Sie meine Mittheilung über Francis Bacon nach ihrer grossen Tragweite und Bedeutung für das Christenthum anerkennen, und dass Sie bereit sind, Mgr d'Hulst auf das wichtige Werk *Christianisme de Bacon* von Emerÿ[1] aufmerksam zu machen. Bitten Sie ihn doch in meinem Namen, er möchte veranlassen, dass diese Emerÿsche Schrift so bald als möglich in einer neuen handlichen Ausgabe gedruckt werde. Ich zweifle nicht, dass auf eine so hohe Empfehlung, wie die des Mgr d'Hulst hin, z. B. Herr P. Lethielleux in Paris (rue Cassette 10), den Verlag und Vertrieb sofort sehr gern übernehmen wird.

Wenn Francis Bacon nach seinem wahren Wesen und Character heute allgemein so wenig erkannt ist, so liegt dies, wie ich Ihnen bereits schrieb, der Hauptsache nach, an *der sÿstematischen Fälschung*, die an ihm von Voltaire und den Encyclopädisten vorgenommen worden ist.

Ihr seliger College Ant. Fr. *Ozanam* steht in der katholischen Welt im allerbesten Andenken als Begründer der Vereine des St. Vincentius a Pauls.[2] Ich werde mir seine Schrift über Fr. Bacon, auf welche Sie die Güte haben, mich aufmerksam zu machen, verschaffen und sie lesen.

Ihre Vermuthung über die Ursache meiner Zurücksetzung in Deutschland trifft wie ich glaube nicht zu. Sie liegt vielmehr an *zwei* Ursachen:

1. Bin ich meiner Geburt nach *kein Deutscher*, sondern nur in früher Jugend (mit 11 Jahren) nach Deutschland verschlagen worden. Ich bin in St. Petersburg geboren. Mein seliger Vater war ein geborener Däne (aus Kopenhagen) und kam als Kind nach St. Petersburg. Meine jetzt in Berlin lebende gute Mutter gehört einer St. Petersburger römisch katholischen Musikerfamilie (Böhm) an. In Deutschland habe ich keinen einzigen männlichen Verwandten. (Der Heidelberger Professor *Moriz Cantor ist nicht mit mir verwandt*). Als ich 17 Jahr war, verlor ich meinen Vater und war seitdem ohne jeglichen verwandschaftlichen Halt auf mich selbst angewiesen.
2. Ich habe zwar hauptsächlich in Berlin von 1863–1867 studirt und man rechnet mich daher zu den Schülern von Kronecker und Weierstrass. Letzteres ist aber *in Wahrheit nicht richtig*; denn ich bin in meinen Arbeiten von diesen Beiden völlig unabhängig. *Aber noch mehr! Kronecker hat sich stets mit grosser Geringschätzung* über meine Arbeiten, die er nicht verstand, ausgesprochen *und Andere haben es ihm nachgemacht*. Weierstrass hat mir nie genützt, wohl aber dadurch geschadet, dass er diejenigen allein poussirte, welche wie Fuchs, Königsberger, Mittag-Leffler, Schwarz[3] sich ihm direct angeschlossen und untergeordnet haben.[4]

Von Mathematikern dieses Jahrhunderts stehe ich Gustav *Lejeune-Dirichlet*[5] am Nächsten, von dem ich viel gelernt, den ich aber leider persönlich nicht gekannt habe.

Es freut mich sehr, dass Herr Picard, den ich sehr hoch schätze, sich so freundlich über den ersten Artikel meiner laufenden Arbeit ausgesprochen hat.[6] Ich bitte Sie, ihn vielmals von mir zu grüssen; ich erinnere mich mit Vergnügen meines Zusammentreffens mit ihm in Paris vor vielen Jahren.

Gestatten Sie mir Ihnen, als Gegengabe für Ihre Photographie, die meinige beifolgend zu überreichen.

Mit den herzlichsten Glückwünschen zum neuen Jahr

Ihr hochachtungsvollst ergebener

G. Cantor

ANMERKUNGEN

[1] Bezüglich Jacques-André Émery verweisen wir auf Brief 19, Anmerkung 4. Trotz der Bemühungen von Cantor scheint es nicht so zu sein, dass das Werk von Emery [Émery 1798–1799] wieder aufgelegt worden wäre.

[2] Frédéric Ozanam (1813–1853) war ein katholischer Historiker und *Docteur ès lettres*; seit 1844 hatte er einen Lehrstuhl für Literatur an der Sorbonne inne. Die Gründung der *Société de Saint Vincent de Paul*, die Cantor erwähnt, fand 1833 statt.

[3] Lazarus Fuchs war ab 1884 Professor an der Universität Berlin, während Hermann Schwarz 1892 dort Nachfolger von Weierstrass wurde. Leo Königsberger (1837–1921) blieb – abgesehen von einigen Jahren in Dresden und Wien – Professor in Heidelberg. Königsberger war stark beein-

flusst von Weierstraß, dessen Vorlesung über elliptische Funktionen aus dem Jahr 1857 er publizierte. Mit Fuchs zusammen arbeitete er im Bereich der Funktionentheorie. Gösta Mittag-Leffler (1846–1927), erhielt, nachdem er bei Hermite in Paris und Weierstraß in Berlin gelernt hatte, einen Lehrstuhl in Helsinki, 1881 dann in Stockholm.

[4] Gestrichen „und einen *Cultus seiner Person* in die Welt setzten (gestrichen) schafften." Die Einschätzung Cantors der wissenschaftlichen Rolle von Weierstraß verdient eine tiefergehende kritische Analyse.

[5] Gustav Lejeune-Dirichlet (1805–1859) kannte die französischen Mathematiker seiner Zeit, da er in Paris von 1822 bis 1825 studierte wo er sich Joseph Fourier anschloss. Dirichlet war Privatdozent, später Professor an der Universität Berlin. Schließlich ging er als Nachfolger von Gauss 1855 nach Göttingen. Als Mitglied der Berliner Akademie übte er einen nachhaltigen Einfluss auf die Lehre in Deutschland aus. Seine Forschungen betrafen die Zahlentheorie und die Fourier-Reihen. 1837 bewies Dirichlet die Vermutung von Legendre: Sind a et b zwei teilerfremde natürliche Zahlen, so enthält die Folge ($an + b \mid n \in N$) unendlich viele Primzahlen.

[6] Es handelt sich um die „Beiträge" [Cantor 1895a], die Émile Picard, ein Schwiegersohn von Charles Hermite, zur Kenntnis nahm.

23

À Monsieur É. Lemoine, rue Littré, 5. Paris.
Ancien élève de l'École Polytechnique
Chef du service de la vérification du gaz de la ville de Paris.

Halle a. d. Saale, 27ten Dec. 1895.

„Veritas initio premitur, sed nunquam opprimitur" [1]

Chr. Wolf *Cosmol. gen.* praef. p. 4.[2]

Lieber Herr und Freund,

Als ich kürzlich mir den laufenden Jahrgang des *Intermath*[3] ansah, fand ich, dass Sie auf pag. 179, question n° 574 unter meinem Namen auf ein Vorkommniss in meiner Tabelle des Goldbachschen Satzes aufmerksam machen, dass nämlich, wenn die Anzahl der Lösungen der Gl. $x + y = 2N$ in Primzahlen x, y, wo $x < y$, mit n_{2N} bezeichnet wird, alsdann im Umfange der Tabelle von $N = 12$ an, immer die Zahlen n_{2N} dann ein relatives Maximum haben, wenn $N \equiv 0 \bmod 3$.

Sie characterisiren dies aber damit, dass Sie sagen, es sei von $p = 4$ an, immer

$$n_{6p} > n_{6p-2}, \; n_{6p} > n_{6p-4}$$

während es doch heissen muss:

$$n_{6p} > n_{6p-2}, \; n_{6p} > n_{6p+2}$$

Es muss also in der zweiten Ungleichung im Index von n: $6p + 2$ *statt* $6p - 4$ stehen.

Ich bitte Sie, auf diesen *Druckfehler* sobald als möglich in Ihrer Zeitschrift aufmerksam zu machen.

Hoffentlich schicken Sie mir recht bald *Ihre mir versprochene Photographie*, auf welche ich mich sehr freue. Auch bitte ich Herrn Laisant um seine Photographie und ersuche Sie, ihm die beifolgende meinige zu überreichen.

Schreiben Sie mir auch gefälligst, ob unser Freund Herr Laisant krank ist oder aus welchem Grunde er mir noch nicht auf meinen an ihn gerichteten Brief v. 22ten Sept. dieses Jahres geantwortet hat.

Ich glaube es ist jetzt Zeit, dass wir an die Vorbereitungen zum *constituirenden* internationalen Mathematikercongress in Brüssel oder Zürich, für den Herbst *1897*, herantreten!

Mit der Bitte, Herrn Laisant freundlichst von mir zu grüssen
in vorzüglicher Hochachtung
Ihr ergebenster

G. Cantor

ANMERKUNGEN

[1] Anfänglich ist die Wahrheit verborgen, sie ist aber niemals ausgeschöpft.

[2] Christian Wolff (oder Wolf) (1679–1754) wurde in Breslau als Sohn eines Gerbers geboren. Er studierte in Jena Mathematik, Physik und Philosophie. Er machte die Bekanntschaft von Leibniz, dessen philosophischen Ansichten ihn anregten. Nach Lehrtätigkeit an der Universität Leipzig wurde er auf Empfehlung von Leibniz 1706 Professor in Halle. Seine rationalistischen Ideen, die darauf abzielten, die theologischen Wahrheiten auf die Evidenz der logischen Gewissheit zu gründen, führten zum Zusammenstoß mit dem in Halle dominanten Pietismus. Wolffs Gegner überzeugten König Friedrich Wilhelm, diesen aus Preußen zu verbannen. Wolff flüchtete nach Sachsen, später wurde er von der Universität Marburg aufgenommen. Nach dem Tode von Friedrich Wilhelm rief dessen Nachfolger, Friedrich der Große, Wolff nach Halle zurück, wohin er 1740 triumphal zurückkehrte. Trotz eines gewissen neuscholastischen Formalismus umfassen die philosophischen Lehren von Wolff das gesamte Feld der menschlichen Erkenntnis; sie drücken das Vertrauen in die Möglichkeit aus, vernunftgemäß zu den Wahrheiten der Moral Zugang zu finden. Wolffs Ideen waren bis hin zur Revolution Kants unbestreitbar einflussreich. Zwischen 1710 und seinem Tod publizierte Wolff zahlreiche Werke, darunter 1731 die *Cosmologia generalis* (das diesem Werk entnommene Motto des Cantorschen Briefes ist ein Wortspiel).

[3] Es geht um die Zeitschrift *L'Intermédiaire des mathématiciens*, die 1894 von Laisant und Lemoine gegründet worden war. Sie publizierte 1895 Cantors Vermutung, dass im Bereich der geraden natürlichen Zahlen die Vielfachen von 6 lokal gesehen mehr Goldbach-Zerlegungen besitzen als ihre Nachbarn, die keine Vielfachen von 6 sind. Diese Vermutung wird im Kap. 5 diskutiert.

24

Herrn Charles Hermite in Paris, rue de la Sorbonne 2.

Halle ad. Saale, 30ten Dec. 1895.

Sehr verehrter Herr und Freund,

In Ergänzung dessen, was ich Ihnen am 26ten Dec. schrieb, erlauben Sie mir noch hinzufügen, dass, wenn sich in Paris ein geeigneter Verleger für eine neue Ausgabe der Emerÿschen Schrift[1]: *Christianisme de Bacon* finden sollte, *ich selbst sehr gern Herausgeber des Werkes* sein würde. Es würde dies sich vielleicht auch aus dem Grunde empfehlen, weil ich durch Beherrschung der Baconliteratur, die sehr umfangreich ist, leicht im Stande sein würde, die Emerÿsche vor 100 Jahren angestellte Untersuchung durch *wesentliche Zusätze* zu vervollständigen.

                    In vorzüglicher Hochachtung
                    Ihr ganz ergebenster
                            G. C.

ANMERKUNGEN

[1] Zu Jacques-André Émery und seinem Werk *Christianisme de Bacon* vgl. man die Briefe 19 und 22.

25

À Monsieur Xavier Léon[1],
39 rue des Mathurins, Paris.

                        Halle Januar 1896

Sehr geehrter Herr,

ANMERKUNGEN

[1] Die Rolle von Xavier Léon an der Spitze der Zeitschrift *Revue de Métaphysique et de Morale* und seine Weigerung gegen Ende des Jahres 1895, eine Abhandlung von Cantor [Cantor 1895a] in seiner Zeitschrift zu publizieren, wurden bereits in den Briefen 16 und 20 erwähnt. Der unvollendete Brief Cantors sollte wohl eine Antwort auf diese Weigerung werden.

26

Die Endfassung dieses Briefes enthält eine wichtige Richtigstellung, die im Entwurf des Göttinger Briefbuches nicht enthalten ist.

Herrn Paul Tannerÿ, 2 square du Roule, Paris
Directeur de la manufacture des Tabacs, Pantin.

                    Halle a. d. Saale, 6. Januar 1896.

Sehr geehrter Herr College,

Aus einem Briefe vom 13ten Dec. 1895 des Herrn Brunel in Bordeaux, dem ich ein Exemplar meiner Abhandlung auf Ihren Rath hin übersandt hatte[1], ersehe ich, dass er *nicht* die Uebersetzung derselben ausführen wird, sondern ein Anderer von Ihnen damit beauftragt worden ist.

Ich bitte Sie, mir Denjenigen zu bezeichnen und seine Adresse mir mitzutheilen, welcher diese Arbeit übernommen hat[2], da ich kleine unbedeutende Vereinfachungen und Verbesserungen in dieser französischen Ausgabe vornehmen möchte.

Meinen Brief vom 8ten Dec. 1895 werden Sie erhalten haben. Hoffentlich schicken Sie mir Ihre Photographie als Gegengabe für die meinige, welche ich mir erlaubte, Ihnen zu senden und ich freue mich darauf.

Mit den besten Wünschen für das neue Jahr 1896.
Ihr hochachtungsvoll ergebenster
                            G. C.

Berichtigung
Die Angabe in der neuen französischen Encyclopaedie[3], dass ich derselben Familie angehörte wie mein Namensvetter Herr *Moritz Cantor in Heidelberg, halte ich nicht für richtig, wenigstens fehlt hierfür jeglicher Anhalt*.[4]

Thatsache ist allein folgendes:
Mein seliger, im Jahre 1863, in Deutschland verstorbener Vater *Georg Woldemar Cantor* kam als Kind mit seiner Mutter nach *St. Petersburg* und wurde dort alsbald *lutherisch getauft*. Er ist aber in *Kopenhagen* (ich weiss nicht genau in welchem Jahre, etwa zwischen 1810–1815) geboren, von *israelitischen Eltern*, die der dortigen *portugiesischen Judengemeinde* angehörten, und daher höchstwahrscheinlich *spanisch-portugiesischen* Ursprung waren.

Meine Mutter, Marie Cantor, geb. Böhm, die jetzt seit 1863 in Berlin lebt, ist eine geborene Petersburgerin, gehört einer römisch-katholischen Familie an, die aus *Österreich* stammt.

Mein Grossvater mütterlicherseits *Franz Böhm* war Kaiserl. Russ. Concertmeister und *Violinvirtuose* in St. Petersburg; auch dessen Frau, meine Grossmutter Maria Böhm, geb. *Morawek*, war *Violinvirtuosin*.[5]

Ein Bruder meines Grossvaters war der *Wiener* Concertmeister *Joseph Böhm*, Gründer einer berühmten Violinistenschule, aus welcher viele grosse Violinvirtuosen wie *Joachim*[6], *Ernst*[7] etc. hervorgegangen sind.

Väterlicherseits habe ich *nur einen männlichen Verwandten*, meinen einzigen um vier Jahre jüngeren Bruder *Constantin Cantor*, der früher Rittmeister in einem grossherz. hessischen Dragonerregiment war, seit über zehn Jahren aber in Italien, seit sechs Jahren auf der Insel Capri, lebt, wo er in zweiter Ehe mit einer eingeborenen Capreserin verheiratet ist.

ANMERKUNGEN

[1] Es geht um den ersten Teil der „Beiträge zur Begründung der transfiniten Mengenlehre" [Cantor 1895a]. Bezüglich der Rolle, die Georges Brunel, Professor in Bordeaux, bei der Publikation der Cantorschen Abhandlung spielte, vergleiche man die Briefe 20 und 28 sowie Kap. 2.
[2] Der Übersetzer war Francisque Marotte (1873–1945), ein Absolvent der *Ecole Normale Supérieure* (Jahrgang 1891), wo er Kommilitone von Émile Borel gewesen ist. Nach seiner *Agrégation* in Mathematik (1894) bereiste Marotte Deutschland, wo er Felix Klein in Göttingen und Sophus Lie in Leipzig aufsuchte. Von 1896 bis 1899 war er *Agrégé-préparateur* für Mathematik an der *Ecole Normale Supérieure*, wo er in Naturwissenschaften promovierte. Er wurde Lehrer am Gymnasium, zuerst in Clermont-Ferrand, dann in Paris am *Lycée Charlemagne*. Seine Arbeiten betrafen die Theorie der kontinuierlichen Gruppen und deren Anwendung auf lineare Differentialgleichungen.
[3] Es geht um die *Grande encyclopédie, inventaire raisonné des sciences, des lettres et des arts* in 31 Bänden (Paris: Larousse, 1885–1902), welche von Marcelin Berthelot herausgegeben wurde und an der Paul Tannery mitarbeitete.
[4] Diese Behauptung wird in einem Brief von Moritz Cantor an Paul Tannery vom 31 Juli 1888 [Tannery Paul 1934–1943, vol. 13, S. 331–332] korrigiert. Die beiden Familien Cantor haben ihren gemeinsamen Ursprung in einer israelitischen Familie aus Portugal, die nach Dänemark emigrierte. Einer ihrer Zweige (derjenige von Moritz Cantor) fand Eingang in die jüdisch-deutsche Gemeinschaft in Amsterdam. Der andere Zweig (derjenige von Georg Cantor) ließ sich in Russland nieder (Abb. 7.3).
[5] Zu Franz, Maria und Joseph Böhm vergleiche man Brief 36.

Abb. 7.3 Cantor Moritz.
[von The MacTutor History
of Mathematics archive,
www-history.mcs.st-andrews.
ac.uk/index.html]

[6] Der österreichisch-ungarische Geiger und Komponist Joseph Joachim wurde bei Joseph Böhm und Georg Hellmesberger, beide Professoren am Wiener Konservatorium, ausgebildet (vgl. hierzu den an Lemoine gerichteten Brief 36).
[7] Wahrscheinlich handelt es sich um Heinrich Wilhelm Ernst (vgl. Brief 36).

27

Das Original dieses Briefes weist im Vergleich zu seinem Entwurf einige Varianten auf, die in den Anmerkungen aufgeführt werden.

À Monsieur Henri Poincaré
Membre de l'Institut et du Bureau des Longitudes
Professeur à la Faculté des Sciences
63 rue Claude Bernard.

Halle a. d. Saale, 7ten Jan. 1896

Lieber Herr College,

Ihren freundlichen Neujahrsgruss, der mir soeben zugeht, erwidere ich mit den herzlichsten Wünschen für Ihr und Ihrer Familie Glück und Wohlbefinden.

Den Brief, in welchem Sie sich bereit erklären, mit mir die auf die internationalen Mathematikercongresse bezüglichen Fragen zu discutiren, habe ich erhalten, und freue mich auf diese gemeinsame Arbeit, welche, wie ich glaube, dem Gedeihen der mathematischen Wissenschaften und in gewissem Sinne sogar dem Wohle der Menschheit und der einzelnen Nationen zu Gute kommen wird.

Sobald ich die Zeit dazu finde, werde ich die Details meiner Idee aufschreiben, um sie Ihnen zur Prüfung und Beurtheilung vorzulegen.

Für heute nur dies, dass ich die *constituirende Versammlung* im Herbst des Jahres 1897 in *Brüssel* oder *Zürich*, den *ersten wirklichen und eigentlichen Congress*[1] aber 1900 in *Paris* abgehalten sehen möchte.

Sie wissen ja, dass ich von Geburt kein Deutscher, sondern ein St. Petersburger bin. Erst im Alter von 11 Jahren kam ich mit meinen Eltern nach Deutschland, von denen mein seliger Vater ein Däne war (aus Kopenhagen nach St Petersburg in seiner Kindheit gekommen), meine jetzt in Berlin lebende Mutter eine St Petersburgerin ist. Daher werde ich in dieser unsrer Angelegenheit durch keine nationalen Bedenken beschwert und aufgehalten.

Allein ich habe mich auch überzeugt, dass wir für diesen Plan die deutschen Collegen gewinnen werden[2], wenn wir nur dafür sorgen, dass bei Einleitung der darauf bezüglichen Unterhandlungen und bei den gemeinsamen Vorberathungen selbst keinerlei Fehler begangen werden.

Also in einigen Wochen schreibe ich Ihnen ausführlich.

Mit den besten Grüssen

Ihr ganz ergebener
G. C.

ANMERKUNGEN

[1] Variante der *Briefbücher*: „den *ersten eigentlichen Congress*". Fragen bezüglich der Einrichtung des ersten internationalen Mathematiker-Kongresses werden in Kap. 2 diskutiert. Der „konstituierende" internationale Kongress wurde im August 1897 in Zürich abgehalten. Der Pariser Kongress unter Vorsitz von Henri Poincaré fand im August 1900 statt. Cantor nahm am Kongress von Zürich, nicht aber an demjenigen von Paris, teil. Letzteres war durch seinen Gesundheitszustand bedingt [Letho 1998].
[2] Variante der *Briefbücher*: „die deutschen Collegen leicht gewinnen werden".

28

Herrn Paul Tannerÿ
Directeur de la Manufacture des Tabacs à Pantin (Seine)
Paris.

Halle a. d. Saale, 10ten Januar 1896.

Hochgeehrter Herr College,

Ihr werthes Schreiben v. 8ten Jan. kommt soeben in meine Hände.

Ich werde es als eine grosse Ehre und Freude empfinden, von der *Société des sciences physiques et naturelles de Bordeaux*[1] zum correspondirenden Mitgliede ernannt zu werden.

Obgleich ich, wie Sie wissen, kein Deutscher bin, so gehöre ich doch bis jetzt *keiner einzigen gelehrten* Gesellschaft *ausserhalb* Deutschlands an. Es wird mich diese Ernennung mit meinem ganzen Herzen an die *schöne Stadt Bordeaux* fesseln!

Unendlich erfreut bin ich auch zu hören, dass Ihr Bruder Herr *Jules Tannerÿ* es übernommen hat, die französische Uebersetzung meiner Arbeit zu überwachen, nachdem er einen geeigneten Uebersetzer gefunden haben wird.[2] Dann ist ja diese Sache in *allerbesten Händen*!

Ich habe sogleich an Herrn *Peano* in Turin geschrieben und ihn gebeten, ein Exemplar der *italienischen Uebersetzung* an Herrn *Jules Tannerÿ* zu schicken.[3]

An Madame Tannerÿ bitte ich Sie, mich ganz gehorsamst zu empfehlen und ihr meinen herzlichen Dank dafür zu sagen, dass sie die Güte haben wird, mir eine Photographie von Ihnen herzustellen.
Mit den besten Grüssen
ganz der Ihrige

G. C.

ANMERKUNGEN

[1] Um eine Publikation seiner „Beiträge zur Begründung der transfiniten Mengenlehre" [Cantor 1895a–1897] in den *Mémoires de la Société des sciences physiques et naturelles de Bordeaux* zu ermöglichen, musste deren Autor korrespondierendes Mitglied dieser gelehrten Gesellschaft werden (vgl. hierzu die Briefe 20 et 26, sowie Kap. 2).

[2] Der Übersetzer, den man auswählte, war Francisque Marotte (vgl. Brief 26). Die Rolle, die Jules Tannery bei der Verbreitung der Ideen Cantors spielte, wird in Kap. 2 analysiert.

[3] Es handelt sich um [Cantor 1895b].

29

Monsieur Jules Tannerÿ
Sous-Directeur à l'École Normale Supérieure[1]
45 rue d'Ulm, Paris.

Halle 23ten Jan. 1896

Hochgeehrter Herr College,

Durch Ihren Bruder, Herrn Paul Tannerÿ, erfuhr ich zu meiner grossen Freude, dass Sie die Güte gehabt haben, es zu übernehmen, einen geeigneten Uebersetzer in das Französische für meine Abhandlung „Beiträge zur Begründung der transfiniten Mengenlehre" zu suchen, von welcher Arbeit ich mir die Ehre gab, Ihnen den 1ten Artikel im Sept. 1895 in einem Separatabzug zu übersenden. Hoffentlich ist derselbe auch richtig in Ihre Hände gekommen.[2]

Auf Anregung von Herrn Paul Tannerÿ habe ich Herrn G. Peano in Turin ersucht, Ihnen auch ein Exemplar der kürzlich erschienenen, von Herrn Professor Gerbaldi (von der Universität in Palermo) ausgeführten italienischen Uebersetzung der N° 1 meiner Abhandlung zu schicken.[3] Sie werden dieselbe vermuthlich in diesen Tagen erhalten haben. Andernfalls bitte ich [Sie] mir dies zu schreiben; ich schicke Ihnen dann selbst ein Exemplar davon.

Da ich kleine Aenderungen und Vereinfachungen in der französischen Ausgabe anbringen möchte, so ersuche ich Sie, mich in directe Verbindung mit dem von Ihnen für die Uebersetzungsarbeit gewonnenen Collegen zu setzen, und mir dessen Namen und Adresse gefälligst zu schreiben.[4]

Mit lebhaften Dank für Ihre freundliche Hülfe in dieser Sache, verbleibe ich
mit vorzüglicher Hochachtung
Ihr ergebenster

G. C.

ANMERKUNGEN

[1] Jules Tannery war seit 1884 Direktor der wissenschaftlichen Studien an der *Ecole Normale Supérieure*. Im Kap. 2 analysieren wir die Rolle, die Jules Tannery bei der Verbreitung der Ideen Cantors spielte.
[2] Gestrichen: „was leider bei den Exemplaren, welche ich gleichzeitig Herrn Hermite und Herrn Picard sandte, nicht der Fall gewesen ist, die verloren gegangen zu sein scheinen, wie ich dies nachträglich von Herrn Hermite zu meinem Schrecken erfuhr."
[3] Es geht um [Cantor 1895b].
[4] Der Übersetzer ist Francisque Marotte (vgl. Brief 26).

30

Die beiden uns erhaltenen Versionen dieses Briefes differieren kaum. Wir weisen in den Anmerkungen auf die Varianten und die wichtigen Streichungen hin, die sich im Entwurf der Göttinger Briefbücher finden.

À Monsieur Henri Poincaré in Paris,
63 rue Claude Bernard, Paris.

Halle a. d. Saale 22ten Jan. 1896.

Hochgeehrter Herr College,

Zu meinem grössten Bedauern, sehe ich mich, ohne die geringste Schuld meinerseits, verhindert, an den Kundgebungen für die *Acta Mathematica*[1], von denen Sie die Güte hatten mir Mittheilung zu machen, theilzunehmen[2]; obgleich ich denselben das beste Gelingen wünsche, weil ich die grossen Verdienste, welche sich Herr Mittag-Leffler um unsre Wissenschaft durch diese Schöpfung erworben hat, durchaus anerkenne.

Die Beziehungen, welche ich während der ersten vier Jahre des Bestehens dieser Zeitschrift zu ihr gehabt habe, sind von Herrn M.-L. selbst im Jahre 1885, also bereits vor circa 11 Jahren gelöst worden.[3]

Ich war nämlich schon damals im Besitz der Theorie der transfiniten Cardinalzahlen und der transfiniten Ordnungstypen, deren Publication, wie Sie wissen, in mathematischen Zeitschriften erst vor einigen Monaten ihren Anfang genommen hat. Allein ich wollte diese Lehre schon damals (weil alles Wesentliche und Principielle davon fertig dastand), und zwar in den *Acta Mathematica* publiciren, und bedaure es noch heute auf's lebhafteste, dass man mich hiervon abgehalten hat.

Ich sandte das Manuscript einer daraufbezüglichen Arbeit an Herrn M.-L. ein (ich besitze es noch; es hat den Titel: „Principien einer Theorie der Ordnungstypen"[4]); Herr M.-L. acceptirte dasselbe und der Druck begann 1884. Ich war gerade mit der Correctur des ersten Druckbogens beschäftigt, welche ich zusammen mit dem damaligen Gehülfen der *Acta Math.*, Herrn G. Eneström, besorgte. Da erhielt ich einen Brief von Herrn Mittag-Leffler (datirt Stockholm 9 März 1885), worin er es mir sehr nahe legt, die Arbeit zurückzuziehen, weil ich gewissermassen mit derselben „um 100 Jahre zu früh" erschienen wäre! (Nach seiner Meinung hätte ich also mit der Publication bis 1985 warten sollen?!) Ich telegraphirte ihm sofort die Bitte, mir das Manuscript umgehends zurückzuschicken, was auch geschah.[5]

Es war mir bei dieser Gelegenheit plötzlich klar geworden, dass Herr M.-L. es im Interesse seiner *Acta Mathem.* wünschen musste[6], keine ferneren Arbeiten von mir in seinem Journal zu drucken. Der eigenartige Zusammenhang ist einfach dieser. Schon meine früheren, seit 1870 publicirten Arbeiten hatten sich, wie ich stets sehr gut selbst es wusste, nicht des Beifalls der Berliner Machthaber: Weierstrass, Kummer, Kronecker und Borchardt[7] zu erfreuen gehabt. Würde nun gar Herr M.-L. die viel weitergehende und kühnere Theorie der transfiniten Ordnungstypen gebracht haben, so hätte er die Existenz seines noch jungen Unternehmens, welches vom Wohlwollen der Berliner Akademiker (*besonders von Weierstrass*) hauptsächlich abhing, *im höchsten Grade gefährdet*.

Nur so lässt sich die seltsame Schwenkung meines Freundes M.-L. erklären.

Ich habe ihm dieselbe daher auch keineswegs übelgenommen und meine liebevollen Gesinnungen zu seiner Person sind auch jetzt noch immer ganz dieselben, wie vor jener Katastrophe.

Allein ich glaube und hoffe, dass Sie sowohl wie auch die Herren Hermite, Picard und Appell mir durchaus Recht geben werden, wenn ich mit meinem Namen für eine Zeitschrift nicht eintrete, für welche der Ausschluss meiner Arbeiten bis zu einem gewissen Grade zu einer Lebensfrage geworden war.

Warscheinlich hat sich auch heute, wo zwar Kummer, Kronecker und Borchardt durch den Tod ausgeschieden sind, dafür aber an ihre Stelle die mir keineswegs günstiger gesinnten Herren Fuchs, Schwarz und Frobenius getreten sind[8], die Situation in Bezug auf mich und meine Arbeiten ganz und gar nicht verbessert, so dass mein Eintreten für die *Acta Math.* denselben vielleicht ebenso schaden würde, wie vor 12 Jahren ihnen meine wissenschaftliche Mitarbeit thatsächlich geschadet hat. Es empfiehlt sich daher auch von dieser Seite im Interesse der *Acta Math.* selbst meine absolute Reserve.

Mein freundschaftliches Verhältnis zu Gustav Mittag-Leffler und seiner liebenswürdigen Frau Gemahlin hat aber durch diese Sache, wie gesagt, keinerlei Aenderung erfahren.

Uebrigens sind Sie auch der Erste, dem ich davon erzähle; ich hätte Alles fast vergessen und wurde erst durch Ihr letztes Schreiben wieder lebhaft daran erinnert! Um vor Ihnen Allen wegen meiner Absage durchaus gerechtfertigt dazustehen, habe ich diese Dinge so umständlich erzählen und erklären müssen.

Was nun die internationalen Mathematikercongresse betrifft, so bin ich bis jetzt keinerlei Opposition gegen die Idee begegnet[9], den ersten solchen Congress im Jahre 1900 in Paris abzuhalten. Diese Idee besteht seit etwa 6 Jahren. Wir besitzen in Deutschland seit dem Herbst 1891 eine Organisation *Die deutsche Mathematikervereinigung*, welcher ich, nachdem sie von mir in's Leben gerufen war, die beiden ersten Jahre als Präsident vorstand. Es gehören momentan dazu 273 Mitglieder. Jedes Jahr im September tritt sie im Anschluss an die allgemeine Naturforscherversammlung an wechselnden Orten zusammen.

Im Bericht über die Jahresversammlung in *Wien* (1894), findet sich folgendes[10]:

„Herr Lampe (Berlin)[11] berichtete noch über einen von einer Gruppe französischer Mathematiker in Aussicht genommenen internationalen Mathematikercongress. Die Vereinigung sprach im Principe ihre Sympathie für diesen Plan aus und

Die Korrespondenz 179

beauftragte ihren Vorstand, gegebenen Falles Schritte für eine würdige Vertretung der deutschen Mathematiker zu thun."

Und in der letzter Jahresversammlung in Lübeck (1895) finden wir[12]:
„In Bezug auf den geplanten internationalen Mathematikercongress konnte die Versammlung nur die im Vorjahre zum Ausdruck gekommene Meinung dahin präcisiren, dass die Versammlung einem derartigen Unternehmen sympatisch gegenüberstehe, jedoch nicht die Initiative ergreifen wolle."

Ich schicke Ihnen unter Kreuzband den in diesen Tagen erst über diese beiden Versammlungen (1894 und 1895) erschienenen Bericht, wo Sie diese beiden Stellen wiederfinden werden.

Sie sehen also, dass die Initiative von anderer Seite ergriffen werden muss, und ich meine, dass es keine andere sein kann und darf, als die *französische*; wobei ich aber, wie Sie schon wissen, dafür bin, dass man von Paris aus schon jetzt, d. h. nächstens, an die verschiedenen mathematischen Organisationen in Deutschland, Grossbritannien, Russland, Italien, etc., etc. ein Circular richtet mit der Frage, ob sie geneigt wären, im Herbst des Jahres 1897 Delegirte zu einer *constituirenden Versammlung* zu entsenden, um daselbst eine angemessene *internationale Institution* und *Organisation* zu schaffen, die alle 3 bis 5 Jahre eine *internationale Mathematikerversammlung* arrangirt. *Erst bei dieser Gelegenheit* (1897) würde dann von selbst die Frage nach dem ersten Versammlungsorte officiell aufzuwerfen sein; und dann unterliegt es für mich keinem Zweifel, dass dazu Paris im Jahre 1900 gewählt werden wird.

Uebrigens lege ich Werth darauf, dass bereits im September dieses Jahres 1896 ausländische Mathematiker die Versammlung der *Deutschen Mathematikervereinigung* in Frankfurt a/Main mitmachen, um Vorbesprechungen für die internationale Constituante von 1897 zu pflegen. Ich bitte Sie sehr darum, dies in Frankreich zu befürworten. Ich werde das Meinige thun, um russische, englische, und italienische Collegen hierfür zu gewinnen.

Indem ich mir vorbehalte, Ihnen noch Genaueres und Ausführlicheres über die Sache zu schreiben, warte ich zunächst Ihre Rückäusserung über diese Vorschläge ab und bin, mit den lebhaftesten Grüssen an Sie und Ihr Haus,
Ihr ergebenster Freund

Georg Cantor

ANMERKUNGEN

[1] Der schwedische Reichstag drohte 1895, die Subventionen für die Zeitschrift *Acta Mathematica* zu streichen. Daraufhin verfassten europäische Wissenschaftler eine Petition, die diese Publikation unterstützte und von rund 400 Wissenschaftlern unterschrieben wurde. Cantor weigerte sich, an dieser Initiative teilzunehmen. In seinem Versuch, den Entscheidungen des schwedischen Parlaments eine andere Richtung zu geben, bewarb sich Mittag-Leffler bei Charles Hermite um den frei gewordenen Platz von Weierstraß als korrespondierendes Mitglied der Pariser Akademie der Wissenschaften. Dem Rat von Gaston Darboux folgend, weigerte sich Hermite am 25. April 1895, den schwedischen Mathematiker als Kandidaten vorzuschlagen. Im Vergleich zu anderen Kandidaten wie den Deutschen Lipschitz, Klein, Schwarz und Fuchs sowie dem Italiener Cremona galt er als zu jung. Als Ausgleich suchte Henri Poincaré bei seinem Vetter, Minister Raymond Poincaré, um die Ernennung von Mittag-Leffler zum Ritter der Ehrenlegion nach, was dann auch

geschah ([Poincaré 1986, S. 193–195] und [Dugac 1988, S. 30–31]). Schließlich wurden Fuchs und Schwarz 1895 als korrespondierende Mitglieder in die Pariser Akademie der Wissenschaften aufgenommen; Klein wurde 1897, Cremona 1898, Lipschitz und Mittag-Leffler 1900 gewählt.

[2] Variante der *Briefbücher:* „mich zu betheiligen, welche Sie und Herr Appell die Güte haben, mir zu unterbreiten."

[3] Der Bruch zwischen Cantor und Mittag-Leffler sowie die Beziehungen, welche als Folge hiervon zwischen Cantor und Paul Tannery durch Vermittlung von Gustav Eneström entstanden, werden im Kap. 2 behandelt.

[4] Variante der *Briefbücher:* „Principien einer Theorie der Ordnungstÿpen. Erste Mittheilung."

[5] Gestrichen in den *Briefbüchern:* „Das von ihm damit implicite gestellte Ansinnen, die Publication bis zum Jahre 1984 aufzuschieben, konnte ich natürlich nicht für ernst nehmen; ich sah es als einen Verlegenheitsausweg an, um seine Haltung zu entschuldigen und *glaube noch heute, dass er zu derselben durch das Interesse seiner Acta Mathematica gezwungen worden ist.*"

[6] Variante der *Briefbücher:* „meine Arbeit zurückgezogen zu sehen".

[7] Gestrichen in den *Briefbücher:* „Fuchs, Schwarz". Ernst Kummer (1810–1893) wurde 1855 an die Berliner Universität berufen, wo er Dirichlet ersetzte, der nach Göttingen gegangen war. Karl Weierstraß (1815–1897) hatte in Berlin seit 1864 einen Lehrstuhl inne; den er 1892 aufgab. Karl Borchardt (1817–1880) studierte zusammen mit Dirichlet in Berlin sowie in Königsberg, wo er bei Jacobi promovierte. Anlässlich eines Aufenthaltes in Paris lernte er Chasles, Hermite und Liouville kennen. Nach seiner Berufung nach Berlin wurde Borchardt 1855 Herausgeber des *„Journal für die reine und angewandte Mathematik"* (*Crelle-Journal*) nach dem Tod von August Crelle, dem Begründer der Zeitschrift. Leopold Kronecker (1823–1891) war seit 1861 Mitglied der Berliner Akademie der Wissenschaften. In dieser Eigenschaft durfte er an der dortigen Universität Vorlesungen halten. Kronecker war korrespondierendes Mitglied der Pariser Akademie der Wissenschaften und der *Royal Society*, sein Einfluss in Deutschland wie im Ausland war beachtlich. 1884 wurde Kronecker (neben L. Fuchs) auf den Lehrstuhl von Kummer, der emeritiert wurde, berufen; nach dem Tod von Borchardt wurde Kronecker Herausgeber des Crelle-*Journals*.

[8] Borchardt starb 1880, Kummer emeritierte 1883 und Kronecker starb 1891. Lazarus Fuchs folgte in Berlin (zusammen mit Kronecker) Kummer, während die Berufungen von Hermann Amandus Schwarz und Georg Frobenius 1892 die Emeritierung von Weierstraß und den Tod von Kronecker ausglichen (vgl. hierzu Brief 10).

[9] Variante der *Briefbücher:* „so habe ich auf ihre Frage zu antworten, dass ich bis jetzt keinerlei Opposition gegen die Idee begegnet bin, …"

[10] *Jahresbericht der Deutschen Mathematiker-Vereinigung*, 4 (1894–1895), S. 5.

[11] Emil Lampe (1840–1908) war Professor am Polytechnikum in Berlin und Gründungsmitglied der DMV.

[12] *Jahresbericht der Deutschen Mathematiker-Vereinigung*, 4 (1894–1895), S. 9.

31

À Monsieur Charles Hermite à Paris

Halle a. d. Salle, 11ten Febr. 1896.

Hochzuverehrender Herr und Freund,

Der mich auf's Höchste ehrenden Aufforderung von Monseigneur d'Hulst (welche Sie die Güte hatten, mir zu übermitteln), mich an dem Gelehrtencongress in Freiburg i. Baden zu betheiligen, werde ich mit herzlicher Freude und innigem Dankgefühl Folge leisten. Zu welcher Zeit wird dieser Congress abgehalten werden? Nur wird es mir nicht möglich sein, *officiell* an der Versammlung Theil zu nehmen. Ich bitte Sie sowohl wie Monseigneur d'Hulst, sich stets zu vergegenwärtigen, dass ich Mitglied der Universität Halle-*Wittenberg* (seit 1815 vereinigt) bin.[1] Je mehr man mich nur in meiner Eigenschaft als Mathematiker hervortreten lässt, umso geringer ist die persönliche Gefahr für mich und umso weniger wird mein Wirken in den anderen Beziehungen beeinträchtigt werden. Es kann sich also bei *mir nur um eine „Incognito-Betheiligung" an dem Congresse handeln*![2]

Auch werde ich Ihrer liebenswürdigen Anregung, mich mit diesem hoch-stehenden und in der Wissenschaft berühmten Prälaten in briefliche Verbindung zu setzen, in Kurzem entsprechen. Würde es mir doch besonders für einen gewissen Theil meiner Studien gerade jetzt von grösster Bedeutung sein, von ihm mit Material unterstützt zu werden und ich will ihn darum selbst bitten. Dasjenige, wovon ich jetzt rede, ist von der Art, dass ich Sie bitte, es als Geheimniss zu behandeln und nur Monseigneur d'Hulst Kenntniss davon zu geben, den ich ebenfalls bitte, es als eine streng vertrauliche Mittheilung zu betrachten.

Vor etwa zwei Jahren klagten Sie in einem Ihrer an mich gerichteten Briefe über die verderbliche Wirksamkeit der Freimaurerei und wie sogar der Satanscultus in Frankreich blühte. Ich antwortete Ihnen damals auf diesen Punkt mit Absicht nicht (obgleich mir alles Dieses wohlbekannt war), weil ich meine darauf bezüglichen Studien noch nicht zu einem gewissen Abschluss gebracht hatte.

Sie haben völlig Recht, in der Freimaurerei die stärkste und grösste Gefahr für die Kirche und die menschliche Gesellschaft zu sehen; deshalb widme ich mich neben vielem Andern auch diesem Gegenstande seit vielen Jahren und im Besondern sind mir die französischen Gestaltungen dieses Ungeheuers wohl bekannt.

Vor mehreren Wochen gegen den Schluss des Jahres 1895 ist in Paris die Weltliga „Labarum"[3] gegründet worden. Ich kenne diese Organisation nicht, wünsche ihr aber im Hinblick auf ihr Ziel die besten Erfolge.

Es fragt sich nun, ob sie den eigentlichen Zweck wird erreichen können, nämlich die *völlige Vernichtung des Lebensprincips der Freimaurerei in allen ihren Schattirungen*. Dieser Zweck ist es aber, warum ich diesen Drachen bis in das Centrum seines schwarzblutigen Herzens hinein genau untersucht und studirt habe, wobei ich glaube, von Gottes Gnade geleitet und begünstigt worden zu sein.

Mit derselben Post erhalten Sie drei Exemplare der von mir edirten Ausgabe der *Confessio fidei Francisci Baconi*.[4]

Ich möchte sobald wie möglich Ihre Meinung erfahren, ob eine andere von mir vorbereitete Ausgabe von 1000 Exemplaren, die in kürzester Zeit hier hergestellt werden könnte (à 1 Franc Buchhändlerverkaufspreis) mit *französischer Uebersetzung* (neben dem englischen Grundtext), Aussicht auf Erfolg in Frankreich haben würde.[5] Ich würde sie dann einem geeigneten Pariser Buchhändler *in Commission* geben.

Mit dem allerherzlichsten Dank für Ihre grosse Güte zu mir und Ihre vielen Mühen in diesen Dingen, bleibe ich Ihr hochachtungsvollst ergebener Freund

G. Cantor

ANMERKUNGEN

[1] Cantor hebt hier den theologischen Einfluss an der Universität Halle-Wittenberg hervor, letztere Keimzelle der Reformation Martin Luthers.
[2] Die Rolle, die Monseigneur d'Hulst bei der Durchführung des ersten katholischen Gelehrtenkongresses gespielt hat, wird in Kap. 3 untersucht. Die Vorbehalte, die Cantor bezüglich seiner Teil-

nahme an diesem Kongress vorbringt, beziehen sich auf die Konfessionen in den verschiedenen deutschen Länder und den Antikatholizismus, welcher an manchen Orten (mit Ausnahme Bayerns) auch nach dem Ende des Bismarckschen Kulturkampfes gegen die katholische Kirche herrschte.

[3] Der Mythos der Aktivitäten der gegenfreimaurerischen Loge „Labarum" hängt mit den angeblichen Enthüllungen eines Abenteuerers, Léo Taxil, zu Praktiken und satanischen Riten zusammen. Diese wurden mit dem Geständnis ihres Autors, die Öffentlichkeit getäuscht zu haben, gegenstandslos (vgl. hierzu Brief 32).

[4] Es geht um [Cantor 1896] mit einem in Latein geschriebenes Vorwort von Cantor.

[5] Diese Ausgabe ist nie erschienen.

32

An Monseigneur d'Hulst in Paris
Recteur de l'Université Catholique,
Député du Finistère, 74, rue de Vaugirard.

Halle a. d. Salle, 25ten Febr. 1896.

Monseigneur,

Durch den mir von meinem hochverehrten Freunde Herrn Charles Hermite übermittelten Vorschlag, mich an dem nächsten, in Freiburg i. Baden stattfindenden Congress katholischer Gelehrten zu betheiligen, fühle ich mich auf's Höchste geehrt und ich werde, wenn Gott es zulässt und es nach meinen Wünschen geht, mit herzlicher Freude dieser Aufforderung Folge leisten. Allein aus gewichtigen Gründen bitte ich Ew. Hochwürden (wie ich dies auch Herrn Hermite bereits geschrieben[1]), diese meine Absicht nicht officiell bekannt zu geben, da ich nur incognito dort erscheinen darf.

Schon die abgehaltenen Congresse haben mich lebhaft interessirt, soweit ich durch Zeitungen über sie gehört habe; leider habe ich den ausführlichen Bericht über diese Congresse nicht auf unsrer Universitätsbibliothek erhalten können.

Wie ich Herrn Hermite schrieb, würde ich bei einer Neuausgabe von Emerÿ's[2] *Christianisme de Bacon* gern bereit sein, dieses Werk des berühmten französischen Prälaten durch wesentliche Zusätze zu erweitern und zu vervollkommen, falls sich in Paris ein geeigneter Verlager dazu finden sollte.

Mit der Organisation der Freimaurerei in allen ihren Stufen und Farben, namentlich auch in Frankreich, bin ich wohlbekannt. Doch bitte ich Sie, Monsignore, nicht etwa zu glauben, dass ich jemals dieser Gesellschaft selbst angehört oder meine Kenntnisse darüber auf illegitime Weise erhalten habe.[3] Ein Eindringen in diese Sache ist ja allerdings nur durch Initiation möglich. Es giebt aber zwei Arten von Initiation; eine „d'en bas", die andre „d'en haut"[4]. Was bisher durch frühere Mitglieder dieses Ordens, wie beispielsweise durch Léon Taxil[5], die reumüthig zur Kirche zurückgekehrt sind, an's Licht gebracht worden ist, gründet sich *ausschliesslich auf die erste Art der Initiation*, die ihnen im Orden selbst zu Theil geworden ist, und so schätzenswerth auch diese Beiträge zur Kenntniss der Organisation dieser Gesellschaft sind, so werden sie doch nie das eigentliche Lebensprincip des Monstrums treffen.

Diese Initiation von Unten, welche allein der Freimaurerei zu Gebote steht, ist, selbst in den höchsten Graden, *keine vollständige* und die bekannte Klage des Ordens nach dem „mot perdu"[6] ist fast eben so alt, wie die Freimaurerei selbst.

Die Korrespondenz 183

Von der Gründung der Weltliga „Labarum" habe ich nur durch die Zeitungen eine oberflächliche Kenntniss; ich habe daher kein Urtheil über die Aussichten ihres Erfolgs.

Genehmigen Sie, Monsignore, den Ausdruck hoher Verehrung und vorzüglichster Hochachtung

Ihres unterthänigsten Dieners

G. C.

ANMERKUNGEN

[1] Vgl. Brief 31.
[2] Zum Werk von Jacques-André Émery vgl. man Brief 19.
[3] Eine Korrektur modifiziert den letzten Teil des Satzes zu: „oder meine Kenntnisse darüber illegitimen Hülfsmitteln verdanke".
[4] Im Original französisch. Wörtlich „von unten" und „von oben".
[5] In den Jahren nach 1895 versuchte ein Abenteurer, der untern dem Pseudonym Léo Taxil (in Wirklichkeit handelte es sich um Gabriel Jogand-Pagès) auftrat, Nutzen aus dem von der katholischen Kirche in Frankreich entfachten Kampf gegen die Freimaurer zu ziehen. 1884 hatte die Enzyklika *Humanum genus* von Papst Leo XIII die Freimaurer als „Partei des Satans" eingestuft. Einige Mitglieder des weltlichen Klerus, die wenig Skrupel bei der Wahl ihrer Argumente im Kampf gegen diese Bewegung empfanden, glaubten den sensationellen Enthüllungen, die Léo Taxil über den „Palladinismus" oder den Satanskult verbreitete. Dieser sei den Freimaurern höchsten Ranges aller Riten und aller Länder vorbehalten. Am Ursprung dieser Enthüllungen fand sich eine junge Frau, Diana Vaughan, eine reuige „Palladistin", welche zum Katholizismus konvertiert war. Ihre Geständnisse füllten die Chroniken der Zeitungen sowie mehrere Werke (alle aus der Feder von Léo Taxil) über die sogenannten Satansriten. Eine freimaurerische Verschwörung, die auf die Zerstörung des Christentums abziele, sei am Werk. Die Enthüllungen über dieses „Komplott" beflügelten die Phantasie vieler Katholiken und fanden ihren Weg bis nach Rom.
Der kolossale Schwindel wurde von seinem Urheber anlässlich eines öffentlichen Vortrags am 19. April 1897 enthüllt. Der Mythos von den Aktivitäten der gegenfreimaurerischen Loge „Labarum" brach gleichzeitig mit demjenigen von Diana zusammen, was zu beschämten Reaktionen in der katholischen Presse, insbesondere der Zeitschrift *La Croix*, führte. Dagegen hatte die ausländische Presse, wie etwa die Kölnische Volkszeitung, den Betrug schon im August 1896 gewittert. Zu den Mystifikationen des Leo Taxil vergleiche man [Rebérioux 1975, S. 30] und [Weber 1964].
[6] Im Original französisch. Wörtlich: „verlorenes Wort"

33

Dieser Brief ist mit folgender Fußnote versehen: „Absendung dieses Briefes unterblieben". Im Text Cantors, der im Übrigen zahlreiche Streichungen aufweist, treten verschiedentlich Formulierungen in Französisch auf.

À Monsieur Charles-Ange Laisant, Docteur ès sciences
Paris, 162, avenue Victor Hugo, 162.
L. D. T.[1]

Halle a. d. S. 1ten März 1896.

Sehr geehrter Herr, lieber Freund,

Ihr liebenswürdiges Schreiben v. 8ten Febr. hat mich mit lebhafter Freude erfüllt. Für die Uebersendung des Heftes der *Revue générale des sciences* v. 15 Jan. sage ich Ihnen ebenfalls vielen Dank. Ich habe Ihren Artikel „*Les Mathém. au dernier congrès de ...* „² mit grossem *Interesse* und *Einverständniss* gelesen. Die 50 Exemplare des *„Théorème de Goldbach"* habe ich vor einigen Monaten richtig erhalten. Mein sehr verehrter Freund, Herr Ch. Hermite, dem ich ein Exemplar dieser Tabelle schickte, hat mir Beweise seines intensivsten Interesses für das Ergebniss dieser Induction gegeben. Auch andere Gelehrte beschäftigen sich in Folge dieser Publication mit steigendem Eifer damit, den Goldbachschen Satz zu *beweisen*. Wem dies gelingt, der wird der Wissenschaft der Zahlen einen *Ruck* (*secousse*) *vorwärts* geben!

Sehr erfreut bin ich darüber, dass Sie in die Redaction der *Nouvelles Annales de Mathématiques* eingetreten sind und ich bitte Sie auch Herrn X. Antomari³ meine herzlichen Glückwünsche zu Ihrer gemeinsamen Arbeit auszusprechen.

Ich schätze diese, seit 1842 bestehende Zeitschrift, höher als manches neuere mathematische Journal, welches mit glänzendem Staat und Pomp einher stolzirt und schweres Geld kostet; doch bitte ich Sie, dieses Eingeständniss als ein geheimes zu betrachten; denn ich möchte nicht von den akademisch mathematischen Machthabern wegen Majestätsverbrechens guillotinirt werden.

Sie wissen ja, unter uns darf ich es ja aussprechen, dass ich Vertreter der *„Mathématiques libres"* bin; darin liegt auch der Schlüssel für mein Interesse an solchen Unternehmungen, wie sie von Ihnen, sehr geehrter Herr College, mit so grossem Talent und mit diplomatischem Geschick und Tact zum Nutzen unserer Wissenschaft in die Hand genommen worden sind. Aber nochmals bitte ich Sie, verrathen Sie mich nicht!⁴

Der Widerstand, welcher von den Repräsentanten der *„Mathématiques académiques ou entravées"* (unter Führung von Mr. Armand Amand *Noir*⁵) unserem Plan der „Internationalen mathem. Congresse" *von Anfang an* entgegengesetzt worden ist (abgesehen von rühmlichen Ausnahmen, wie *Hermite* und *Poincaré*) hat gar *nichts zu bedeuten*! Ich weiss dies aus Erfahrung in anderen analogen Fällen! Diese ganze Gesellschaft ist *ohnmächtig*, wenn sie sich uns nicht anschliesst. Thut sie dies aber (*und sie wird es thun*), so wollen wir ihr *sehr gern einen besondern Platz*⁶ in unserm Tempel einräumen!

*Ma couleur est le blanc!*⁷

*C'est la couleur de la „Liberté Divine Triune".*⁸

Lege-Disce-Tace!⁹

Wissen Sie vielleicht wie die englischen Mathematiker zu unsrer Sache sich verhalten. Ich würde so gern selbst hinreisen, um dort dafür zu wirken. Allein meine Mittel erlauben dies nicht. Ich habe Frau und 6 Kinder, im Alter von 9–21 Jahren, die mit jedem Jahre mehr zu ihrer Ausbildung brauchen. Und das Gehalt, welches ich von der preussischen Regierung beziehe, beträgt etwa die *Hälfte* des Durchschnittsgehalts der übrigen ordentlichen Professoren der Mathematik in Deutschland. Ich bin ja auch nicht mehr werth, da ich Vertreter der „Freien Mathematik" bin. Uebrigens habe ich in England gute Freunde; wenn also von Ihnen Einer sich entschliessen könnte, auf einige Zeit nach England zu gehen, um dort Propaganda für unsere Sache zu machen, so wäre ich gern bereit, Ihm mit Empfehlungen behülflich zu sein.

Von Ihrem Freunde Lemoine hatte ich Brief v. 2ten Febr., worin er mir schrieb, dass mit Zürich Verhandlungen eingeleitet seien, um die „Internationale mathematische Constituante" im Herbst des Jahres 1897 dort abzuhalten.

Sagen Sie gefälligst unserm Freunde, dass ich schon längst auf sein angenehmes Schreiben geantwortet haben würde, wenn ich nicht täglich auf eine Nachricht des Herrn Poincaré über den Erfolg der Anknüpfung mit Zürich wartete. Letzterer hat mir nämlich bis jetzt auf einen *wichtigen*, unsere Sache betreffenden Brief *v. 22ten Januar noch nicht geantwortet*![10] Sobald ich diese Antwort von Herrn Poincaré erhalten haben werde, und ich denke doch, dass er mir bald schreiben wird, will ich Herrn Lemoine antworten.

Was wissen Sie und Herr Lemoine von der Sache, wie sie in diesem Moment steht? Theilen Sir mir gütigst Alles vertrauensvoll und genau mit!

Es war mir eine grosse Freude, dass mich Herr Wassiljef[11] aufgesucht hat. Wir sind in Bezug auf die Congresse ganz einig. Dann liess ich mir von meinem seligen Onkel Dimitrý Meier erzählen, dessen Bild neben dem von Lobatschewský in Herrn Wassiljefs Stube hängt! Dimitrý Meier (sein Vater und die Mutter meines sel. Vaters waren Geschwister) starb verhältnissmässig jung als Professor des Rechts in Kasan (circa 1856). Sein 75er Geburtstag ist erst im vorigen Jahre in Russland gefeiert worden. Er war der Erste, der noch unter Nicolaus I es wagte, in seinen Universitätsvorlesungen *für die Abschaffung der Leibeigenschaft (servitude)* zu wirken.[12] Dann kam Alexander II, welchen die Russen „*le tzar libérateur*" nennen und machte die Idee zur That!

Wo befindet sich momentan Herr Wassilief und welches ist seine Adresse? Grüssen Sie ihn, bitte, wenn Sie ihm schreiben.

Zu meinem innigsten Bedauern schrieb mir unser Freund Herr Lemoine in jenem Briefe, dass er seit mehr als drei Jahren lahm (*boiteux*) sei. Sie würden mich zu grossem Danke verbinden, wenn Sie mir auf's genaueste über die Umstände dieser traurigen Sache berichten und mir sagen wollten, *welche Aussichten auf Heilung vorhanden sind!!!*

Mit lebhafter Begrüssung
Ihr hochachtungsvoll ergebenster

G. C.

Meine herzlichsten Grüsse an Herrn Lemoine.

ANMERKUNGEN

[1] Die Bedeutung dieser Initialen klärt sich im Verlauf des Briefes.
[2] Es geht um [Laisant 1896].
[3] Seit 1896 wurden die *Nouvelles Annales de Mathématiques (Journal des candidats aux écoles spéciales, à la licence et à l'agrégation)* von zwei Redakteuren: Charles-Ange Laisant und Xavier Antomari (1855–1902), Agrégé de mathématique (1879), Promotion 1896, Professor am *Lycée Carnot* in Paris, herausgegeben.
[4] Gestrichen: „Sie kennen ja den Gegensatz in welchem ich zu den ‚*Mathématiques académiques*' Deutschlands stehe!"
[5] Cantor interpretiert hier fantasievoll den Namen des Mathematikers Hermann Amandus Schwarz.
[6] Gestrichen: „den Ehrenplatz".

[7] Gestrichen: „Vide, audi, tace! Nun wissen Sie, meine Farbe ist ‚Blanc'." Die Devise, audi, vide, tace, si vis vivere in pace' (Höre, sehe, schweige, wenn Du in Frieden leben willst) stammt von den Freimaurern und ist mit einigen Logen im angelsächsischen Raum verbunden. Handelt es sich hier um eine verschlagene Anspiegelung auf die Position von Laisant? Der Verweis auf die Farbe Weiß bezieht sich vermutlich auf die Farbe der weißen Fahne, welche Friedensunterhändler in Kriegszeiten verwandten.

[8] Gestrichen: „L. D. T. Vide, audi, tace!".

[9] Cantor gibt mehrere Versionen für die Initialen „L. D. T.", die er in mehreren Briefen verwendet, an. Sie stellen eine freie Adaption der Freimaurerdevise „vide, audi, tace" entweder in der Form „Lege-Disce-Tace" (Lies-lerne-schweige), oder „Liberté Divine Triune" dar. Der von Cantor geprägte Begriff „Triune" kann im Sinne der Freimaurer interpretiert werden als „drei in einem" („tres in uno" eine Devise, die manche freimaurerischen Symbole begleitet) oder im religiösen Sinne (göttliche Dreifaltigkeit). Spielt Cantor hier mit der Vermischung von christlichen und freimaurerischen Symbolen? Auf jeden Fall wollte Cantor zusammen mit Lemoine und Laisant, dem in der Vorbereitung des Internationalen Mathematikerkongresses aktiven Triumvirates, eine „drei in einem"- Allianz schmieden. Man kann dieses Anliegen mit jenem in Zusammenhang bringen, das im Brief 36 formuliert wird (die Initialen L. D. T. treten im Kopf der Briefe 36 und 37 auf, welche an Lemoine bzw. Laisant gerichtet waren).

[10] Es handelt sich um Brief 30.

[11] Zu Alexander Vassilief (oder Wassiljef) vgl. man Brief 11.

[12] Cantor schlägt hier den unpassenden französischen Begriff „servitude" vor. Zar Alexander II hatte 1861 die Leibeigenschaft abgeschafft.

34

À Monsieur Charles-Ange Laisant, Docteur ès sciences
Paris, 162, avenue Victor Hugo, 162.

Halle a. d. S. 2 März 1896.

Sehr geehrter Herr, lieber Freund,

Ihr liebenswürdiges Schreiben v. 8ten Febr. hat mich mit grosser Freude erfüllt.

35

À Monsieur É. Lemoine à Paris
5 rue Littré.

Halle 4 März 1896.

Sehr geehrter Herr,
Lieber Freund,

Ihr Schreiben vom 2ten Febr. hat mich ausserordentlich erfreut, weil ich daraus ersah, dass unsere Sache von den französischen Mathematikern wacker und fest in die Hand genommen worden ist, was in meinen Augen die sicherste Bürgschaft für den Erfolg bedeutet.

Ich würde Ihnen schon längst darauf geantwortet haben, allein ich erwartete zunächst von Herrn Poincaré eine Antwort auf mein, am 22ten Januar an ihn gerichtetes Schreiben, welches er, wie Sie sagen, Ihnen vorgelegt hatte, und ich hoffte von ihm zu hören, welche Antwort von Herrn Geiser aus Zürich[1] eingetroffen ist. Allein bis jetzt habe ich von Herrn Poincaré nichts zu hören bekommen, und so bitte ich Sie, mir so bald als möglich über den ferneren Verlauf der Angelegenheit zu schreiben.

Auch von unserm Freunde Laisant habe ich einen mich beglückenden Brief v. 8ten Februar erhalten, mit meiner Antwort an ihn jedoch aus demselben, soeben angeführten Grunde noch gezögert. Sagen Sie ihm gefälligst, dass ich ihm in wenigen Tagen schreiben werde, nachdem ich Ihre Antwort erhalten haben werde.

In der Hoffnung über den glücklichen Fortgang der Action recht bald von Ihnen zu erfahren
freundschaftlichst
ganz der Ihrige

Georg Cantor

P. S. Es würde mir lieb sein, wenn zwischen *Ihnen, Laisant* und *mir* eine *absolut vertrauliche* und *geheime* Correspondenz über unsere Sache eingeführt würde. Dazu müsste ich aber von Ihnen Beiden die schriftliche Erklärung erhalten, dass Ihnen dieser Modus auch recht ist. Wir würden dann im Stande sein, viele Schwierigkeiten leicht zu beseitigen. Berathen Sie sich gefälligst mit Herrn Laisant hierüber und schreiben Sie mir dann *sans gêne* Ihre Meinung. Ohne Diplomatie lässt sich unser Werk nicht vollbringen. So ist es mir höchst auffallend, *dass mir Poincaré noch nicht geantwortet hat*. Vielleicht hängt es damit zusammen, dass ich es, in meinem letzten Briefe an Poincaré, abgelehnt habe, mich an der, von Ihren Akademikern eingeleiteten Demonstration für Mittag-Leffler zu betheiligen. Ich hatte für diese Haltung *sehr triftige specielle* Gründe.[2] *Ausserdem ist* es schon seit einigen Jahren mein *feststehender* Grundsatz, mich an keinem Jubiläum durch Beiträge oder sonstwie zu betheiligen, bei welchem der Jubilar nicht *mindestens achtzig Jahre alt ist*.[3] Ich lasse ja alle Anderen nach ihrer von der meinigen abweichenden Ueberzeugung handeln[4]. Es bleibt aber mein „Ceterum censeo" unerschütterlich *immer dasselbe*.

ANMERKUNGEN

[1] Carl Friedrich Geiser war Professor am Polytechnikum in Zürich und in dieser Eigenschaft Präsident des ersten Internationalen Kongresses von 1897.
[2] Vgl hierzu Brief 30. Die „vertrauliche und geheime" Allianz, welche Cantor seinen beiden französischen Briefpartnern Lemoine und Laisant vorschlägt, soll dazu dienen, eventuelle Widerstände seitens von Poincaré gegen die Idee eines internationalen Mathematikerkongresses zu umgehen. Diese Befürchtung war, wie Brief 36 belegt, unbegründet.
[3] Gestrichen: „Ich bin nun einmal doch ein *Sonderling*; daran kann sich nichts aendern, da es zum Gefüge meiner feststehenden Ueberzeugung gehört."
[4] Gestrichen: „und nehme denselben nichts übel."

36

À Monsieur É. Lemoine à Paris, 5 rue Littré
L. D. T.[1]

Halle a. d. S. 17ten März 1896

Mein lieber Herr und Freund,

Vielen Dank für Ihren Brief v. 9/3, vor allem für das Vertrauen, das Sie und Herr Laisant mir schenken. An letzteren schreibe ich morgen oder übermorgen. Also von nun an sind wir *Drei = Eins*, in allem was die von uns in's Leben gerufene Sache betrifft.

Es war mir besonders angenehm von Ihnen zu hören, dass die Herren Königs[2] und Poincaré *ganz* für unsre Sache gewonnen sind und dass dabei ersterem die officielle Vertretung der Mathematiker Frankreichs zunächst übertragen ist. Geben Sie diesen Herren (*ohne zu sagen, dass es von mir kommt*) Folgendes zur Erwägung:

1. Es scheint zweckmässig, dass von Herrn Königs im Namen der *Société math. de France* ein Circular versendet werde, in welchem die *bisher von ihm geschehenen officiellen Schritte und der ganze momentane Stand der Angelegenheit auseinandergesetzt wird; und zwar an sämmtliche Akademien und an alle bekannten mathematischen und naturwissen-schaftlichen Gesellschaften des Erdkreises.* Ich denke mir dies als einen *zweckmässigen Act der* Höflichkeit. Sollte dieser Vorschlag gebilligt und angenommen werden, so müssten allerdings alle halbe Jahre bis zum Zusammentritt der Constituante im Herbst 1897 diese Berichte erneuert werden, damit die mathematische Welt stets *au fait* über diese Präliminarien erhalten wird. Mit dem Eintritt der „Constituante" wird das verdienstvolle, vorbereitende Werk der *Société mathématique de France* zu Ende sein und sie wird dann *auf ihren Lorbeeren ausruhen können.*
2. Falls dies alles von Herrn Königs als zweckmässig erkannt und acceptirt werden sollte, wäre zunächst von ihm ein Comité einzusetzen, welches eine Recherche zur Feststellung *sämmtlicher* Akademien, Gesellschaften, Vereine auszuführen hätte, an welche jene officiellen Rapports zu senden wären.

Alles dieses *unter dem Gesichtspuncte der Courtoisie und internationaler Collegialität!*

Was meine von Ihnen ganz richtig gekennzeichnete „*férocité de principe pour les Jubilés et pour les monuments de gloire*"[3] betrifft, so bitte ich Sie, daraus keine Schlüsse auf meinen Character zu thun. *Au fond* bin ich eine sehr *leichte Künstlernatur* und bedaure stets, dass mein Vater mich nicht hat „Violinist" werden lassen, wodurch ich jedenfalls *am glücklichsten* geworden wäre. Ich gehöre ja mütterlicherseits einer Familie von Violinvirtuosen an. Mein Grossvater und meine Grossmutter *Franz und Marie Böhm* (geb. Morawek) (aus der Schule des Franzosen *Rode*[4]) haben in den 20er und 30er Jahren dieses Jahrhunderts in St. Petersburg als kaiserliche Violinvirtuosen die dortigen musikalischen Kreise entzückt; und mein Grossonkel *Joseph Böhm*[5], auch Schüler von Rode, stand in Wien dem Conservatorium vor und ist der Gründer einer berühmten Violinistenschule, aus welcher Joachim, Ernst, Singer, Hellmesberger (Vater), L. Strauss, Rappoldi u. A. hervorgegangen sind.[6] Sie sehen also, dass ich meinen Beruf verfehlt und dem Grundsatze „Ne sutor ultra crepidam" nicht gefolgt bin.[7]

Dafür bin ich gestraft mit dem schlechten Gehalt von 4800 Mk, mit dem ich mich als[8] Professor zu begnügen habe, da ich nicht zu den *auserwählten mathematischen Ordinarien* und Koryphäen der Wissenschaft gehöre, die wie F. Klein, H. Amandus Schwarz und Lazarus Fuchs *mehr als das Doppelte* vom preussischen Unterrichtsministerium erhalten.[9]

Da ich andrerseits das grosse Glück habe, 6 Kinder im Alter von 10–20 Jahren zu besitzen und wir nur mässiges eigenes Vermögen besitzen, werden Sie begreifen, wie aus mir der *Tiger* hat werden können, den Sie *so treffend gezeichnet haben.*

Herr Poincaré hat, als er im Mai vorigen Jahres mir die Ehre eines Besuches erwies, auch auf mich einen recht günstigen Eindruck gemacht. Es thut mir wirklich leid, dass er in die Gesellschaft der *„Académiciens"* gerathen ist, da er eigentlich *zu gut* für sie ist. Und als ich kürzlich las, dass er sogar correspond. Mitglied der *Berliner* Akademie geworden ist, hatte ich die Empfindung *Magarethens* in Göthe's Faust, wo sie zu ihrem Geliebten im Hinblick auf Mephisto sagt:
„Es thut mir lang schon weh,
Dass ich dich in der Gesellschaft seh'."[10]

Uebrigens scheint Poincaré es mir wirklich übelgenommen zu haben, dass ich es abgelehnt habe, mich an der Mittag-Lefflerfeier zu betheiligen. Er hat mir seitdem nicht wieder geschrieben.

Sehr lieb wäre es mir, wenn Sie mir auch im Vertrauen Ihre Meinung über *Picard* schrieben. Ich weiss nur, [dass] er sehr rührig und mächtig in der Pariser Akademie ist bei Wahlen etc. etc., dass er mit *Hermann Amandus Schwarz* sehr eng liirt ist und dass Sie beide einen grimmigen[11] Hass gegen unsere unschuldige Idee der „Congrès internationales mathématiques [sic]"[12] haben.[13]

Ist etwa *Picard* auch *Freimaurer*? (wie es bei Mittag-Leffler und vermuthlich auch bei Schwarz der Fall ist).

Mit den besten Grüssen an Herrn Laisant, dem ich bald schreiben werde
Ihr ganz ergebener

G. C. S. S. H.
(id est: *S*ervus *S*ervorum *H*umanitatis)

ANMERKUNGEN

[1] Bezüglich der Bedeutung der Initialen *L. D. T.* und des Ausdrucks „trois pour un" („tres in uno"), verweisen wir den Leser auf Brief 33. Cantor spielt hier mit dem Symbol der freimaurerischen Triade, der christlichen Trinität und deutet das Trio an, das er mit Laisant und Lemoine bildet.

[2] Gabriel Koenigs (1858–1931) war Absolvent der *Ecole Normale Supérieure* und *Docteur ès sciences*. Als Schüler von Gaston Darboux, erhielt er einen Lehrstuhl für Physik und experimentelle Mechanik an der Naturwissenschaftlichen Fakultät von Paris. 1896 war er Präsident der *Société mathématiques de France*. Émile Picard wurde 1897 sein Nachfolger in diesem Amt.

[3] Französisch im Original.

[4] Pierre Rode (1774–1830) war einer der brilliantesten Repräsentanten der französischen Violinschule gegen Ende des XVIII. Jhs. und Professor am *Conservatoire de Paris* ab 1795. Zahlreiche Tourneen führten Rode durch Europa. Anfang des XIX. Jhs. begab er sich zusammen mit dem Komponisten François Adrien Boieldieu, der Kapellmeister am Kaiserlichen Hof wurde, nach Sankt Petersburg, wo er Violinsolist des Zaren Alexander I wurde.

[5] Die Violinvirtuosen Joseph Böhm (1795–1876) und Georg Hellmesberger (1800–1873) waren Professoren am Wiener Konservatorium. Zu ihren Schülern gehörte der begabte österreichischungarische Violinist und Komponist Joseph Joachim (1831–1907) sowie der mährische Geiger Heinrich Wilhelm Ernst (1814–1865), der Ungar Edmund Singer (1831–1912), der Wiener Eduard Rappoldi (1831–1903) und Ludwig Strauss (1835–1899), der aus Pressburg (Bratislava) stammte. Vgl. hierzu [Lahee 1902], [Moser 1923].

[6] Diese Passage kann in Zusammenhang gebracht werden mit dem Brief an Alexander Vassilief vom 4. Juli 1894, in dem Cantor klarstellt, dass sein Großvater Franz Böhm Konzertmeister an der

Oper von Sankt Petersburg gewesen sei, während sein Onkel Louis Böhm noch immer Professor für Violine am Konservatorium dieser Stadt sei [Cantor 1991, S. 352]. In einem Brief an Felix Klein vom 31. Dezember 1899 präzisiert Cantor, dass die Familie Böhm ungarischer Abstammung sei und dass er selbst seit dem Alter von 6 Jahren Violine spiele [Cantor 1991, S. 416].

[7] Oder „Schuster bleib bei deinen Leisten" [Plinius, *Historia naturalis*, 35, 85]. Dieser Rat richtet sich an jene, die Experten sein wollen für Probleme, die ihre Möglichkeiten übersteigen.

[8] Gestrichen: „preussischer".

[9] Die Frage der Berufung dieser Mathematiker an die Universitäten Berlin und Göttingen wird in den Kommentaren zum Brief 10 diskutiert. Das Problem der Gehaltsunterschiede zwischen den deutschen Universitäten kommt in Kap. 1 zur Sprache.

[10] Marthens Garten 3469, 3470 [Goethe 1968, S. 110].

[11] Gestrichen: „furchtbar wüthenden".

[12] Französisch im Original.

[13] Entgegen dem negativen Urteil von Cantor nahm Émile Picard am Kongress von Zürich [Picard 1898] teil und hielt dort einen Vortrag; er leitete die Sektion „Analysis und Funktionentheorie". Picard war auch Präsident der *Société mathématique de France* und damit an der Organisation des Kongresses in Paris, der für das Jahr 1900 vorgesehen war, beteiligt. Es sei bemerkt, dass Georg Cantor beim Kongress in Zürich keinen Vortrag hielt, dass er aber zusammen mit Charles-Ange Laisant die Sektion „Geschichte und Bibliographie" leitete. Bezüglich des Kongresses in Zürich verweisen wir auf Kap. 2 sowie auf das Werk [Lehto 1998].

37

Der nachfolgende Brief findet sich auf der letzten Seite des Göttinger Briefbuchs. Teile des Textes, welche nur teilweise wieder hergestellt werden konnten, wurden in Klammern gesetzt, dennoch bleiben einige Abschnitte unvollständig (Abb. 7.4).

À Monsieur Laisant, Docteur ès sciences
Paris, 162, avenue Victor Hugo.
L. D. T.[1]

Halle 19 März 1896.

Mein lieber Herr und Freund,

Ihr liebenswürdiger Brief vom 8ten Febr. hat mich mit lebhafter Freude erfüllt. Für die Uebersendung des Heftes der *Revue générale des sciences* v. 15 Jan. sage ich Ihnen ebenfalls vielen Dank. Die 50 Exemplare des „Théorème de Goldbach" habe ich vor einigen Monaten richtig erhalten. Mein sehr verehrter Freund, Herr Charles Hermite, dem ich ein Exemplar dieser Tabelle schickte, hat mir Beweise [seines] intensivsten Interesses für diese Inductionsarbeit gegeben. Auch andere [Gelehrte] beschäftigen sich in Folge dieser Publication, welche Sie die Güte [hatten] zu besorgen, mit steigendem Eifer damit, den Goldbachschen Satz [zu] *beweisen*. Hoffentlich werden die Erfolge dieser Bemühungen nicht [ausbleiben].[2] Sehr erfreut bin ich, dass Sie in die Redaction der *Nouvelles Annales de Mathématiques* eingetreten sind und ich bitte Sie auch Herrn [X.] Antomari[3] meine herzlichen Glückwünsche zu Ihrer gemeinsamen Arbeit auszusprechen. Ich kenne und schätze diese Zeitschrift seit meinem 17ten Lebensjahre, also seit ungefähr 35 Jahren. Sie ist mir lieber und ich halte sie sogar in gewissem Sinne für nützlicher als die meisten anderen math. Journale, zumal die in glänzendem Staat und Pomp einherstolzirenden und so viel Geld kostenden!

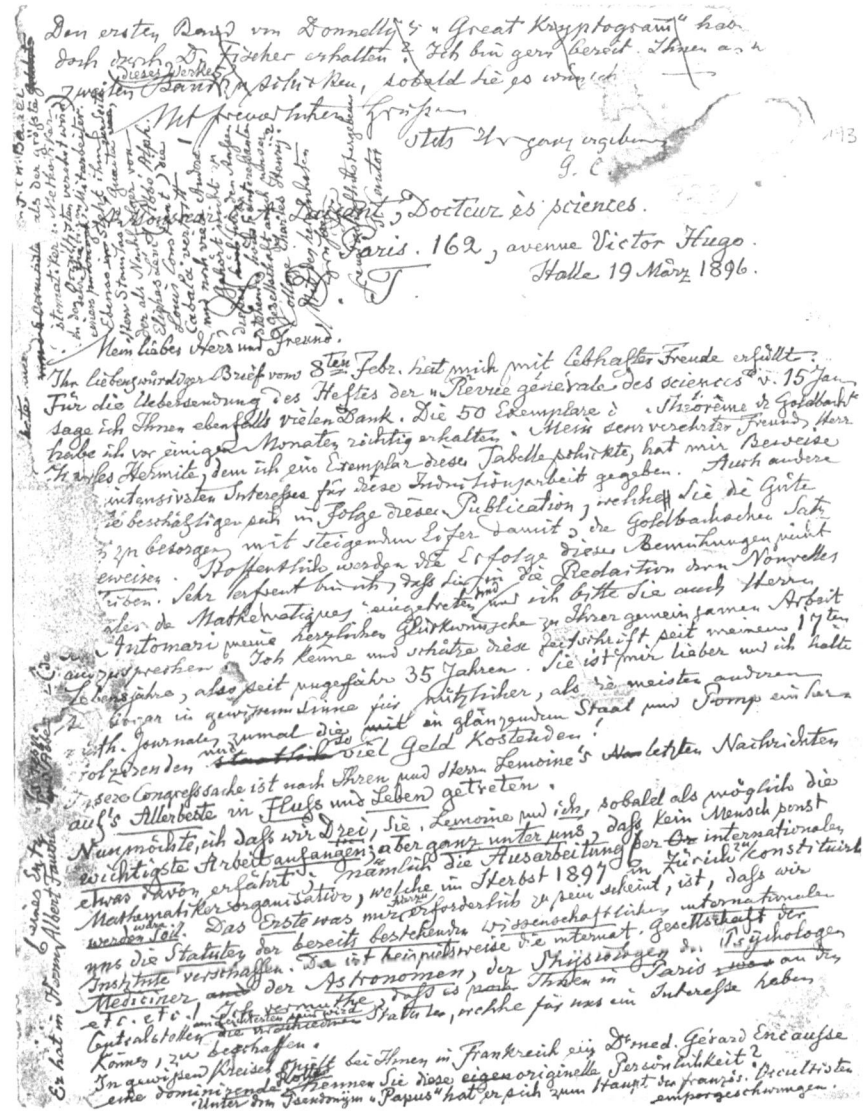

Abb. 7.4 Brief an Charles-Ange Laisant. (Archiv Göttingen [Cod. Ms. G. Cantor 18])

Unsere Congresssache ist nach Ihren und Herrn Lemoine's letzten Nachrichten auf's *Allerbeste* in *Fluss* und *Leben* getreten.

Nun möchte ich, dass wir Drei, *Sie, Lemoine* und *ich,* sobald als möglich die *wichtigste* Arbeit *anfangen*; aber *ganz unter uns,* dass kein Mensch sonst etwas davon erfährt; nämlich die Ausarbeitung eines [Entwurfs resp. Planes] der internationalen Mathematikerorganisation, welche im Herbst 1897 in Zürich zu constituiren wäre. Das *Erste,* was mir hierzu erforderlich zu sein scheint, ist, dass wir uns die

Statuten der *bereits bestehenden wissenschaftlichen internationalen Institute* verschaffen. Da ist beispielsweise die internat. Gesellschaft der *Mediciner*, der *Astronomen*, der *Phÿsiologen*, der *Psÿchologen* etc. etc. Ich vermuthe, dass es Ihnen in Paris an den Centralstellen am Leichtesten sein wird, die verschiedenen Statuten, welche für uns ein Interesse haben können, zu beschaffen.

In gewissen Kreisen spielt bei Ihnen in Frankreich ein Dr. med. Gérard Encausse eine dominirende Rolle. Kennen Sie diese originelle Persönlichkeit? Unter dem Pseudonÿm „Papus" hat er sich zum Haupt der französischen Occultisten emporgeschwungen [...]. Er hat in Herrn Albert Faucheux [...] ([...] F. Ch. Barlet als der grösste Sÿstematiker und Methodiker von den Occultisten verehrt wird) einen sehr thätigen Mitarbeiter. Ebenso steht ihm Herr Stanislas de Guaïta[4] zur Seite, der als Nachfolger von Eliphas Lévi (Abbé Alph. Louis Constant[5]) die Cabala vertritt und noch viele Andere! Gehört nicht zu dieser für den Aussenstehenden hoch interessanten Gesellschaft auch unser College Charles Henrÿ?

Mit den herzlichsten Grüssen

Ihr freundschaftlichst ergebener

G. Cantor

ANMERKUNGEN

[1] Die Bedeutung der Initialen „*L. D. T.*" wird im Brief 33 erklärt.
[2] Bezüglich der Goldbach-Vermutung verweisen wir den Leser auf Kap. 5.
[3] Xavier Antomari, Professor am *Lycée Carnot* in Paris, war seit 1896 zusammen mit Charles-Ange Laisant Redakteur der *Nouvelles Annales de Mathématiques* (vgl. Brief 33).
[4] Die okkultistische Bewegung in Frankreich wird in Kap. 3 behandelt sowie in den Kommentaren zu den Briefen 7 und 8, welche an Papus bzw. an Charles Henry gerichtet waren. Wir begnügen uns hier mit der Feststellung, dass Stanislas de Guaïta 1888 den *Kabbalistischen Orden vom Rosenkreuz* gründete. Dessen Leitung übernahmen ebenfalls Papus und François-Charles Barlet (Pseudonym von Albert Faucheux). Letzterer folgte nach dem Tod von Stanislas de Guaïta diesem an die Spitze des Kabbalistischen Ordens.
[5] Abbé Alphonse-Louis Constant (1810–1875), bekannt unter dem Pseudonym Éliphas Lévi, ist der wichtigste Akteur in der esoterischen Erneuerung in Europa um die Mitte des xix. Jhs.

Anhänge

Anhang 1

Liste der Briefe Cantors an französische Briefpartner

Die Liste, die man weiter unten findet, verzeichnet die Briefe Cantors, die dieser für seine französischen Briefpartner bestimmt hat (vgl. hierzu die Analysen im Kap. 1). Diese Briefe sind von 1 bis 37 durchnummeriert gemäß der chronologischen Ordnung der Daten, an welchen sie verfasst wurden. Dieses steht in der zweiten Spalte der Tabelle; in der dritten Spalte sind die Empfänger der Briefe aufgeführt.

Die deutschen Originale der Briefe stammen aus drei Quellen:

1. Die Briefbücher 16, 17 und 18, welche in der Niedersächsischen Staats- und Universitätsbibliothek in Göttingen aufbewahrt werden (Nachlass Cantor, Handschriftenabteilung).[1] Diese Quelle wird durch die Nummer des Briefbuches (16, 17 oder 18) angegeben.
2. Die wissenschaftliche Korrespondenz von Camille Jordan, welche sich im Archiv der *Ecole polytechnique* befindet und mit [EP] angegeben wird.[2]
3. Die Korrespondenz von Paul Tannery, welche im 13. Band seiner *Mémoires scientifiques*[3] veröffentlicht wurde und die mit [T] angegeben werden.
4. Die von P. Dugac zwischen 1984 und 1986 herausgegebene Korrespondenz von Henri Poincaré[4], abgekürzt mit [P].

Die Angabe der Quelle findet sich in der vierten Spalte der Tabelle. Bei manchen Briefen verfügen wir sowohl über deren Entwurf in den Briefbüchern Cantors als auch über die Endfassung, die sich in den Nachlässen der Briefpartner findet. In diesen Fällen haben wir die Endfassung der Briefe ausgewählt und die Abweichungen gegenüber den Entwürfen in den Fußnoten angegeben.

---

[1] [Cod. Ms. Cantor 16], [Cod. Ms. Cantor 17] und [Cod. Ms. Cantor 18].
[2] [cote VI-2-a_2 – Camille Jordan].
[3] [Tannery 1934–1943, Band 13, S. 297–308].
[4] [Dugac 1984a], [Dugac 1986].

Nr.	Datum	Empfänger	Quelle
1	17. Januar 1886	Barthélémy Saint-Hilaire	16
2	20. Januar 1886	Georg Cantor (Antwort von B. St Hilaire)	16
3	31. Januar 1886	Claude Alphonse Valson	16
4	22. Mai 1887	Élie Blanc	16
5	7. August 1888	Paul Tannery	[T]
6	5. Oktober 1888	Paul Tannery	[T]
7	16. Juli 1891	Papus (G. Encausse)	17
8	4. Oktober 1891	Charles Henry	17
9	Januar 1893	Charles Hermite	17
10	22. Januar 1894	Charles Hermite	17
11	7. Juli 1894	Émile Lemoine	17
12	25. April 1895	Charles-Ange Laisant	17
13	5. August 1895	Camille Jordan	[EP]
14	22. September 1895	Charles-Ange Laisant	17
15	22. September 1895	Camille Jordan	17; [EP]
16	28. Oktober 1895	Paul Tannery	18; [T]
17	29. Oktober 1895	Henri Poincaré	18
18	17. November 1895	Charles Hermite	18
19	30. November 1895	Charles Hermite	18
20	8. Dezember 1895	Paul Tannery	18; [T]
21	15. Dezember 1895	Henri Poincaré	18
22	26. Dezember 1895	Charles Hermite	18
23	27. Dezember 1895	Émile Lemoine	18
24	30. Dezember 1895	Charles Hermite	18
25	Januar 1896	Xavier Léon	18
26	6. Januar 1896	Paul Tannery	18; [T]
27	7. Januar 1896	Henri Poincaré	18; [P]
28	10. Januar 1896	Paul Tannery	18; [T]
29	12. gestrichen, 23. Januar 1896	Jules Tannery	18
30	22. Januar 1896	Henri Poincaré	18; [P]
31	11. Februar 1896	Charles Hermite	18
32	25. Februar 1896	Maurice d'Hulst	18
33	1. März 1896	Charles-Ange Laisant	18
34	2. März 1896	Charles-Ange Laisant	18
35	4. März 1896	Émile Lemoine	18
36	17. März 1896	Émile Lemoine	18
37	19. März 1896	Charles-Ange Laisant	18

Anhang 2

Die verschiedenen Bedeutungen des Begriffes „unendlich"
in der Mathematik

Unterschiedliche Begriffe des mathematischen Unendlichen spielen in Cantors wissenschaftlichem Werk eine wichtige Rolle. In unserem Buch sind sie unerlässlich, um die Kap. 2 bis 4 verstehen zu können.

In Halle studierte Cantor zusammen mit Eduard Heine die Theorie der reellen Funktionen und der trigonometrischen Reihen. Im Zuge dieser Untersuchungen vertiefte Cantor einige Begriffe, die für die Grundlagen der Mathematik wichtig sind; in erster Linie die Unterscheidung zwischen dem potentiell und dem Aktualunendlichen, welche nach Cantor auf Aristoteles zurückgeht. Die nachfolgenden Auszüge aus Cantors Werken erläutern dies:

1. *Das potentiell Unendliche (das Unendliche im uneigentlichen Sinne)*
  „Was das mathematische Unendliche anbetrifft, soweit es eine berechtigte Verwendung in der Wissenschaft bisher gefunden und zum Nutzen derselben beigetragen hat, so scheint mir dasselbe in erster Linie in der Bedeutung einer veränderlichen, entweder über alle Grenzen hinaus wachsenden oder bis zu beliebiger Kleinheit abnehmenden, aber stets *endlich* bleibenden Grösse aufzutreten. Ich nenne dieses Unendliche das *Uneigentlich-unendliche*."[5]
  „Das P.-U. [das potentielle Unendliche] wird vorzugsweise dort ausgesagt, wo eine unbestimmte, *veränderliche endliche* Größe vorkommt, die entweder über alle endlichen Grenzen hinaus wächst (unter diesem Bilde denken wir uns z. B. die sogenannte Zeit, von einem bestimmten Anfangsmomente an gewählt) oder unter jede endliche Grenze der Kleinheit abnimmt (was z. B. die legitime Vorstellung eines sogenannten Differentials ist); allgemeiner spreche ich von einem P. – U. überall da, wo eine unbestimmte Größe in Betracht kommt, die unzählig vieler Bestimmungen fähig ist."[6]

2. *Das Aktualunendliche (oder das Unendliche im eigentlichen Sinne)*
  „Unter einem A.-U.- [das aktuale Unendliche] ist dagegen ein Quantum zu verstehen, das einerseits *nicht veränderlich*, sondern vielmehr in allen seinen Teilen fest und bestimmt, eine richtige *Konstante* ist, zugleich aber andererseits *jede endliche Größe* derselben Art an Größe übertrifft. Als Beispiel führe ich die Gesammtheit, den Inbegriff *aller* endlichen ganzen Zahlen an; diese Menge ist *ein Ding für sich* und bildet, ganz abgesehen von der natürlichen Folge der dazu gehörigen Zahlen, ein in allen Teilen festes, bestimmtes Quantum (...) das offenbar größer zu nennen ist als jede endliche Anzahl. Ein anderes Beispiel ist die Gesammtheit *aller* Punkt, die auf einem gegebenen Kreise (oder irgendeiner andern bestimmten Kurve) liegen. Ein drittes Beispiel ist die Gesammtheit aller

---

[5] [Cantor 1883a, S. 545–546] oder [Cantor 1932, S. 165].
[6] [Cantor 1887–1888, in Cantor 1932, S. 401].

streng punktartig vorzustellenden Monaden, welche zum Phänomen eines vorliegenden Naturkörpers als konstitutive Bestandteile beitragen."[7]
„Wenn das Unendliche in solch einer bestimmten Form auftritt, so nenne ich es *Eigentlich-Unendliches*."[8]
Dieser Begriff wird es erlauben, den Begriff der unendlichen Menge zu formalisieren.

3. *Unendliche Mengen*

Im Jahr 1636 bemerkte Galilei mit Hilfe derjenigen Zuordnung, die einer natürlichen Zahl ihr Quadrat zuordnet, dass die Menge der Quadratzahlen weder kleiner noch größer ist als die Menge der natürlichen Zahlen. Das führte ihn zu der Einsicht, dass die Attribute „gleich", „größer" und „kleiner" für unendliche Größen keinen Sinn haben, dass sie also nur für endliche Größen anwendbar sind.[9]

Dem Mathematiker Bernhard Bolzano (1781–1848) verdankt man eine erneute Untersuchung der unendlichen Mengen. In seinem 1851 erschienen Werk *Paradoxien des Unendlichen*[10] erklärt Bolzano, wie man zwischen zwei unterschiedlichen Intervallen auf der reellen Zahlengeraden, wie beispielsweise [0, 2] und [0, 5] eine Bijektion[11] herstellen kann. Diese Idee wurde von Richard Dedekind wieder aufgegriffen, der unter Verweis auf Bolzano eine unendliche Menge als eine solche definierte, die sich zu einer ihrer echten Teilmengen in eine bijektive Beziehung bringen lässt.[12]

Es sei angemerkt, dass die deutschen Begriffe *Inbegriff* und *Menge*, die Cantor in seinen verschiedenen Schriften verwendet, beide den *Paradoxien des Unendlichen* von Bolzano entnommen sind, wo man lesen kann:

> Einen Inbegriff, den wir einem solchen Begriffe unterstellen, bei dem die Anordnung seiner Teile gleichgültig ist (an dem sich also nichts für uns Wesentliches ändert, wenn sich bloss diese ändert), nenne ich eine Menge.[13]

Der Begriff „Menge" taucht 1871 in einer Note Cantors auf.[14] Übrigens verknüpfte Cantor die Begriffe des potentiell und des Aktualunendlichen, indem er das Gebiet

---

[7] [Cantor 1887–1888, in Cantor 1932, S. 401–404].

[8] [Cantor 1883a, S. 546] oder [Cantor 1932, S. 166].

[9] [Galilei 1985, S. 30–31].

[10] [Bolzano 1851].

[11] Eine Bijektion zwischen einer Menge E und einer Menge F ist eine Zuordnung, die jedem Element von E genau ein Element von F zuordnet und dabei jedes Element von F ein und nur einmal trifft. Hieraus gewinnt man sofort eine Bijektion zwischen F und E, die beiden Mengen entsprechen einander bijektiv.

[12] Vorwort zur zweiten Auflage (1893) von „Was sind und was sollen die Zahlen?" Der Einfluss von Bolzano auf Weierstraß, Dedekind und Cantor wird in [Dugac 2003] untersucht.

[13] [Bolzano 1851, § 4; Neuauflage 1955, S. 3–4].

Die Interpretation des Begriffs „Inbegriff" stellte die ersten französischen Übersetzer Cantors vor einige Probleme, was man als Zeichen für die gerade erst einsetzende Entwicklung der Mengenlehre sehen kann. Paul Appell schlug vor, ihn mit *Ensemble* zu übersetzen, was Cantor korrigierte, der den Begriff *Système* vorzog, um *Ensemble* für *Menge* zu reservieren [Dugac 1984b, S. 274, Anmerkung 330].

[14] [Cantor 1871b].

der Veränderlichkeit einer potentiell unendlichen Größe als eine aktualunendliche Menge ansah; analog setzt jedes potentiell Unendliche ein Aktualunendliches voraus.[15]

Anhang 3

Die Genese der Cantorschen Mengenlehre

Die hier entwickelten Begriffe können die Lektüre der Kap. 2 bis 4 unserer Darstellung ergänzen, ohne aber für deren Verständnis unabdingbar zu sein. Die technischen Aspekte haben wir bewusst kurz gefasst.

Mengentheoretische Mächtigkeiten

Im Zuge seiner ersten Arbeiten zur Theorie der reellen Funktionen wurde Cantor 1874 dazu geführt, unendliche Mengen miteinander zu vergleichen. Wie schon vor ihm Galilei und Bolzano verwendete er hierzu Bijektionen zwischen Mengen. Insbesondere bezogen sich seine Arbeiten auf die Menge *N* der natürlichen Zahlen und diejenige der reellen Zahlen *R*: Sind diese beiden Mengen bijektiv? Cantor kam zu einem negativen Ergebnis: Es gibt keine Bijektion zwischen *N* und *R*. Dagegen existiert eine solche zwischen *N* und der Menge der rationalen Zahlen *Q* sowie eine zwischen *N* und der Menge der algebraischen Zahlen *A*, das heißt der Zahlen, die Lösungen von polynomialen Gleichungen mit rationalen Koeffizienten sind.[16]

Ebenfalls im Jahr 1874 stellte Cantor Richard Dedekind die folgende Frage:

> Lässt sich eine Fläche (etwa ein Quadrat mit Einschluss der Begrenzung) eindeutig auf eine Linie (etwa eine gerade Strecke mit Einschluss der Endpunkte) beziehen, so dass zu jedem Puncte der Fläche ein Punct der Linie und umgekehrt zu jedem Puncte der Linie ein Punct der Fläche gehört?[17]

Cantor kam bezüglich der Existenz einer Bijektion zwischen der Strecke [0, 1] in *R* und dem Quadrat [0, 1] × [0, 1] in *R²* zu einem positiven Ergebnis. Dieses überraschte Cantor dermaßen, dass er es mit folgenden Worten Richard Dedekind am 29. Juni 1877 mitteilte:

> Ich kann so lange Sie mir nicht zugestimmt haben, nur sagen: Je le vois, mais je ne le crois pas.[18]

---

[15] [Cantor 1887–1888, in Cantor 1932, S. 410–411].

[16] [Cantor 1874]. Die Tatsache, dass es nicht möglich ist, zwischen der Menge *N* der natürlichen Zahlen und der Menge *R* der reellen Zahlen eine Bijektion herzustellen wurde 1874 mit einer Methode bewiesen, die derjenigen ähnelt, die Weierstraß verwandte, um den so genannten Satz von Bolzano-Weierstraß zu beweisen. Dieses Resultat wurde 1891 mit dem originellen „Cantorschen Diagonalverfahren" erneut bewiesen [Cantor 1891].

[17] [Cantor – Dedekind 1937, S. 20], Brief von Cantor an Dedekind, 5. Januar 1874.

[18] Französisch im Original: „Ich sehe es, aber ich glaube es nicht." [Cantor – Dedekind 1937, S. 34], Brief Cantor an Dedekind, 29. Juni 1877.

Diese Einsicht wurde 1878 in der Arbeit „Ein Beitrag zur Mannigfaltigkeitslehre" publiziert.[19]

Der Begriff, der sich hiermit aufdrängt und den Cantor in seiner Arbeit von 1878 einführte, ist derjenige der mengentheoretischen Mächtigkeit: Zwei Mengen E und F sind von gleicher Mächtigkeit (oder haben die gleiche Kardinalzahl), wenn zwischen ihnen eine Bijektion existiert. Cantor arbeitete seine Idee mit den Anfängen einer Klassifikation der unendlichen Mengen mit Hilfe des Studiums ihrer unendlichen Teilmengen weiter aus, was ihn schließlich zur Formulierung der „Kontinuumshypothese" führte.

Die Kontinuumshypothese

Die oben zitiere Arbeit behandelt das Problem der Mächtigkeiten der unendlichen Teilmengen von **R**. Cantor ging davon aus, dass er bewiesen habe, dass es nur zwei Klassen von unendlichen Teilmengen der reellen Zahlen gäbe: diejenigen Teilmengen, die die Mächtigkeit von N besitzen (welche er abzählbare Teilmengen nennt) und jene, mit der Mächtigkeit von **R**, welche er als Kontinua bezeichnet[20]. Den Beweis verschob er auf eine spätere Publikation. Diese Frage wurde von Cantor 1883 in den „Grundlagen einer allgemeinen Mannigfaltigkeitslehre" wieder aufgegriffen.[21]

Tatsächlich gelang es Cantor nicht, seine so genannte Kontinuumshypothese, von deren Wahrheit er überzeugt war, zu beweisen.

Der Satz von Cantor

Allerdings konnte Cantor beweisen, dass die Folge der Kardinalzahlen unendlich ist, indem er nachwies, dass es keine Bijektion zwischen einer Menge E und der Menge $P(E)$ aller ihrer Teilmengen gibt: Die Kardinalität von $P(E)$ ist streng größer als diejenige von E.[22]

Bezüglich der späteren Entwicklung der Mengenlehre ist die Axiomatik zu nennen, die man Ernst Zermelo verdankt. Die Arbeiten von Kurt Gödel (1936) und Paul Cohen (1962) zeigten, dass man zu den Axiomen der Mengenlehre die Kontinuumshypothese aber auch ihre Negation hinzufügen kann; in beiden Fällen erhält man eine widerspruchsfreie Theorie. Damit ist die Kontinuumshypothese nicht beweisbar – ähnlich wie in der Geometrie das fünfte Postulat Euklids, das die Anzahl

---

[19] [Cantor 1878] in [Cantor 1932, S. 119–133]; französische Übersetzung in Acta Mathematica [Cantor 1883f.].
[20] [Cantor 1932, S. 133].
[21] [Cantor 1883a, Teil V, S. 548] in [Cantor 1932, S. 167]; französische Übersetzung in *Acta Mathematica* [Cantor 1883 h, S. 384].
[22] [Cantor 1891].

der Parallelen, welche man durch einen Punkt in eine bestimmte Richtung ziehen kann, betrifft.

Abgeleitete Mengen

Der Begriff „Grenzpunkt" einer Punktmenge in der reellen Geraden tritt sehr früh in den Schriften Cantors auf:

> Unter einem „Grenzpunkt einer Punktmenge P" verstehe ich einen Punkt der Geraden von solcher Lage, dass in jeder Umgebung desselben *unendlich* viele Punkte aus P sich befinden, wobei es vorkommen kann, dass er außerdem selbst zu der Menge gehören kann. Unter „Umgebung eines Punktes" sei aber hier ein jedes Intervall verstanden, welches den Punkt *in seinem Innern* hat.[23]

Dieser Begriff führt zu der Idee der *abgeleiteten Menge P'*, welche aus allen Grenzpunkten von P besteht. Die Ableitung kann wiederholt werden: P'' bezeichnet die aus P' abgeleitete Menge, diejenige, die sich aus P'' ergibt, usw.

Die erste transfinite Zahl: ω

- Erste Definition
  In ganz natürlicher Weise gelangt Cantor dazu, diejenigen Elemente zu betrachten, die allen aus P abgeleiteten Mengen gemeinsam sind. Diese bezeichnet er mit P^ω; es ist

$$P^\omega = \bigcap_{n \in N^*} P^n.$$

Somit hängt die erste transfinite Zahl ω mit den iterierten Ableitungen einer Menge zusammen. Diese zeitlich erste Definition von ω tritt im zweiten Teil der Abhandlung „Über unendliche lineare Punktmannigfaltigkeiten" auf.[24]
Man kann weitere Ableitungen, ausgehend von der Menge $P^{(\omega)}$ betrachten und so die Mengen $P^{(\omega+1)}, P^{(\omega+2)}, \ldots$ erzeugen sowie $P^{(2\omega)} = \bigcap_{n \in N^*} P^{(\omega+n)}$.
Die Folge der transfiniten Zahlen $\omega, \omega + 1, \omega + 2, \ldots, 2\omega, \ldots$ ist ihrerseits unendlich.

- Zweite Definition
  Ab 1872 interessiert sich Cantor für einfach geordnete Mengen (das sind Mengen, die mit einer Ordnungsrelation versehen sind, das ist eine reflexive, antisymmetrische und transitive Relation) und für wohlgeordnete Mengen (mit einer Ordnungsrelation versehene Mengen, bei denen jede nichtleere Teilmenge ein erstes Element besitzt). Beispielsweise ist N wohlgeordnet bezüglich der natürlichen Ordnung der Zahlen; das ist bei R nicht der Fall.

---

[23] [Cantor 1872] in [Cantor 1932, S. 98]. Vgl. [Dugac 2003, S. 188–189].
[24] [Cantor 1880].

Cantor verwendet erneut das Verfahren, mit dessen Hilfe er die Mächtigkeit einer Menge definieren konnte, und passt dieses den wohlgeordneten Mengen an: Zwei wohlgeordnete Mengen besitzen dieselbe Anzahl, wenn es zwischen ihnen eine Bijektion gibt, die die Ordnungsrelationen der beiden Mengen respektiert. Die tranfinite Zahl ω wird definiert als diejenige Anzahl, die zu der Menge der natürlichen Zahlen in ihrer Wohlordnung gemäß der gängigen Ordnungsrelation gehört. Diese Definition findet sich 1883 im zweiten Paragraphen der „Grundlagen".[25]

Später verallgemeinerte Cantor diese Begriffe auf einfach geordnete Mengen, wobei er den Begriff der „Anzahl" durch denjenigen des „Ordnungstypus" ersetzte, sowie auf wohlgeordneten Mengen, wobei „Anzahl" durch „Ordinalzahl" ersetzt wird.[26]

Cantors Kontinuum

Die nachfolgenden Definitionen vervollständigen in logischer Weise die Definition der abgeleiteten Menge.

Eine Punktmenge P heißt *abgeschlossen*, wenn sie alle ihre Grenzpunkte enthält, das heißt, falls gilt: $P' \subset P$. P ist eine *in sich dichte* Menge, falls jeder Punkt von P ein Grenzpunkt von P ist, das heißt, falls gilt: $P \subset P'$. Eine Menge heißt *perfekt*, wenn sie abgeschlossen und in sich dicht ist, das heißt, falls $P = P'$ gilt. Die genannten Eigenschaften sind topologischer Natur.

Eine Teilmenge P der Punkte von $\boldsymbol{R}$ – oder allgemeiner eines mit einer Abstandsfunktion d versehenen Raumes – heißt *zusammenhängend*, wenn sie die nachfolgende Eigenschaft besitzt: Sind zwei beliebige Punkte a und b von P gegeben sowie eine Zahl $\varepsilon > 0$, so kann man in P eine endliche Kette von Punkten $t_1, t_2, ..., t_n$ finden, so dass die Abstände $d(a, t_1), d(t_1, t_2), ..., d(t_{n-1}, t_n), d(t_n, b)$ alle kleiner als ε sind. Diese Eigenschaft ist metrischer Natur.

Ein Kontinuum ist eine perfekte, zusammenhängende Menge.

Anhang 4

Wahrscheinlichkeitsrechnung in der Zahlentheorie

Unsere Schilderung einiger stochastischer Berechnungen, die in der Zahlentheorie Verwendung finden, kann für das Verständnis von Kap. 5 von Nutzen sein.

Im Kap. 5 haben wir gesehen, dass der „Primzahlsatz" 1896 von Jacques Hadamard und Charles de la Vallée-Poussin bewiesen wurde.[27] Dieser Satz besagt, dass

---

[25] [Cantor 1883a, Teil V] in [Cantor 1932]; französische Übersetzung in *Acta Mathematica* [Cantor 1883 h].

[26] [Cantor 1895a–1897].

[27] [Hadamard 1896] und [La Vallée Poussin 1896].

Anhang 4

die Dichte von Primzahlen in der Umgebung einer Zahl x (größer als 2) annähernd durch die Funktion $1/\ln x$ gegeben wird.

Will man eine natürliche Zahl A in die Summe zweier Primzahlen zerlegen, so läuft das darauf hinaus, innerhalb der Zahlen kleiner A ein Paar von Primzahlen $(x, A - x)$ auszuwählen. Ist A groß, so kann man die Wahl der Primzahlen x und $y = A - x$ als annähernd unabhängig ansehen. Die Begründung dieser Behauptung würde hier allerdings zu weit führen.

Folglich liefern die Gesetze der Wahrscheinlichkeitsrechnung für große A für das Primzahlpaar $(x, A - x)$ annähernd eine Dichte von

$$\frac{1}{\ln x} \cdot \frac{1}{\ln (A - x)}$$

Der Erwartungswert für die Anzahl $r(A)$ der Goldbach-Zerlegungen der natürlichen Zahl A lässt sich somit durch das Integral

$$E[r(A)] \approx 2 \int_{2}^{A/2} \frac{dx}{(\ln x) \cdot \ln (A - x)} = \frac{2A/2}{(\ln A)^2} = \frac{A}{(\ln A)^2}$$

berechnen.

Diese Formel wurde 1871 von Sylvester[28] verwendet, man findet sie 1919 und 1923 bei Hardy und Littlewood[29] wieder.

Kennt man die Primteiler von A, so ändert sich die Menge aller Werte, die die Variable x annehmen kann sowie die Wahrscheinlichkeit des Paares $(x, A - x)$.

Ist ein Primteiler h der Zahl A bekannt, so verringert sich die Anzahl der Werte, welche die Primzahl x annehmen kann, da x kein Vielfaches von h sein kann. Folglich wird die Menge, über die die obige Integration durchzuführen ist, im Verhältnis $(h - 1)/h$ verkleinert.

Die (bedingte) Wahrscheinlichkeit dafür, in der Menge der Zahlen, welche kleiner A und ungleich Null (mod h) sind, eine Primzahl zu erhalten, ändert sich ebenfalls, allerdings im Verhältnis $h/(h - 1)$, denn: $w(x$ ist prim $| x \neq 0 \bmod h) = w(x$ ist prim $/ w(x \neq 0 \bmod h) = h/(h - 1)\, w(x$ ist prim$)$.

Die Wahrscheinlichkeitsverteilung von x besitzt die Dichte

$$\frac{h}{h - 1} \cdot \frac{1}{\ln x}.$$

Da dieselbe Überlegung für $y = A - x$ gilt, kann man schreiben:

$$E[r(A)/A \equiv 0 \bmod. h] \approx \frac{h - 1}{h} A \frac{h^2}{(h - 1)^2} \frac{1}{(\ln A)^2} = \frac{h}{h - 1} \cdot \frac{A}{(\ln A)^2}.$$

---

[28] [Sylvester 1871].

[29] Shah und Wilson behandeln die asymptotische Formel von Hardy und Littlewood in [Shah, Wilson 1919]. Vgl. hierzu auch [Hardy, Littlewood 1923].

Insbesondere ergibt sich für gerades A und $h = 2$:

$$E[r(A)/A \text{ gerade}] = 2\frac{A}{(\ln A)^2}.$$

Weiß man dagegen, dass die Zahl A nicht durch die Primzahl h teilbar ist, so werden die Dichten der Wahrscheinlichkeitsverteilungen von x und von $y = A - x$ beide immer im Verhältnis $h/(h - 1)$ geändert. Die Anzahl der Werte, die x (modulo h) annehmen kann, wird andererseits auf $(h - 2)$ verringert, weil hierbei zwei verschiedene Werte auszuschließen sind: 0 und A (modulo h). Die Menge, über der wie oben gezeigt zu integrieren ist, wird also in diesem Falle mit dem Faktor $(h - 2)/h$ kleiner:

$$E[r(A)/A \neq 0 \text{ mod. } h] = \frac{h-2}{h} A \frac{h^2}{(h-1)^2} \frac{1}{(\ln A)^2} = \frac{h(h-2)}{(h-1)^2} \cdot \frac{A}{(\ln A)^2}.$$

Sind alle Primteiler der geraden Zahl A bekannt, so lautet der multiplikative Faktor, der einzuführen ist:

$$\prod_{h \notin D_A} \frac{h(h-2)}{(h-1)^2} \prod_{p \in D_A} 2\frac{p}{p-1}.$$

Dabei bezeichnet D_A die Menge der ungeraden Primteiler von A.

Sei P die Menge aller ungeraden Primzahlen. Dann lässt sich der angegebene Faktor auch so schreiben:

$$\prod_{h \in P} \frac{h(h-2)}{(h-1)^2} \prod_{p \in D_A} 2\frac{p}{p-1} \cdot \frac{(p-1)^2}{p(p-1)} = 2K \prod_{p \in D_A} \frac{p-1}{p-2}.$$

Dabei ist

$$K = \prod_{h \in P} \left(1 - \frac{1}{(h-1)^2}\right).$$

Die von Hardy und Littlewood angegebene Abschätzung für die Anzahl der Goldbach-Zerlegungen der Zahl A ergibt sich damit als

$$2K\frac{A}{(\ln A)^2} \prod_{p \in D_A} \frac{p-1}{p-2}.$$

Ergänzungen zur Cantor-Vermutung

Die Cantor-Vermutung bezieht sich auf die relative Häufigkeit von Goldbach-Zerlegungen bei Vielfachen von 30 als Teilmenge der Vielfachen von 6. Sie lässt Ausnahmen zu: So kann man feststellen, dass in den nachfolgenden Beispielen das lo-

Anhang 4

kale Maximum der ψ-Funktion nicht für die Vielfachen von 15 angenommen wird, sondern für benachbarte Werte. Das erste dieser Gegenbeispiele ($2N = 930$) ist in der Tabelle von Cantor zu finden:

N	$2N$	$\psi(N-3)$	$\psi(N)$	$\psi(N+3)$
465	930	47	44	36
1095	2190	85	82	62
1635	3270	89	110	112
1845	3690	98	124	125
3000	6000	140	178	195

Gleiches lässt sich bei den Vielfachen von 210 innerhalb der Vielfachen von 30 feststellen. Auch hier findet sich das erste Gegenbeispiel ($2N = 630$) in der Tabelle Cantors:

N	$2N$	$\psi(N-15)$	$\psi(N)$	$\psi(N+15)$
315	630	33	41	42
3150	6300	219	217	186

Bibliographie

Werke von Cantor

[1869] *De transformatione formarum ternariarum quadraticarum. Habilitationsschrift*, Halle: Hendel, 1869; in [Cantor 1932, S. 51–62].

[1870] Beweis, dass eine für jeden reellen Wert von x durch eine trigonometrische Reihe gegebene Funktion *f(x)* sich nur auf eine einzige Weise in dieser Form darstellen lässt. *Journal für die reine und angewandte Mathematik*, 72 (1870), S. 139–142; in [Cantor 1932, S. 80–83].

[1871a] Über trigonometrische Reihen. *Mathematische Annalen*, 4 (1871), S. 139–143; in [Cantor 1932, S. 87–91].

[1871b] Notiz auf dem Aufsatz [Cantor 1870]. *Journal für die reine und angewandte Mathematik*, 73 (1871), S. 294–296; in [Cantor 1932, S. 84–86].

[1872] Über die Ausdehnung eines Satzes aus der Theorie der trigonometrischen Reihen. *Mathematische Annalen*, 5 (1872), S. 123–132; in [Cantor 1932, S. 92–106].

[1874] Über eine Eigenschaft des Inbegriffes aller reellen algebraischen Zahlen. *Journal für die reine und angewandte Mathematik*, 77 (1874), S. 258–262; in [Cantor 1932, S. 115–118].

[1878] Ein Beitrag zur Mannigfaltigkeitslehre, *Journal für die reine und angewandte Mathematik*, 84 (1878), S. 242–258; in [Cantor 1932, S. 119–133].

[1879] Über unendliche lineare Punktmannigfaltigkeiten, Teil I. *Mathematische Annalen*, 15 (1879), S. 1–7.

[1880] Über unendliche lineare Punktmannigfaltigkeiten, Teil II. *Mathematische Annalen*, 17 (1880), S. 355–358; Part I et II in [Cantor 1932, S. 139–148].

[1882] Über unendliche lineare Punktmannigfaltigkeiten, Teil III. *Mathematische Annalen*, 20 (1882), S. 113–121; in [Cantor 1932, S. 149–157].

[1883a] Über unendliche lineare Punktmannigfaltigkeiten, Teil IV. *Mathematische Annalen*, 21 (1883), S. 51–58; in [Cantor 1932, S. 157–164]. Teil V, ebd. 21 (1883), S. 545–591; in [Cantor 1932, S. 165–209].

[1883b] *Grundlagen einer allgemeinen Mannigfaltigkeitslehre. Ein mathematisch-philosophischer Versuch in der Lehre des Unendlichen*. Leipzig: B. Teubner, 1883.

[1883c] Sur les séries trigonométriques. *Acta Mathematica*, 2 (1883), S. 329–335.

[1883d] Extension d'un théorème de la théorie des séries trigonométriques. *Acta Mathematica*, 2 (1883), S. 336–348.

[1883e] Sur une propriété du système de tous les nombres algébriques réels. *Acta Mathematica*, 2 (1883), S. 305–310.

[1883f] Une contribution à la théorie des ensembles. *Acta Mathematica*, 2 (1883), S. 311–328.

[1883g] Sur les ensembles infinis linéaires de points. *Acta Mathematica*, 2 (1883), partie I, S. 349–356; partie II, S. 357–360; partie III, S. 361–371; partie IV, S. 372–380.

[1883h] Fondements d'une théorie générale des ensembles. *Acta Mathematica*, 2 (1883), S. 381–408.

[1883i] Sur divers théorèmes de la théorie des ensembles de points situés dans un espace continu à n dimensions. (Première communication. Extrait d'une lettre adressée à l'éditeur). *Acta Mathematica,* 2 (1883), S. 409–414; in [Cantor 1932, S. 247–251].
[1884a] Über unendliche lineare Punktmannigfaltigkeiten, Teil VI. *Mathematische Annalen,* 23 (1884), S. 453–488; in [Cantor 1932, S. 210–246].
[1884b] De la puissance des ensembles parfaits de points. (Extrait d'une lettre adressée à l'éditeur). *Acta Mathematica,* 4 (1884), S. 381–392; in [Cantor 1932, S. 252–260].
[1885] Über verschiedene Theoreme der Punktmengen in einem n-fach ausgedehnten stetigen Raume Gn (Zweite Mitteilung). *Acta Mathematica,* 7 (1885), S. 105–124; in [Cantor 1932, S. 261–277].
[1886] Über die verschiedenen Standpunkte in Bezug auf das aktuale Unendliche. *Zeitschrift für Philosophie und philosophische Kritik,* 88 (1886), S. 224–233; in [Cantor 1932, S. 370–377].
[1887-1888] Mitteilungen zur Lehre vom Transfiniten. *Zeitschrift für Philosophie und philosophische Kritik,* Teil I, 91 (1887), S. 81–125 und 252–270; Teil II, 92 (1888), S. 240–265; in [Cantor 1932, S. 378–439].
[1890] *Gesammelte Abhandlungen zur Lehre vom Transfiniten.* Halle: C. E. M. Pfeffe, 1890.
[1891] Über eine elementare Frage der Mannigfaltigkeitslehre. *Jahresbericht der Deutschen Mathematiker-Vereinigung,* 1 (1890/1891), S. 75–78.
[1894] Vérification jusqu'à 1000 du théorème empirique de Goldbach. *Compte rendu de la 23ème session de l'Association française pour l'avancement des sciences,* 23 (2) (1894), S. 117–134.
[1895a-1897] Beiträge zur Begründung der transfiniten Mengenlehre, *Mathematische Annalen.* Partie I, 46 (1895), S. 481–512; Partie II, 49 (1897), S. 207–246; in [Cantor 1932, S. 282–356].
[1895b] Contribuzione al fondamento della teoria degli insiemi transfiniti. Übersetzung von F. Gerbaldi. *Rivista di Matematica,* (5) 1895, S. 129–162.
[1896] *Confessio fidei Francisci Baconi Baronis de Verulam... cum versione Latina a. G. Rawley..., nunc denuo typis excusa cura et impensis G. C. Halis Saxonum MDCCCXCVI,* (Mit lateinischer Vorrede von G. C.), Halle, 1896.
[1899a] Sur les fondements de la théorie des ensembles transfinis. Übersetzung von F. Marotte. *Mémoires de la Société des Sciences Physiques et Naturelles de Bordeaux,* 5e série, tome 3 (1899), S. 343–437; repris sous forme de brochure [Cantor 1899b].
[1899b] *Sur les fondements de la théorie des ensembles transfinis.* Übersetzung von F. Marotte. Paris: Hermann, 1899.
[1905] *Ex Oriente Lux. Gespräche eines Meisters mit seinem Schüler über wesentliche Puncte des urkundlichen Christentums. Berichtet vom Schüler selbst.* Halle: C.E.M. Pfeffer, 1905.
[1915] *Contributions to the Founding of the Theory of Transfinite Numbers.* Übersetzung von S. E. B. Jourdain. Chicago: Open Court, 1915.
[1932] *Gesammelte Abhandlungen mathematischen und philosophischen Inhalts, mit erläuternden Anmerkungen sowie mit Ergänzungen aus dem Briefwechsel Cantor-Dedekind,* herausgegeben von Ernst Zermelo und Adolf Fraenkel. Berlin: Springer, 1932.
[1937] *Briefwechsel Cantor-Dedekind.* Vgl. [Cantor, Dedekind 1937].
[1970] Principien einer Theorie der Ordnungstypen. Erste Mittheilung. Vgl. [Grattan-Guiness 1970].
[1991] *Georg Cantor Briefe.* Vgl. [Meschkowski, Nilson 1991].

CANTOR Georg, DEDEKIND Richard

[1937] *Briefwechsel Cantor-Dedekind,* herausgegeben von E. Noether und J. Cavaillès, Paris: Hermann, 1937.

Nachschlagewerke

Grande Encyclopédie, inventaire raisonné des sciences, des lettres et des arts, publiée sous la direction de Marcelin Berthelot, 31 Bände. Paris: H. Lamirault, 1885–1902.

DUPRÉ S.

[1959] *Encyclopédie des citations*. Paris: Trévise, 1959.

GILLISPIE Charles Coulston (Hg.)

[1970–1976] *Dictionary of Scientific Biography*. 14 Bde. New York: C. Scribner's Son, 1970–1976.

JACQUEMET G. (Hg.)

[1962] *Catholicisme Hier Aujourd'hui Demain, Encyclopédie publiée sous la direction de G. Jacquemet du clergé de Paris*. Paris: Letouzey und Ané, Bd. 5, 1962.

MENDIZÁBAL Rufo S. I.

[1972] *Catalogus defunctorum in renata Societate Jesu ab a. 1814 ad a. 1970*. Romae, apud Curiam S. Gen., 1972.

Allgemeine Bibliographie

ADEODATUS Aurelius

[1887] *Die Philosophie und Cultur der Neuzeit und die Philosophie des hl. Thomas von Aquino*. Köln: Vereinsschriften des Görresgesellschaft, Heft 1, 1887.

AFAS (Association française pour l'avancement des sciences)

[1895] *Association française pour l'avancement des sciences, Compte Rendu de la 23e session, Caen 1894*. 2 Bde., Paris: Masson, 1895.

APPELL Paul

[1923] *Souvenirs d'un Alsacien 1858–1922*. Paris: Payot, 1923.

ARISTOTE

[2000] *Physikalische Vorlesung*. Hg., übertragen und in ihrer Entstehung erläutert von S. Gohlke Paderborn. Schöningh, 1975.

AUBRY Victor

[1900] Étude sur la convergence. *Revue d'artillerie*, 57 (1900), S. 31–46.

AUGUSTINUS, Aurelius

[1979] *De civitate Dei (Vom Gottesstaat)*, Band 1, Buch I – XIV. Paderborn-München-Wien: Schöningh, 1979.

AVICENNE

[1969] *Epistola sulla vita futura*. Padoue: Francesca Luchetta, 1969.
[1985] *La Métaphysique du SHIFÀ*, livres 6 à 10. Übersetzung von G. C. Anawati. Paris: Vrin, 1985.

BACON de VERULAM Francis

[1623] *De dignitate et augmentis scientiarum*, 1623; Neuausgabe von Marcel Mauxion. Paris: Delagrave, 1928.

BALDICK Robert

[1958] *La vie de J. K. Huysmans*. Übersetzung von Marcel Thomas. Paris: Denoël, 1958.

BANACH Stefan

[1939] Über das „Loi suprême" von J. Hoëné-Wronski. *Bulletin international de l'Académie polonaise des sciences et des lettres, classe des sciences mathématiques et naturelles*, série A: sciences mathématiques, 1939, S. 1–10.

BAUDRILLART Alfred

[1912] *Vie de Monseigneur d'Hulst. Tome premier*. Paris: De Gigord, 1912.

BELNA Jean-Pierre

[2000] *Cantor*. Paris: Les Belles Lettres, 2000.

BENSAUDE-VINCENT Bernadette, BLONDEL Christine

[2002] *Des savants face à l'occulte 1870–1940*, Paris: La Découverte, 2002.

BERETTA Francesco

[1996] *Monseigneur d'Hulst et la science chrétienne. Portrait d'un intellectuel*. Paris: Beauchesne, 1996.

BERGSON Henri

[1889] *Essai sur les données immédiates de la conscience*. Paris: F. Alcan, 1889.

BERTRAND Joseph

[1869] La vie et les travaux du baron Cauchy, par C. A. Valson, *Le Journal des savants*, 1869, S. 205–215.
[1878] Conciliation du véritable déterminisme mécanique avec l'existence de la vie et de la liberté morale, par J. Boussinesq, *Le Journal des savants*, 1878, S. 517–523.

BIARD Joël, CELEYRETTE Jean

[2005] *De la théologie aux mathématiques. L'infini au XIVe siècle*. Paris: Les Belles Lettres, 2005.

BLANC Élie

[1886] *Théorie du libre arbitre*. Lyon: Vitte et Perrussel, 1886.
[1893] *Traité de philosophie scolastique*. 3 Bde. Lyon: Vitte, 1893.
[1898] *La suggestion hypnotique est-elle licite ou illicite, naturelle ou diabolique? Conférence du 14 janvier 1898, aux Facultés catholiques de Lyon*. Paris: Ch. Amat, 1898.

BOLZANO Bernard

[1851] *Paradoxien des Unendlichen*, herausgegeben von Dr. Fr. Prihonsky, Leipzig: C. H. Reclam Sen., 1851; Neuausgabe Hamburg: Felix Meiner, 1955; französische Übersetzung H. Sinaceur *Les paradoxes de l'infini*, Paris: Le Seuil, 1993.

BONIFACE Jacqueline, SCHAPPACHER Norbert

[2001] Sur le concept de nombre en mathématique. Cours inédit de Leopold Kronecker (1891). *Revue d'histoire des mathématiques*, 7 (2001), S. 207–275.

BOREL Émile

[1897] Congrès international des mathématiciens de Zurich. *Revue générale des sciences pures et appliquées*, 8 (1897), S. 783–789; in [Borel 1972, Bd. 4, S. 2321–2339].

[1898] *Leçons sur la théorie des fonctions*. Paris: Gauthier-Villars, 1898.

[1899] À propos de l' „infini nouveau". *Revue philosophique de la France et de l'étranger*, 48 (1899), S. 383–390; in [Borel 1972, Bd. 4, S. 2113–2120].

[1900] L'antinomie du transfini, *Revue philosophique de la France et de l'étranger*, 49 (1900), S. 378–383; in [Borel 1972, Bd. 4, S. 2121–2126].

[1909] La théorie des ensembles et les progrès récents de la théorie des fonctions, *Revue générale des sciences pures et appliquées*, 20 (1909), S. 315–324; in [Borel 1972, Bd. 3, S. 1277–1307].

[1911] Jules Tannery (24 mars 1848-11 novembre 1910), *La Revue du mois*, 11 (1911), S. 5–16; in [Borel 1972, Bd. 4, S. 2421–2432].

[1912] La philosophie mathématique de l'infini. *La Revue du mois*, 14 (1912), S. 218–277; in [Borel 1972, Bd. 4, S. 2127–2136].

[1914] L'infini mathématique et la réalité. *La Revue du mois*, 18 (1914), S. 71–84; in [Borel 1972, Bd. 4, S. 2137–2150].

[1967] *Émile Borel: philosophe et homme d'action*, présenté par M. Fréchet. Paris: Gauthier-Villars, 1967.

[1972] *Œuvres de Émile Borel*. 4 Bde. Paris: Éditions du CNRS, 1972.

BOUILLIER Francisque Cyrille

[1885] Rapport sur le concours du libre arbitre. *Séances et travaux de l'Académie des sciences morales et politiques*, 24 (1885), 2e semestre, S. 305–323.

BOUSSINESQ Joseph

[1877a] Sur la conciliation de la liberté morale avec le déterminisme scientifique. *Comptes rendus hebdomadaires des séances de l'Académie des Sciences de Paris*, 84 (1877), S. 362–364.

[1877b] La liberté et le déterminisme scientifique. *Revue scientifique de la France et de l'étranger*, 2e série, 6e année, 42 (14. April 1877), S. 986–991.

[1878] Conciliation du véritable déterminisme mécanique avec l'existence de la vie et de la liberté morale, précédée d'un rapport de M. Paul Janet à l'Académie des sciences morales et politiques. *Mémoires de la société des sciences, de l'agriculture et des arts de Lille*, 4e série, t. 6 (1878).

[1879] Le déterminisme et la liberté. *Revue philosophique de la France et de l'étranger*, 4e année, 7 (Januar 1879), S. 58–66.

[1901-1929] *Cours de physique mathématique*. 4 Bände. Paris: Gauthier-Villars, 1901–1929.

BOUTROUX Émile

[1874] *De la contingence des lois de la nature*. Paris: F. Alcan, 1874.

BOUVERESSE Jacques

[1998] *Sur le sens du mot „platonisme" dans l'expression „platonisme mathématique"*. Conférence du 19 novembre 1998 à l'Université de Genève. Société romande de philosophie, groupe genevois. Édition électronique: http:// un2sg4.unige.ch/athena/bouveresse/bou_plat.html

BRUNETIÈRE Ferdinand

[1879] L'érudition contemporaine et la littérature française au Moyen Âge. *Revue des Deux Mondes*, 35 (1879), S. 620–649.

BULLYNCK Maarten

[2006] A Note on article 36 in Gauss's *Disquisitiones*. A Ramificated Story in the Margin of the Re-Writing of Section II. *Simon Stevin - Bulletin of the Belgian Mathematical Society*, 15 (3), pp. 945 –947.

[2007a] The transmission of numeracy. Integrating reckoning in protestant North–German Education (1770–1810). *Paedagogica Historica, 44 (5), S. 463–485*.

[2007b] Modular Arithmetics before C.F. Gauss. Erscheint in *Historia Mathematica*.

CAUCHY Augustin–Louis, MOIGNO François

[1868] *Sept leçons de physique générale*, par A. Cauchy, avec appendices sur l'impossibilité du nombre actuellement infini, l'antiquité de l'homme, la science dans ses rapports avec la foi, par l'abbé Moigno. Paris: Gauthier–Villars, 1868.

CAUCHY Augustin–Louis

[1821] *Cours d'analyse de l'École royale polytechnique*. Paris: Debure, 1821; *Œuvres complètes*, 2. Serie, Bd. 3, Paris: Gauthier–Villars, 1897.
[1831] *Sui metodi analitici*. In [Cauchy 1974, S. 149–181].
[1974] *Œuvres complètes*. Bd. 15. Paris: Gauthier–Villars, 1974.

CAVAILLÈS Jean

[1938] *Remarques sur la formation de la théorie abstraite des ensembles: étude historique et critique*. Paris: Hermann, 1938.
[1962] *Philosophie mathématique*. Paris: Hermann, 1962.

CHARLE Christophe

[1994] Paris/Berlin. Essai de comparaison des professeurs de deux universités centrales. *Histoire de l'Éducation*, 62 (mai 1994), S. 75–109.

CHEN Jing–Rung

[1973/1978] On the representation of a large even integer as the sum of a prime and the product of at most two primes, I et II. *Scientiae Sinica*, 16 (1973), S. 157–176; 21 (1978), S. 421–430.
[1978a] On the Goldbach's problem and the sieve methods. *Scientiae Sinica*, 21 (1978), S. 701–739.

CHENU Marie–Dominique

[1954] *Introduction à l'étude de Saint Thomas d'Aquin*. Paris: Vrin, 1954.

COLIN Pierre

[1997] *L'audace et le soupçon. La crise du modernisme dans le catholicisme français, 1893–1914*. Paris: Desclée de Brouwer, 1997.

COURNOT Antoine Augustin

[1861] *Traité de l'enchaînement des idées fondamentales dans les sciences et dans l'histoire*. Paris: Hachette, 1861; Neuausgabe Paris: Vrin, 1982.

DARRIGOL Olivier

[2006] *Worlds of flow*. Oxford University Press, 2006.

Allgemeine Bibliographie

DAUBEN Joseph Warren

[1979] *Georg Cantor. His Mathematics and Philosophy of the Infinite*. Cambridge (Mass.), London: Harvard Univ. Press, 1979.

DÉCAILLOT Anne–Marie

[1998] L'arithméticien Édouard Lucas (1842–1891) : théorie et instrumentation. *Revue d'histoire des mathématiques*, 4 (1998), S. 191–236.
[2002] L'AFAS: originalité d'une démarche mathématique, in [Gispert (Hg.) 2002, S. 205–214].
[2007] Number Theory at the *Association française pour l'avancement des sciences*, in [Goldstein, Schappacher, Schwermer (Hg.) 2007, S. 411–427].

DEDEKIND Richard

[1872] *Stetigkeit und irrationale Zahlen*. Braunschweig: Vieweg und Sohn, 1872.
[1888] *Was sind und was sollen die Zahlen*. Braunschweig: Vieweg und Sohn, 1888.

DENJOY Arnaud

[1980] Lettres à Paul Lévy. *Cahiers du Séminaire d'Histoire des Mathématiques*, 1 (1980), S. 51–67.

DESBOVES Adolphe

[1855] Sur un théorème de Legendre et son application à la recherche de limites qui comprennent entre elles des nombres premiers. *Nouvelles Annales de Mathématiques*, 14 (1855), S. 281–295.

DIGEON Claude

[1959] *La crise allemande de la pensée française (1870–1914)*. Paris: Presses universitaires de France, 1959.

DIRICHLET Peter–Gustav (Lejeune–)

[1837] Beweis des Satzes, dass jede unbegrenzte arithmetische Progression, deren erstes Glied und Differenz ganze Zahlen ohne gemeinschaftlichen Factor sind, unendlich viel Primzahlen enthält. *Abhandlungen der Königlich Preussischen Akademie der Wissenschaften*, 1837, S. 45–81; in [Dirichlet 1889–1897, Band. 1, S. 313–342].
[1889–1897] G. *Lejeune–Dirichlet's Werke*, 2 Bde., Berlin: Reimer, 1889–1897.

DU BOIS–REYMOND Emil

[1874] Les bornes de la philosophie naturelle. *Revue scientifique de la France et de l'étranger*, 2e série, 4e année, 15 (10 oct. 1874), S. 337–345.
[1882] Les sept énigmes du monde. *Revue philosophique de la France et de l'étranger*, 21 (1882), S. 183.

DU BOIS–REYMOND Paul

[1882] *Die allgemeine Functionentheorie I – Metaphysik und Theorie der mathematischen Grundbegriffe: Grösse, Grenze, Argument und Function*. Tübingen: H. Laupp, 1882. Übersetzung von G. Milhaud und A. Girod (vgl. [Milhaud 1887]).

DUGAC Pierre

[1973] Éléments d'analyse de Karl Weierstrass. *Archives for History of Exact Sciences*, 10 (1973), S. 41–176.

[1976a] *Richard Dedekind et les fondements des mathématiques*. Paris: Vrin, 1976.
[1976b] Des correspondances mathématiques des XIXe et XXe siècles. *Revue de Synthèse*, 97 (1976), n. 81–82, S. 149–170.
[1984a] Georg Cantor et Henri Poincaré. *Bolletino di Storia delle Scienze Matematiche*, 4 (1984), fasc. 1, S. 65–96.
[1984b] Lettres de Charles Hermite à Gösta Mittag–Leffler (1874–1883). *Cahiers du Séminaire d'Histoire des Mathématiques*, 5 (1984), S. 49–285.
[1985] Lettres de Charles Hermite à Gösta Mittag–Leffler (1884–1891). *Cahiers du Séminaire d'Histoire des Mathématiques*, 6 (1985), S. 79–217.
[1986] Poincaré. La correspondance avec des mathématiciens de A à H. *Cahiers du Séminaire d'Histoire des Mathématiques*, 7 (1986), S. 59–219.
[1988] Lettres de Charles Hermite à Gösta Mittag–Leffler (1892–1900). *Cahiers du Séminaire d'Histoire des Mathématiques*, 10A (1988), S. 1–82.
[2003] *Histoire de l'analyse. Autour de la notion de limite et de ses voisinages*. Paris: Vuibert, 2003.

ECHEVERRÍA Javier

[1996] Empirical methods in mathematics. A case study: Goldbach's conjecture. In *Spanish Studies in the Philosophy of Science*, G. Munévar (Hg.), Dordrecht: Kluwer, 1996, S. 19–55.

EDIGHOFFER Roland

[1982a] *Rose–Croix et société idéale selon Johann Valentin Andreae*. Tome 1. Neuilly sur Seine: Arma Artis, 1982.
[1982b] *Les Rose–Croix*. Paris: Presses Universitaires de France, Que sais–je?, 1982.
[1998] L'énigme paracelsienne dans les *Noces chymiques de Christian Rosenkreuz*. In [Schott, Zinguer 1998, S. 238–260].

ÉMERY Jacques–André

[1772] *Esprit de Leibniz*. 2 Bde. Lyon, 1772; 2. Auflage unter dem Titel *Pensées de Leibniz sur la religion et la morale*. 2 Bde. Paris: Veuve Nyon, an XI–1803.
[1798–1799] *Le christianisme de François Bacon, chancelier d'Angleterre; ou pensées et sentiments de ce grand homme sur la religion (par l'abbé Émery)*. 2 Bde. Paris: Nyon Aîné, an VII, 1798–1799.

ENCAUSSE Gérard (vgl. PAPUS)

ERDMANN Johann Eduard

[1866] *Grundriss der Geschichte der Philosophie*. 1866; Neuausgabe in 3 Bden. Berlin: Hertz, 1896.

FAIVRE Antoine

[1992] *L'ésotérisme*. Paris: Presses Universitaires de France, Que sais–je?, 1992.

FECHNER Gustav Theodor

[1855] *Über die physikalische und philosophische Atomenlehre*. Leipzig: Mendelsohn, 1855.

FERMAT Pierre (de)

[1891–1912] *Œuvres de Fermat*, par Paul Tannery et Charles Henry. 4 Bde. Paris: Gauthier–Villars, 1891–1912.

Allgemeine Bibliographie

FERREIRÓS José

[1999] *Labyrinth of Thought. A History of Set Theory and its Role in Modern Mathematics*. Basel, Boston, Berlin: Birkhäuser, 1999; 2. Auflage 2007.
[2004] The Motives behind Cantor's Set Theory. Physical, Biological, and Philosophical Questions. *Science in Context*, 17 (1/2) (2004), S. 1–35.

FEUERBACH Ludwig

[1841] *Das Wesen des Christentums (L'essence du christianisme)*. Leipzig: Otto Wigand, 1841; 3. Auflage [Feuerbach 1849].
[1849] *Sämmtliche Werke*, Band 7. Leipzig: Otto Wigand, 1849.

FRAENKEL Abraham Adolf

[1930] Georg Cantor. *Jahresbericht der Deutschen Mathematiker–Vereinigung*, 39 (1930), S. 189–266.

FRANCK Adolphe

[1843] *La Kabbale ou la philosophie religieuse des Hébreux*. Paris: Hachette, 1843.
[1844–1852] *Dictionnaire des sciences philosophiques par une société de professeurs et savants*. 6Bde. Paris: Hachette, 1844–1852.

GALILEI Galileo

[1638] *Discorsi e dimostrazioni matematiche intorno a due nuove scienze*, Leida: appresso gli Elsevirii, 1638; Übersetzung von Arthur von Oettingen: Untersuchungen und mathematische Demonstrationen über zwei neue Wissenszweige, die Mechanik und die Fallgesetze betreffend. Darmstadt : Wissenschaftliche Buchgesellschaft, 1986.

GARDIES Jean–Louis

[1984] *Pascal entre Eudoxe et Cantor*. Paris: Vrin, 1984.

GAUSS Carl Friedrich

[1863] *Werke*, vol. 2, Göttingen. Königlichen Gesellschaft der Wissenschaften zu Göttingen, 1863. Neuausgabe Hildesheim, New York: G. Olms, 1981.
[1900] *Werke*. Bd 8, *ebd*, 1900.

GÉRARDIN André

[1909] Décomposition des grands nombres. *Compte rendu de la 38ème session de l'Association française pour l'avancement des sciences*, 38 (2) (1909), S. 145–156.
[1912] Rapport sur diverses méthodes de solutions employées en théorie pour la décomposition des nombres en facteurs. *Compte rendu de la 41ème session de l'Association française pour l'avancement des sciences*, 41 (2) (1912), S. 54–57.

GIBERT Pierre, THEOBALD Christoph (dir.)

[2002] *Le cas Jésus Christ. Exégètes, historiens et théologiens en confrontation*. Paris: Bayard, 2002.

GISPERT Hélène

[1995] La théorie des ensembles en France avant la crise de 1905: Baire, Borel, Lebesgue... et tous les autres. *Revue d'histoire des mathématiques*, 1 (1995), S. 39–81.

[2002] Gispert (Hg.) „*Par la science, pour la patrie*" : *l'Association française pour l'avancement des sciences (1872–1914), un projet politique pour une société savante*. Rennes: Presses universitaires de Rennes, 2002.

GIUSTI Enrico

[1999] *Ipotesi sulla natura degli oggetti matematici*. Turin : Bollati Boringhieri, 1999; Übersetzung G. Barthélemy : *La naissance des objets mathématiques*, Paris : Ellipses, 2000.

GOETHE Johann Wolfgang (von)

[1968] *Goethes Faust. Der Tragödie erster und zweiter Teil. Urfaust. Kommentiert von Erich Trunz, Hamburg: Christian Wegner Verlag, 1968.*

GOLDSTEIN Catherine, SCHAPPACHER Norbert, SCHWERMER Joachim (Hg.)

[2007] *The Shaping of Arithmetic after C. F. Gauss's Disquisitiones Arithmeticae*. Berlin etc: Springer, 2007.

GRATTAN–GUINESS Ivor

[1970] An Unpublished Paper by Georg Cantor: "Principien einer Theorie der Ordnungstypen – Erste Mittheilung". *Acta Mathematica*, 124 (1970), S. 65–107.

GREFFE Jean–Louis, HEINZMANN Gerhard, LORENZ Kuno (Hg.)

[1994] *Henri Poincaré. Science et Philosophie*, Congrès international de Nancy 1994. Berlin: Akademie Verlag, Paris: Blanchard, 1996.

GREGORY Frederick

[1977] *Scientific Materialism in Nineteenth Century Germany*. Dordrecht, Boston: Reidel, 1977.

GUBERNATIS (de) Angelo

[1891] *Dictionnaire international des écrivains du jour*. Bd. 1, Florence: Louis Nicolai, 1891.

GUTBERLET Constantin

[1878] *Das Unendliche, metaphysisch und mathematisch betrachtet*. Mainz, 1878.
[1886] Das Problem des Unendlichen. *Zeitschrift für Philosophie und philosophische Kritik*, 88 (1886), S. 179–223.

HADAMARD Jacques

[1896] Sur la distribution des zéros de la fonction (s) et ses conséquences arithmétiques. *Bulletin de la Société mathématique de France*, 24 (1896), S. 199–220.
[1898] Sur certaines applications possibles de la théorie des ensembles. *Verhandlungen des ersten internationalen Mathematiker–Congress in Zürich von 9. bis 11. August 1897*, (Rudio Hg.), 1898, S. 201–202.

HARDY Godfrey Harold, LITTLEWOOD John Edensor

[1923] Some problems of "Partitio Numerorum" III: On the expression of a number as a sum of primes. *Acta Mathematica*, 44 (1923), S. 1–70.

Allgemeine Bibliographie

HARDY Godfrey Harold, WRIGHT Edward M.

[1938] *An introduction to the theory of numbers*. Oxford: Clarendon Press, 1938.

HAUSSNER Robert

[1896] Über das Goldbach'sche Gesetz. *Jahresbericht der Deutschen Mathematiker–Vereinigung*, 5 (1) (1896), S. 62–66.
[1897] Tafeln für das Goldbach'sche Gesetz. *Nova Acta der Kaiserlich Leopoldinisch–Carolinischen Deutschen Akademie der Naturforscher*, Halle, 72 (1897), S. 5–214.
[1922] Über die Stäckelschen Lückenzahlen und den Goldbachschen Satz. *Jahresbericht der Deutschen Mathematiker–Vereinigung*, 31 (1922), S. 115–124.

HEGEL Georg Wilhelm Friedrich

[1812] *Wissenschaft der Logik*, 1812. In [Hegel 1833–1834]; Übersetzung *Science de la Logique*, Paris : Aubier Montaigne 1972; Paris: Kimé, 2006.
[1833–1834] *G. W. F. Hegel's Werke*. Bd. 3. Berlin: Duncker–Humblot, 1833–1834.

HERMITE Charles

[1873] Sur la fonction exponentielle. *Comptes rendus hebdomadaires des séances de l'Académie des Sciences*, 77 (1873), S. 18–40, 74–79, 226–233, 285–293; in [Hermite 1905–1917, vol. 3, S. 150–181].
[1893] Sur la généralisation des fractions continues algébriques. *Annali di Matematica*, 21 (2. Serie) (1893), S. 289–308; in [Hermite 1905–1917, Bd. 4, S. 357–377].
[1905–1917] *Œuvres de Charles Hermite*, 4 Bd., Paris: Gauthier–Villars, 1905–1917.

HERMITE Charles, STIELTJES Thomas Jean

[1905] *Correspondance d'Hermite et de Stieltjes*, 2 Bde., Paris: Gauthier–Villars, 1905.

HOBSBAWM Eric

[1975] *The Age of Capital. 1848–1875*, London: Weidenfeld and Nicholson, 1975. Übersetzung von Éric Diacon: *L'ère du Capital. 1848–1875*, Paris: Fayard, 1978. Übersetzung Die Blütezeit des Kapitals. Eine Kulturgeschichte der Jahre 188 – 1875. Frankfurt a. M.: Fischer, 1990.
[1990] *Nations and Nationalism since 1780. Programme, Myth, Reality.* Cambridge : Cambridge University Press, 1990; Übersetzung Dominique Peters: *Nations et nationalisme depuis 1780. Programme, mythe, réalité.* Paris: Gallimard, 1992. Übersetzung von Udo Rennert : Nationen und Nationalismus : Mythos und Realität seit 1870. Frankfurt a. M.: Campus, 2004.

HOËNÉ–WRONSKI Josef

[1811] *Introduction à la philosophie des mathématiques*. Paris: Courcier, 1811.
[1814] *Philosophie de l'infini*. Paris: Didot, 1814.
[1847–1848] *Réforme absolue et par conséquent finale du Savoir humain. Bd. I: Réforme des mathématiques; Bd. II: Réforme de la Philosophie; Bd. III: Résolution générale et définitive des équations algébriques de tous les degrés*. Paris: Didot, 1847–1848.

HURWITZ Adolf

[1894] Über Riemann's Konvergenzkriterium. *Mathematische Annalen*, 44 (1894), S. 83–88; in [Hurwitz 1932–1933, vol. 1, S. 431–435].
[1898] Über die Entwicklung der allgemeinen Theorie der analytischen Funktionen in neuerer Zeit. *Verhandlungen des ersten internationalen Mathematiker–Congress in Zürich von 9. bis 11. August 1897*, (Rudio Hg.), 1898, S. 91–112; in [Hurwitz 1932–1933, Bd. 1, S. 461–480].
[1932–1933] *Mathematische Werke*. 2 Bde. Basel: Birkhäuser, 1932–1933.

INSTITUT CATHOLIQUE DE PARIS (Hg.)

[1975] *Le livre du centenaire 1875–1975*. Paris: Beauchesne, 1975.

ISRAEL Giorgio, NURZIA Laura

[1984] The Poincaré–Volterra theorem: a significant event in the history of the theory of analytic functions,.*Historia Mathematica*, 11 (1984), S. 161–192.

JONGMANS François

[1996] *Eugène Catalan, Géomètre sans patrie, Républicain sans république*. Mons: Société belge des professeurs de mathématique d'expression française, 1996.

JORDAN Camille

[1882–1887] *Cours d'analyse*. 3 Bde. Paris: Gauthier–Villars, 1882–1887; 2. Auflage 1893–1896.
[1892] Remarques sur les intégrales définies. *Journal de mathématiques pures et appliquées*, (4), 8 (1892), S. 69–99; in [Jordan 1961–1964, vol. 4, S. 427–457].
[1961–1964] *Œuvres de Camille Jordan*. 4 Bde. Paris: Gauthier–Villars, 1961–1964.

KANDINSKY Wassily Wasilievitch

[1952] *Ueber das Geistige in der Kunst*. 4. Auflage. Bern–Bümpliz: Verlag Benteli, 1952.

KANNENGIESSER Charles, MARCHASSON Yves (Hg.)

[1976] *Humanisme et foi chrétienne. Mélanges scientifiques du centenaire de l'Institut catholique de Paris*. Paris: Beauchesne, 1976.

KENNEDY Hubert C.

[1980] *Peano. Life and Works of Giuseppe Peano*, Dordrecht, Boston, London: D. Reidel, 1980.

KERRY Benno

[1885] Ueber Georg Cantor's Mannigfaltigkeitsuntersuchungen. *Vierteljahrsschrift für wissenschaftliche Philosophie*, 9 (1885), S. 191–232.
[1890] *System einer Theorie der Grenzbegriffe. Ein Beitrag zur Erkenntnisstheorie*. Leipzig: Deuticke, 1890.

KOVALEVSKAYA Sofia

[1885] Über die Brechung des Lichtes in cristallinischen Mitteln. *Acta Mathematica*, 6 (1885), S. 249–304.

LAGNY Anne (Hg.)

[2001] *Les piétismes à l'âge classique. Crise, conversion, institutions*. Villeneuve d'Ascq: Presses universitaires du Septentrion, 2001.

LAGRANGE Joseph Louis

[1797] *Théorie des fonctions analytiques, contenant les principes du calcul différentiel, dégagés de toute considération d'infiniment petits, d'évanouissants, de limites et de fluxions, et réduits à l'analyse algébrique des quantités finies*. Paris, 1797.

LAHEE Henry, Charles

[1902] *Famous Violonists of To–Day and Yesterday*. London: G. S. Putnam, 1902.

LAISANT Charles–Ange

[1896] Les mathématiques au congrès de l'Association pour l'avancement des sciences à Bordeaux. *Revue générale des sciences pures et appliquées*, 7 (1896), S. 31–34.
[1897a] Sur un procédé de vérification expérimentale du théorème de Goldbach. *Bulletin de la Société mathématique de France*, 25 (1897), S. 209–211.
[1897b] Note de la rédaction. *L'Intermédiaire des mathématiciens*, 4 (1897), S. 245–247.

LANDAU Edmund

[1900a] Sur quelques problèmes relatifs à la distribution des nombres premiers. *Bulletin de la Société mathématique de France*, 28 (1900), S. 25–38.
[1900b] Über die zahlentheoretische Funktion (n) und ihre Beziehung zum Goldbachschen Satz. *Göttinger Nachrichten*, (1900), S. 177–186; in [Landau 1985?, vol. 1, S. 106–115].
[1903] Neuer Beweis des Primzahlsatzes und Beweis des Primidealsatzes. *Mathematische Annalen*, 56 (1903), S. 645–670; in [Landau 1985?, vol. 1, S. 327–352].
[1909] *Handbuch der Lehre von der Verteilung der Primzahlen*. 2 Bde., Leipzig/Berlin: Teubner, 1909.
[1985] *Collected Works*, 9 Bde., Essen: Thales Verlag, 1985–1986.

LA VALLÉE POUSSIN Charles (de)

[1896] Recherches analytiques sur la théorie des nombres premiers, *Annales de la Société scientifique de Bruxelles*, 20 (2e partie) (1896), S. 183–256.

LEBESGUE Henri

[1926] Notice sur la vie et les travaux de Camille Jordan (1838–1922). *Académie des sciences (France). Mémoires de l'Académie des sciences*, 58 (1926), S. 39–66.

LE GOFF Jacques

[1957] *Les intellectuels au Moyen Âge*. Paris: Seuil, 1957; rééd. 2000.

LEGENDRE Adrien Marie

[1785] Recherches d'analyse indéterminée. *Histoire de l'Académie royale des sciences. Année 1785. Avec les mémoires de mathématique et de physique pour cette année*, Part. Mémoires, S. 465–559.
[1798] *Théorie des nombres*, 2 tomes. Paris: Firmin Didot; erste Auflage mit dem Titel *Essai sur la théorie des nombres*, an VI–1798; 2e éd. 1808, 3e éd. 1830; Neuausgabe Paris: Blanchard 1955.

LEHTO Olli

[1998] *Mathematics without borders. A History of the International Mathematical Union*. New York: Springer, 1998.

LEIBNIZ Gottfried Wilhelm

[1880] *Die philosophischen Schriften von G. W. Leibniz* (herausgegeben von C. I. Gerhardt), Bd. 4. Berlin 1880; Neuausgabe. Hildesheim: G. Olms, 1960.

[1991] *De l'horizon de la doctrine humaine (1693) – La Restitution universelle (1715)*. Traduction et commentaires Michel Fichant, Paris: Vrin, 1991.

LEMOINE Émile

[1902] *Géométrographie ou art des constructions géométriques*. Paris: E. Capiomont, 1902.

LÉONARD Émile

[1964] *Histoire générale du Protestantisme, déclin et renouveau (XVIIIe–XXe siècle)*. Tome 3, Paris: Presse universitaire de France, 1964.

LÉVY Tony

[1985] *Mathématiques de l'infini chez Hasdai Crescas (1340–1410): un chapitre de l'histoire de l'infini d'Aristote à la Renaissance*. Thèse de l'Université Paris–Nord, Dezember 1985.
[1987] *Figures de l'infini. Les mathématiques au miroir des cultures*, Paris: Seuil, 1987.

LINDEMANN Ferdinand

[1882] Ueber die Zahl π—. *Mathematische Annalen*, 20 (1882), S. 213–225.

LIONNET François Joseph Eugène

[1879] Note sur la question „tout nombre pair est–il la somme de deux impairs premiers". *Nouvelles Annales de Mathématiques*, 18 (1879), série 2, S. 356–360.

LIPSCHITZ Rudolf

[1986] *Briefwechsel mit Cantor, Dedekind, Helmholtz, Kronecker, Weierstrass und anderen*. Braunschweig: Vieweg, 1986. Vgl. [Scharlau 1986].

LOTZE Hermann

[1856] *Mikrokosmus. Ideen zur Naturgeschichte und Geschichte der Menschheit. Versuch einer Anthropologie*. 3 Bde., Leipzig: Hirzel, 1856.

MARRE Aristide

[1885] Notice sur la vie et les travaux de François–Joseph Lionnet. *Bulletino di Bibliografia e di Storia delle Scienze matematiche e fisiche*, 18 (1885), S. 424–440.

MARX Karl

[1867] *Das Kapital*, Band I. Hamburg: Meissner, 1867. Zitiert nach Marx, Karl/Engels, Friedrich: Werke. Band 23 (Berlin: Dietz, 1968).

MASCRÉ David

[2000] *La Science de l'Infini. Essai sur la philosophie de Cantor*. Thèse de l'Université Paris VII–Denis Diderot, 3 Bde., Dezember 2000.

MAYEUR Jean–Marie

[1973] *Les débuts de la IIIe République 1871–1898*. Paris: Seuil, 1973.

MAYR Ernst

[1989] *Histoire de la biologie*. 2 Bde., Paris: Fayard, 1989.

MEDVEDEV Fedor Andreïevitch

[1985] La théorie des ensembles de Cantor et la théologie. *Istoriko–matematicheskie Issledovania (Recherches historico–mathématiques)*, 29 (1985), S. 209–240 (in Russisch).

MERCADIER Ernest

[1880] L'Association française en 1879. *Compte Rendu de la 8ᵉ session de l'Association française pour l'avancement des sciences, Reims 1879*, 8 (1880), S. 26–35.

MESCHKOWSKI Herbert

[1965] Aus den Briefbüchern Georg Cantors. *Archives for History of exact Sciences*, 2 (1965), S. 503–519.
[1967] *Probleme des Unendlichen – Werk und Leben Georg Cantor's*. Braunschweig: Vieweg, 1967.
[1971] Zwei unveröffentliche Briefe Georg Cantors. *Der Mathematikunterricht*, 17 (1971) 4, S. 30–34.
[1983] *Georg Cantor: Leben, Werk und Wirkung*. Mannheim: Bibliographisches Institut, 1983.

MESCHKOWSKI Herbert, NILSON Winfried (herausgegeben von)

[1991] *Georg Cantor Briefe*. Berlin etc.: Springer, 1991.

MILHAUD Gaston

[1887] *Théorie générale des fonctions. Première partie. Métaphysique et théorie des concepts mathématiques fondamentaux: grandeur, limite, argument et fonction*. Französische Übersetzung von [Du Bois–Reymond Paul 1882] durch G. Milhaud und A. Girod. Nice: Imprimerie niçoise, 1887.
[1894] *Essai sur les conditions et les limites de la certitude logique*. Paris: Alcan, 1894.

MITTAG–LEFFLER Gösta

[1882] Sur la théorie des fonctions uniformes d'une variable. Extrait d'une lettre adressée à M. Hermite. *Comptes rendus hebdomadaires des séances de l'Académie des Sciences de Paris*, 94 (1882), S. 414–416, 511–514, 713–715, 781–783, 938–941, 1040–1042, 1105–1108, 1163–1166; et 95 (1882), S. 335–336.
[1884] Sur la représentation analytique des fonctions monogènes uniformes d'une variable indépendante. *Acta Mathematica*, 4 (1884), S. 1–79.

MOIGNO François: vgl. [Cauchy, Moigno 1868].

MONTGOMERY John Warwick

[1974] *Cross and Crucible: Johann Valentin Andreae (1586–1654) Phoenix of the Theologians*. The Hague: Martinus Nijhoff, 1974.

MOSER Andreas

[1923] *Geschichte des Violinspiels*, Berlin: M. Hesse, 1923; 2. von Hans–Joachim Nösselt erweiterte Auflage, 2 Bde., Tutzing: Hans Schneider, 1966.

PANZA Marco

[2003] *Newton*. Paris: Les Belles Lettres, 2003.

PAPUS Pseudonym von ENCAUSSE Gérard

[1891] *Traité méthodique de Science occulte*. Paris: Flammarion, 1891.

PARSHALL Karen Hunger, ROWE David E.

[1994] *The Emergence of the American Mathematical Research Community, 1876–1900: J. J. Sylvester, Felix Klein, and E. H. Moore*. Providence: American Mathematical Society and London: London Mathematical Society, 1994.

PARSHALL Karen Hunger

[2006] *James Joseph Sylvester: Jewish mathematician in a Victorian world*. Baltimore: John Hophins University Press, 2006.

PAUL Harry W.

[1972] *The Sorcer's Apprentice. The French Scientist's Image of German Science 1840–1919*. Social Sciences Monograph number 44, Gainesville: University of Florida Press, 1972.

PEANO Giuseppe

[1887] *Applicazioni geometriche del calcolo infinitesimale*. Torino: Bocca, 1887.

PECKHAUS Volker

[1994] Benno Kerry. Beiträge zu seiner Biographie. *History and Philosophy of Logic*, 15 (1994), S. 1–8.

PERRIN Jean

[1913] *Les atomes*. Paris: Félix Alcan, 1913.

PHILONENKO Alexis

[1989] *L'École de Marbourg: Cohen, Natorp, Cassirer*. Paris: Vrin, 1989.

PICARD Émile

[1898] Sur les fonctions de plusieurs variables et en particulier les fonctions algébriques. In [Rudio 1898, S. 200].
[1926] *La vie et l'œuvre de Jules Tannery*. Paris: Gauthier–Villars, 1926.

POINCARÉ Henri

[1882a] Sur les fonctions fuchsiennes, *Comptes rendus hebdomadaires des séances de l'Académie des Sciences de Paris*, 94 (1882), S. 1166–1167. In [Poincaré 1916–1956, Bd. 2, S. 44–46].
[1882b] Sur les fonctions fuchsiennes. *Acta mathematica*, 1 (1882), S. 193–294; in [Poincaré 1916–1956, Bd. 2, S. 169–257].
[1890] Sur les équations aux dérivées partielles de la physique mathématique. *American Journal of Mathematics*, 12 (1890), S. 211–294.

[1894] Sur la nature du raisonnement mathématique. *Revue de métaphysique et de morale*, 2 (1894), S. 371–384.
[1897] Sur les rapports de l'analyse pure et de la physique mathématique. *Acta Mathematica*, 21 (1897), S. 331–341; *Revue générale des sciences pures et appliquées*, 8 (1897), S. 857–861; in [Rudio 1898, S. 81–90].
[1902] Les fondements de la géométrie. *Bulletin des Sciences Mathématiques et astronomiques*, (2) 26 (1902), S. 249–272; in [Poincaré 1916–1956, Bd. 11 Partie Mémoires divers, S. 92–113].
[1908] L'avenir des mathématiques. *Congrès international de Rome 1908*, Bd.1, S. 167–182.
[1909] La logique de l'infini. *Revue de Métaphysique et de Morale*, juillet 1909, S. 461–482; in [Poincaré 1913, S. 99–139].
[1913] *Dernières pensées*. Paris: Flammarion, 1913.
[1916–1956] *Œuvres*, 11 Bde, Paris: Gauthier–Villars, 1916–1956.
[1921] Analyse de ses travaux scientifiques, VI Théorie générale des fonctions d'une variable. *Acta Mathematica*, 38 (1921) S. 65–70; in [Poincaré 1916–1956, vol. 4, S. 1–8].
[1986] La correspondance avec des mathématiciens de A à H. *Cahiers du séminaire d'histoire des mathématiques*, 7 (1986), S. 59–219.
[1999] *La correspondance entre Henri Poincaré et Gösta Mittag–Leffler*, hg. von Philippe Nabonnand, Basel etc.: Birkhäuser, 1999.

POISSON Siméon–Denis

[1811] *Traité de mécanique*. 2 Bde., 1. Auflage Paris: Veuve Courcier, 1811; 2. Auflage, Paris: Bachelier, 1833.

POLIGNAC Alphonse (de)

[1855] Théorème empirique. *Nouvelles Annales de mathématiques*, 14 (1855), S. 117–118.

POULAT Émile

[1962] *Histoire, dogme et critique dans la crise moderniste*. Paris: Albin Michel, 1962; rééd. 1996.

PURKERT Walter

[1986] Georg Cantor und die Antinomien der Mengenlehre. *Bulletin de la Société mathématique de Belgique*, 38 (1986), S. 313–327.

PURKERT Walter, ILGAUDS Hans Joachim

[1987] *Georg Cantor, 1845–1918*. Basel etc.: Birkhäuser, 1987.

RASHED Roshdi

[1984] *Entre arithmétique et algèbre. Recherches sur l'histoire des mathématiques arabes*. Paris: Les Belles Lettres, 1984.
[1999] Thàbit ibn Qurra, *Lexicon des Mittelalters*. Stuttgart, Weimar: J. B. Metzler, 8 (1999), S. 607–608.

REBÉRIOUX Madeleine

[1975] *La République radicale?* 1898–1914. Paris: Seuil, 1975.

RENOUVIER Charles

[1882] De quelques opinions récentes sur la conciliation du libre arbitre avec la mécanique physique. *La critique philosophique*, 21 (1882), S. 305–314 et 337–349.

[1885–1886] *Esquisse d'une classification systématique des doctrines philosophiques.* 2 Bde., Paris: Critique Philosophique, 1885–1886.

RIBENBOIM Paulo

[1988] *The Book of Prime Numbers Records.* New York etc.: Springer Verlag, 1988.

RIEMANN Bernhard

[1876] *Gesammelte mathematische Werke und wissenschaftlicher Nachlass,* herausgegeben unter Mitwirkung von Richard Dedekind und Heinrich Weber. Leipzig: Teubner, 1876; Neuausgabe Berlin etc.: Springer, 1990.

ROHRBASSER Jean–Marc

[2001] *Christian Wolff et la philosophie pratique des chinois.* Prépublication DATA n° 42 (Documents Archives de Travail et Arguments du CERPHI), persönliche Mitteilung des Autors, Mai 2001.

ROLLET Laurent, NABONNAND Philippe

[2002] Une bibliographie mathématique idéale? Le Répertoire bibliographique des sciences mathématiques. *Gazette des mathématiciens,* 92 (avril 2002), S. 11–25.

ROSENKRANZ Karl

[1870] *Hegel als deutscher Nationalphilosoph.* Leipzig: Duncker und Humblot, 1870.

ROSS S. M.

[1973] On Chen's theorem that each large even number has the form $p_1 + p_2^2$, or $p_1 + p_2 p_3$. *Journal of the London Mathematical Society,* (2) 10 (1973), S. 500–506.

RUDIO Ferdinand (herausgegeben von)

[1898] *Verhandlungen des ersten internationalen Mathematiker–Congress in Zürich von 9. bis 11. August 1897.* Leipzig: Teubner, 1898.

SCHARLAU Winfried

[1986] *Rudolf Lipschitz. Briefwechsel mit Cantor, Dedekind, Helmholtz, Kronecker, Weierstrass und anderen.* Deutsche Mathematiker–Vereinigung, Braunschweig: F. Vieweg, 1986.

SCHEIDECKER Myriam

[2001] Le débat sur les atomes au XIXe siècle, *Actes de l'Université d'été 2001 de l'IREM de Poitiers (La pluridisciplinarité dans les enseignements scientifiques).* Bd. 1, Eduscol 2003.

SCHOENFLIES Arthur

[1922] Zur Erinnerung an Georg Cantor. *Jahresbericht der Deutschen Mathematiker–Vereinigung,* 31 (1922), S. 97–106.
[1927] Die Krisis in Cantor's mathematischen Schaffen. *Acta Mathematica,* 50 (1927), S. 1–23.

SCHOPENHAUER Arthur

[1838] *Die beiden Grundprobleme der Ethik. Über die Freiheit des menschlischen Willens,* 1838; Frankfurt am Main: J. C. Hermann, 1841; französische Übersetzung Salomon Reinach: *Essai sur le libre arbitre,* Paris: G. Baillière, 1877.

Allgemeine Bibliographie

SCHOTT Heinz, ZINGUER Ilana (Hrsg.)

[1998] *Paracelsus und seine internationale Rezeption in der frühen Neuzeit. Beiträge zur Geschichte des Paracelsismus*. Leiden: E. J. Brill, 1998.

SENETA Eugene, PARSHALL Karen Hunger, JONGMANS François

[2001] Nineteenth–Century Developments in Geometric Probability: J. J. Sylvester, M. W. Crofton, J–É. Barbier, and J. Bertrand. *Archive for History of Exact Sciences*, 55 (2001), S. 501–524.

SENECA L. Annaeus

[1995] Naturwissenschaftliche Untersuchungen, hg. und übersetzt von M. F. Brok. Darmstadt, Wissenschaftliche Buchgesellschaft 1995.

SHAH N. M., WILSON Bertram Martin

[1919] On an empirical formula connected with Goldbach's Theorem,. *Proceedings of the Cambridge Philosophical Society*, 19 (1919), S. 238–244.

SPINOZA Baruch

[1677] *Ethica*, 1677 (ohne weitere Angaben); Übersetzung „Abhandlung über die Berichtigung des Verstandes. Ethik", hg. von K. Blumenstock. Darmstadt, Wissenschaftliche Buchgesellschaft 1967.

STÄCKEL Paul

[1896] Über Goldbach's empirisches Theorem; jede gerade Zahl kann als Summe von zwei Primzahlen dargestellt werden. *Nachrichten der Königlichen Gesellschaft der Wissenschaften zu Göttingen*, (1896), S. 292–299.

STRAUSS David–Friedrich

[1835–1836] *Das Leben Jesu, kritisch bearbeitet*. Tübingen: Ossiander, 1835–1836.

SYLVESTER James Joseph

[1871] On the partition of an even number into two primes. *Proceedings of the London Mathematical Society*, 4 (1871–1873), S. 4–6; in [Sylvester 1904–1912, Bd. 2, S. 709–711].
[1882–1884] A constructive Theory of Partitions, arranged in three Acts, an Interact and an Exodion. *American Journal of Mathematics*, V (1882), S. 251–330; VI (1884), S. 334–336.
[1890] On a funicular solution of Buffon's „problem of the needle" in its most general form. *Acta Mathematica*, 14 (1) (1890), S. 185–205; in [Sylvester 1904–1912, vol. 4, S. 663–679].
[1896] On the Goldbach–Euler Theorem regarding Prime Numbers. *Nature*, 55 (1896–1897), S. 196–197, 269; in [Sylvester 1904–1912, vol. 4, S. 734–737].
[1904–1912] *The Collected Mathematical Papers*. 4 Bde., Cambridge University Press, 1904–1912.

TANNERY Paul

[1884] Note sur la théorie des ensembles. *Bulletin de la Société Mathématique de France*, 12 (1884), S. 90–96; [Tannery 1912–1933, vol. 6, S. 23–30].
[1885] Le concept scientifique du continu: Zénon d'Elée et Georg Cantor. *Revue philosophique de la France et de l'étranger*, 20 (1885), S. 385–410.
[1894] Sur le concept du transfini. *Revue de Métaphysique et de Morale*, 2 (1894), S. 465–472; [Tannery 1912–1933, vol. 8, S. 291–301].

[1912–1933] *Mémoires scientifiques*, publiés par J.-L. Heiberg et H.-G. Zeuthen, Bde. 1 bis 12, Paris: Gauthier–Villars, Toulouse: Éd. Privat, 1912–1933.

[1934–1943] *Mémoires scientifiques–Correspondance*. Publiés par J.-L. Heiberg et H.-G. Zeuthen, Bde. 13 bis 16, Paris: Gauthier–Villars, Toulouse: Éd. Privat, 1934–1943.

TANNERY Jules

[1884] Analyse des mémoires de Georg Cantor relatifs à la théorie des ensembles. *Bulletin des Sciences Mathématiques et Astronomiques*, 2e série, 8 (2) (1884), S. 162–171.

[1886] *Introduction à la théorie des fonctions d'une variable*. Paris: Hermann, 1. Auflage in 1 Bd., 1886; zweite Auflage, 2 Bde., 1904.

TAPP Christian

[2005] *Kardinalität und Kardinäle: Wissenschaftshistorische Aufarbeitung der Korrespondenz zwischen Georg Cantor und katholischen Theologen seiner Zeit*. Boethius: Texte und Abhandlungen zur Geschichte der Mathematik und der Naturwissenschaften, Band 53. Stuttgart: Steiner, 2005.

TCHEBYCHEF (CHEBYSHEV) Pafnuty Lvovitch

[1851] Sur la fonction qui détermine la totalité des nombres premiers inférieurs à une limite donnée. *Mémoires présentés à l'Académie Impériale des sciences de Saint Pétersbourg*, 6 (1851), S. 141–157; *Journal de mathématiques pures et appliquées*, série I, 17 (1852), S. 341–365; in [Tchebychef 1899–1907, vol. 1, S. 27–48].

[1852] Mémoire sur les nombres premiers. *Journal de mathématiques pures et appliquées*, série I, 17 (1852), S. 366–390; *Mémoires présentés à l'Académie Impériale des sciences de Saint Pétersbourg*, 7 (1854), S. 17–33; [Tchebychef 1899–1907, vol. 1, S. 49–70].

[1899–1907] *Œuvres de S. L. Tchebychef*, par A. Markoff et N. Sonin. 2 Bde., Saint–Pétersbourg: Académie Impériale des Sciences, 1899–1907.

THOMAE Johannes

[1870] *Abriss einer Theorie der complexen Functionen und der Thetafunctionen einer Veränderlichen*. Halle: Nebert, 1870.

THOMAS A KEMPIS

[1933] *L'imitation de Jésus–Christ (De imitatione Christi)*. Französische Übersetzung Fabius Henrion, Tours: Mame, 1933.

THOMAS von AQUIN

[1984] *Summa theologica*, Band 1. Gottes Dasein und Wesen. Übersetzt von Dominikanern und Benediktinern Deutschlands und Österreichs, hg. vom Katholischen Akademieverband, Salzburg: Pustet, o. J.

TROELTSCH Ernst

[1900] La situation scientifique et les exigences qu'elle adresse à la théologie. Conférence devant la conférence ecclésiale saxonne de Chemnitz (9 mai 1900), *Histoire des religions et destin de la théologie. Œuvres III*, Übersetzung von Jean–Marc Tétaz, Paris, Genève: Éd. Cerf, 1996, S. 3–37.

[1911] *Die Bedeutung des Protestantismus für die Entstehung der modernen Welt*. München/Berlin: Oldenburg, 1911; französische Übersetzung Marc B. de Launay, *Protestantisme et modernité*. Paris: Gallimard, 1991.

VALSON Claude–Alphonse

[1868] *La vie du Baron Augustin–Louis Cauchy*. Paris: Gauthier–Villars, 1868.
[1886] *La vie et les travaux d'André–Marie Ampère*. Lyon: Vitte et Perrussel, 1886.

VOGT Carl

[1865] Vorlesungen über den Menschen, seine Stellung in der Schöpfung und in der Geschichte der Erde I – II. Gießen, 1863. *Leçons sur l'homme, sa place dans la création et dans l'histoire de la Terre*, französische Übersetzung J. J. Moulinié, Paris: Reinwald, 1865.

WEBER Eugen

[1964] *Satan Franc–maçon. La mystification de Léo Taxil*. Paris: Julliard, 1964.

WEIERSTRASS Karl

[1879] Mémoire sur les fonctions analytiques uniformes. Französische Übersetzung von É. Picard. *Annales scientifiques de l'École normale supérieure*, 2e série, 8 (1879), S. 111–150.

WEMYSS Alice

[1977] *Histoire du Réveil 1790–1849*. Paris: Les Bergers et les Mages, 1977.

WILLARD Claude

[1971] *Le socialisme de la Renaissance à nos jours*. Paris: Presses universitaires de France, 1971.

WOLFF Christian

[1731] *Cosmologia Generalis*. Francofurti et Lipsiae: Renger, 1731; Neuausgabe Hildesheim: G. Olms, 1964.

YATES Frances Amelia

[1972] *The rosicrucian Enlightenment*. London and New York: Ark Paperbacks, 1972.

YOUNG William Henry, CHISHOLM–YOUNG Grace

[1906] *The Theory of Sets of Points*. Cambridge University Press, 1906.

ZERNER Martin

[1994] Origine et réception des articles de Boussinesq sur le déterminisme. *Contra los Titanos de la Rutina (Contre les titans de la routine)*. Hg. Von Communitaded de Madrid, 1994, S. 319–333.

Personenverzeichnis

A
Adam, 147, 149
Adeodatus, 140
Albertus Magnus, 65
Algazel, 157, 166
Al-Ghazali (Algazel), 64–66
Ampère, 52, 74, 86, 138
André, 49
Andreae, 53, 54, 147
Antomari, 184, 185, 190, 192
Aristoteles, 19, 60, 62–68, 89, 143, 195
Armand de Quatrefages de Bréau, 25
Aubry, 111, 112, 116
August Hermann Francke, 69
Augustinus, 61, 63, 165
Aurevilly, 58
Averroës, 64, 65
Avicenna, 64–66, 157, 166

B
Bacon, 79, 138, 160, 161, 163, 164, 168
Baire, 41, 131
Barlet, 147
Barrès, 57
Bauer, 72
Baur, 72, 73
Bergson, 79
Bernard, 25, 146, 147
Bert, 147
Berthelot, 173
Bertrand, 81, 138
Blanc, 47, 74, 82, 137, 139, 140
Blavatsky, 53, 58, 149
Böhm, 169, 174, 188–190
Boltzmann, 82
Bolzano, 61, 196, 197
Borchardt, 22, 178, 180
Borel, 31, 41, 42, 131
Bouillier, 82
Boulanger, 141
Boussinesq, 80–82
Boutroux, 37, 79, 158
Bouveresse, 43
Branly, 48
Brunel, 39, 166, 167, 172
Brunetière, 17, 107
Burali-Forti, 42

C
Catalan, 106, 111, 153
Cauchy, 61, 138, 139
Chasles, 180
Chen, 99
Chisholm-Young, 39
Christian Thomasius, 69
Clebsch, 28
Cohen, 89, 198
Comenius, 54
Comte, 47, 75
Constan, 56, 192
Constantin Cantor, 173
Coulanges, 154
Cousin, 135
Crookes, 53
Curie, 53

D
Darboux, 11, 16, 19, 33, 179
Dargent, 13
Darwins, 76
De Luc, 163
de Rocquigny, 112
Dedekind, 40, 62, 93, 129, 196, 197
Delisle, 160, 161, 163
Denjoy, 131
Desboves, 106
Dirichlet, 105, 180

Duchesne, 50
Duhem, 158
Duns Scotus, 67, 68
Dyck, 22

E
Emery, 161, 164, 165, 169, 172, 183
Émery, 79
Emil du Bois-Reymond, 80, 81
Encausse, 52, 144, 146, 192
Enestrom, 34–36, 146, 147
Erdmann, 166, 167
Ernst, 174, 188, 189
Eulenburg, 166
Euler, 98, 99

F
Faraday, 86
Faucheux, 149, 192
Faure, 154
Fechner, 53, 85
Fehr, 111
Felix Klein, 14, 22, 24, 28, 30, 35, 36, 103, 104, 108, 109, 114
Ferry, 47, 135, 141
Feuerbach, 72, 73
Format, 147
Fourier, 170
Franck, 57, 146
Franzelin, 66
Fresnel, 52
Freycinet, 47, 140, 141
Frobenius, 149, 151, 178, 180
Fuchs, 93, 149, 151, 154, 159, 169, 179, 180, 188

G
Galilei, 196, 197
Gaston Milhaud, 37
Gauß, 97, 98, 104, 120, 122
Gauss, 170, 118, 119
Geiser, 31, 187
George Woldemar Cantor, 173
Gérardin, 110
Gerbaldi, 162, 166, 176
Goblet, 141
Gödel, 198
Goethe, 55
Goldbach, 98, 99
Goldschneider, 139
Gregor von Rimini, 67, 68
Grevy, 141

Guaïta, 52, 57, 58, 147, 149, 192
Gutberlet, 66
Guttmann, 149

H
Hadamard, 31, 41, 42, 122, 200
Hardy, 98, 118, 121, 123–125, 201
Haussner, 113, 114, 117
Hegel, 60, 71, 78, 89, 91
Heine, 98, 195
Heinrich, Leo, 71, 73
Hellemesberger, 174, 188, 189
Helmholtz, 75–78, 85
Henry, 25, 52, 53, 57, 146, 147
Herbart, 61, 78
Hermite, 10–14, 16–18, 20, 22, 29, 34, 38, 39, 48, 49, 51, 59, 63, 70, 75, 79, 84, 88, 94, 103, 104, 108, 114, 116, 117, 149, 155, 160, 161, 165, 168, 171, 179, 180, 182, 184, 190
Hess, 53
Hilbert, 28, 42, 99, 104, 116
Hoene-Wronski, 56, 146, 147
Hoüel, 16
Hulst, 48–51, 70, 79, 169, 180–182
Hurwitz, 31, 152
Huysmans, 56

J
Jacobi, 180
Janet, 81
Joachim, 174, 189
Jogand-Pages, 183
Johannes Philoponus, 63
Jordan, 21, 32, 38–40, 88, 154–156, 159
Jules Tannery, 15, 16, 19, 20, 32, 33, 37–42, 154, 159, 167, 175–177

K
Kandinsky, 58, 133
Kant, 37, 47, 60, 70, 71, 75, 91
Karl Rosenkranz, 73
Kiesewetter, 52, 54, 148
Klein, 114, 116, 149, 154, 159, 179, 188, 190
Koenigs, 30, 189, 190
Königs, 188
Konigsberger, 169
Kowalewskaya, 86
Kronecker, 18, 75, 93, 94, 169, 178, 180
Kummer, 78, 93, 98, 178, 180

Personenverzeichnis

L
La Vallée-Poussin, 122
Lacuria, 56, 146, 148
Lagrange, 139
Laisant, 21, 24, 25, 27, 29–32, 51, 52, 88, 94, 103, 106–111, 122, 147, 152–155, 170, 171, 183, 185–187, 190, 192
Lampe, 28, 29, 180
Landau, 122
Lassalle, 164
Le Goff, 65
Lebesgue, 41, 131
Legendre, 105, 118, 119, 170
Leibniz, 54, 55, 61, 137, 140, 170, 171
Lejay, 147
Lejeune-Dirichlet, 10, 105, 169, 170
Lemoine, 21, 22, 24, 25, 69, 103, 105–107, 151–154, 157, 170, 171, 185–187, 191
Leo XIII, 46, 50, 61, 183
Leon, 38, 159, 167, 172
Letho, 22
Lévi, 56, 192
Lionnet, 107, 108, 152, 153
Liouville, 180
Lipschitz, 103, 104, 179
Littlewood, 98, 118, 121, 123–125, 201
Lobatchevski, 153, 155, 185
Loisy, 50
Lotze, 61, 85
Lucas, 110, 147
Ludwig Büchner, 76

M
Maignan, 67, 68, 90
Manslon, 29
Marie Cantor, 173
Marotte, 173, 177
Marx, 72
Maxwell, 52
Medvedev, 62
Michel Adanson, 111
Milhaud, 158
Minkowski, 28
Mittag-Leffer, 9, 11–18, 21, 32–35, 37, 85, 86, 93, 97, 103, 105, 131, 169, 170, 177–179, 187, 189, 190
Moritz Cantor, 29, 169, 173
Mozarts, 55

N
Nerval, 56
Newton, 138
Noir, 184

O
Olcott, 147, 149
Oltramare, 32
Ozanam, 168, 169

P
Papus, 52, 57, 58, 144, 146–149, 192
Pascal, 61
Pasteurs, 25, 154
Paul, 159
Paul Appell, 10, 12, 16, 18
Paul du Bois-Reymond, 139, 159
Paul Tannery, 10, 19, 20, 34–39, 61, 64, 65, 84, 88, 90, 94, 141, 142, 147, 157, 166, 167, 172–174
Peano, 29, 36, 38, 88, 162, 166, 175
Péladan, 58, 147, 149
Perrot, 154
Picard, 11, 12, 14, 16, 18, 38, 155, 162, 165, 169, 190
Pius IX, 46, 66, 151, 165
Platons, 89
Poincaré, 10, 12–14, 16, 18, 21, 29, 30, 32–34, 37–39, 93, 94, 106, 107, 111, 152, 153, 155, 156, 159, 168, 174, 177, 179, 184–187, 189, 190
Poisson, 137, 139
Polignac, 109

R
Rappoldi, 188, 189
Raymond Poincare, 154, 179
Renan, 46
Renouvier, 79, 81, 158
Resal, 155
Ribot, 38
Riemann, 78, 84
Ripert, 111–114, 116, 126
Rocquigny, 111
Rocquigny d'Adanson, 111
Rode, 188–190
Röntgen, 53
Rosenkreuzer, 53
Rouault, 58
Rouvier, 141
Ruge, 73
Russell, 42

S
Saint-Hilaire, 47, 135, 136
Schellings, 55
Schwarz, 94, 99, 151, 154, 169, 178–180, 185, 188

Shah, 124
Singer, 188, 189
Slade, 53
Spinoza, 60, 88–90, 165
St. Hilaire, 135
Stäckel, 122
Strauss, 72, 73, 188, 189
Sylvester, 97, 113, 117–121, 123, 124, 129, 201

T
Taxil, 51, 181–183
Tchebychef (Chebyshev), 97, 119
Thabit ibn Qurra, 64
Thabit, 64
Theodor Echtermeyer, 73
Thiers, 135
Tholuck, 70, 73
Thomae, 139
Thomas a Kempis, 152
Thomas Bradwardine, 67
Thomas von Aquin, 62, 65–67, 157, 158
Thomas, 65
Thomas Jean Stieltjes, 84
Trendelenburg, 76, 89
Troeltsch, 78

V
Vallée-Poussin, 200
Valson, 47, 74, 75, 88, 136, 138, 140, 151

Vassilieff, 152, 153, 155, 186
Vassiliev, 29, 32
Veronese, 139
Villiers de l'Isle-Adam, 56
Vogt, 76, 77

W
Wallon, 46
Wassilief, 185
Weber, 30, 149, 151
Weierstraß, 12, 40, 94, 98
Weierstrass, 159, 160, 169, 170, 178–180
Wilhelm Weber, 53, 85, 86
Wilson, 124
Wirth, 147, 149
Wolf, 170, 171
Wolff, 69
Wundt, 86
Wurtz, 25

Z
Zenon, 20, 83
Zenos von Elea, 143
Zermelo, 108, 198
Zerner, 81
Zöllner, 53

MIX
Papier aus verantwortungsvollen Quellen
Paper from responsible sources
FSC® C105338

If you have any concerns about our products,
you can contact us on
ProductSafety@springernature.com

In case Publisher is established outside the EU,
the EU authorized representative is:
**Springer Nature Customer Service Center GmbH
Europaplatz 3, 69115 Heidelberg, Germany**

Printed by Libri Plureos GmbH
in Hamburg, Germany